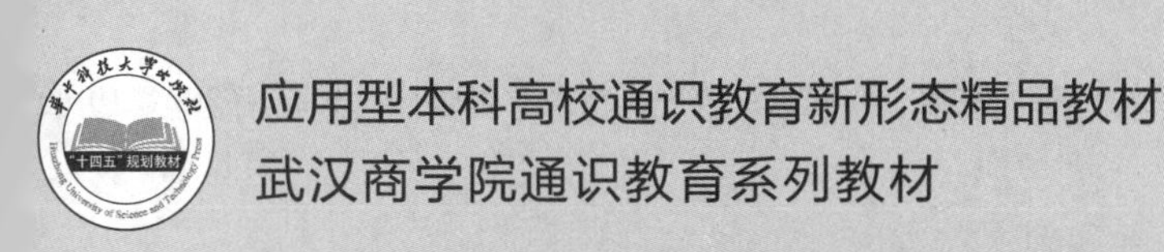

应用型本科高校通识教育新形态精品教材

武汉商学院通识教育系列教材

大学生态文明通识教程

主　审 ◎周晋峰

主　编 ◎高　静　万玲妮　喻　恂

副主编 ◎李綎瑄　岳晓光

華中科技大學出版社

http://press.hust.edu.cn

中国·武汉

图书在版编目 CIP 数据

大学生态文明通识教程/高静，万玲妮，喻恂主编 . — 武汉：华中科技大学出版社，2023.4（2024. 10 重
ISBN 978-7-5680-9191-6

Ⅰ.① 大… Ⅱ.① 高… ② 万… ③ 喻… Ⅲ.① 生态环境－环境教育－高等学校－教材
Ⅳ.① X171.1

中国国家版本馆 CIP 数据核字（2023）第 056272 号

大学生态文明通识教程 高 静 万玲妮 喻 恂 主编
Daxue Shengtai Wenming Tongshi Jiaocheng

策划编辑：周晓方 宋 焱
责任编辑：林珍珍
封面设计：廖亚萍
版式设计：赵慧萍
责任校对：张汇娟
责任监印：周治超
出版发行：华中科技大学出版社（中国 · 武汉） 电话：（027）81321913
武汉市东湖新技术开发区华工科技园 邮编：430223
录 排：华中科技大学出版社美编室
印 刷：武汉市籍缘印刷厂
开 本：787mm×1092mm 1/16
印 张：13.25
字 数：288 千字
版 次：2024 年 10 月第 1 版第 2 次印刷
定 价：49.90 元

应用型本科高校通识教育新形态精品教材
武汉商学院通识教育系列教材

主编简介

高　静

女，1970年生，湖南浏阳人，武汉商学院三级教授，通识教育学院院长兼党委书记、应用型高校通识教育国际联盟秘书长。主持多项省部级重大课题基金项目，主编多部通识教育通用教材，出版多部专著。获评学校师德楷模荣誉奖章、武汉市优秀共产党员、湖北师德先进教师等荣誉称号。

万玲妮

女，1979年生，湖北宜昌人，管理学博士，武汉商学院通识教育学院副教授。研究方向为社会保障、人力资源管理和通识教育等领域。公开发表学术论文多篇，出版多部教材、专著，主持及参与国家级、省部级、省厅级科研项目多项。获评学校优秀党员、优秀教职工、湖北省优秀学士论文指导教师等荣誉称号。

喻　恂

女，1983年生，湖北武汉人，新闻学博士，武汉商学院通识教育学院教师。

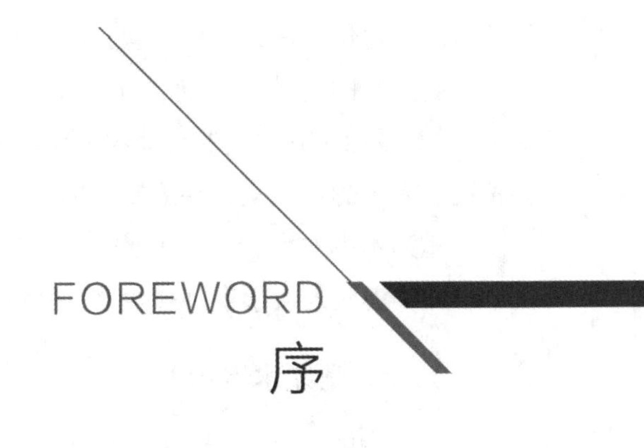

FOREWORD 序

从“绿水青山”开始，扣好青年价值观的第一粒扣子

2021年9月，武汉商学院、中国生物多样性保护与绿色发展基金会国际部、应用型大学通识教育国际联盟组织召开了第三届通识教育与当代发展国际学术会议。我受邀参加会议并为同学们上了一堂生态文明课，着重介绍了当前大学生态文明教育的迫切性与重要性。在这场活动中，在与武汉商学院师生的沟通交流中，他们对生态文明教育的高度重视，令我至今记忆犹新。也正是那一次的深入沟通，成为这本书诞生的缘起。

历时一年有余，《大学生态文明通识教程》终于成书。为了这本融理论研究和案例分析于一体的教材，众多编撰人员付出了诸多心血。

对青年和未来发展的思考，促成了本书的诞生。未来总是属于朝气蓬勃的一代，但青春如何才能绽放得更加绚丽多彩，对于广大青年学子来讲，是一个需要深入思考的命题。

当前世界正在经历的文明模式大转换就是需要思考的问题之一。我们都知道，十八世纪后期工业文明兴起。二百多年的时间里，在工业文明的发展模式下，人类活动使得自然界生态日益失衡，人类面临生物多样性丧失、全球气候变暖、公共卫生危机频发等诸多挑战，生存环境变得岌岌可危。

以生态文明取代工业文明是实现人类可持续发展的正确方向。当前我国正在大力倡导的生态文明建设，是应对世界百年未有之大变局的必然选择。对青年而言，这是机遇，亦是挑战。

唯有青年时期养成正确的价值观，方能为未来发展找准正确的方向。正如习近平总书记所谆谆教诲的："这就像穿衣服扣扣子一样，如果第一粒扣子扣错了，剩余的扣子都会扣错。人生的扣子从一开始就要扣好。"

应邀为本书作序，思虑斟酌之下，我想可以在此整理一下自己理解"绿水青山"的三个层次，谨作为大学生开启生态文明通识教育课程的"第一粒扣子"。

一、什么是绿水青山？

简单地理解，绿水青山应该指自然环境；更深刻地理解，绿水青山是山、水、林、田、湖、草、沙、冰；再进一步地理解，绿水青山就是指生物多样性。比如人造林和天然林都是绿色的，可能经过细致规划的人造林看上去还会更绿一点，但如果我们把天然林砍掉，改成人造林，这种做法是否可取呢？毫无疑问这是对绿水青山的一个错误理解。因为自然积久而成的自然林，具有更加丰富的物种多样性和契合当地所需的适应性，远非迅捷而成的人工林所能比。还有荒滩，荒滩虽说名字带"荒"，但实际上它是不荒的。海岸线上的很多荒滩泥沼，不仅有蛤蜊、螃蟹、海龟，还有众多鸟类盘旋栖息。这些荒滩，是海洋生命的产房，也是我们今天最为宝贵的绿水青山的重要组成部分。

二、如何保护绿水青山？

最近，我作为国际标准化组织生物多样性技术委员会专家组的专家参加国际标准化组织生物多样性技术委员会（ISO/TC 331）的重要专家会议。在会议上，大家首先就相关概念的定义展开了讨论。在讨论中，我们提出了三个不同的概念词及其顺序。这三个概念词是什么呢？第一个词是protection，意思是保护；第二个词是restoration，意思是恢复；第三个词是conservation，我们很多时候会译成"保护"，但是这里我想翻译成保育，以和前面的protection进行区分。

（一）protection（保护）是什么？

常规的保护往往是不许污染，拒绝空气污染、水污染和固体废弃物污染等。但这是传统意义上的protection。我们今天定义的protection在传统的保护自然的基础上，还具有防止自然遭到破坏的意思。什么是对自然进行破坏？修公园是不是对自然的破坏？如果修建公园是为了满足人们的文化、休闲、娱乐需要，我们在此不论；但如果修建公园的目的是保护自然，是建设生态工程，那这一举措就完全错误了。这种人为的对自然的扰动和改变弊大于利。

我们对绿水青山进行保护的第一步，就是防止绿水青山遭到破坏。比如，一个重大的水利工程的修建，本意是保护自然，但如果它将从根本上改变自然，那么就不该修建这个水利工程。这个工程本身就是完全错误的，因为对自然的保护，就是要防止自然遭受来自人类的重大破坏和干扰。人类架天线、修铁路、建大桥，都会对自然造成一定的破坏，但是我们能不能全然反对这些工程？不能。因为我们需要铁路，我们需要公园，我们需要机场。那么怎么办？这就需要进行科学的评估，评估我们对自然的破坏和所获得的效益是否相当，同时评估破坏是不是致命的，这就是环境评估，英文叫environment assessment。但是我们目前所做的许多评估还停留在工业文明时代传统的环境保护概念上，那些对自然的扰动、对生物多样性的影响，基本上没有被纳入考虑。因此，我们现在要保护绿水青山，就要评估对自然做出的重大改变是否符合生态文明的要求，评估它们对生物多样性是否有重大影响，以及如何把不良的影响降到最低。

（二）restoration（恢复）是什么？

当今世界有大量的生态修复工程，我们在很多文件、项目里都能看到这类工程的影子，但这些修复往往是错误的，因为这些修复用的是repair（修理）的概念，强调大量的人工干预。这样的“修复”不仅违背了上述protect理念，甚至带来了更多的生态破坏，因为一个庞大的生态修复工程通常要耗费大量水泥，要挖掘海量土壤，这些做法本身就是对自然的严重破坏。

保护自然要防止过多的人为干预。这是否意味着人对于自然就没有什么可以作为的，一切只需要让它保持原样？答案是否定的。人类工业文明时代很多大规模的生产，包括开垦良田、修运河、建水电站等，都是对自然巨大的扰动。这些扰动发生之后，我们要做的是什么？不是生态修复，而是生态恢复，也就是restoration。这个单词已准确地表达了我们应该怎么干。我们要做的不是增加自然的物种，而是恢复原有物种；不是去种新的人工培育的树，而是恢复自然原有的草灌木；不是大量地打水井，而是思考如何恢复当地水生态。我们切不可在缺水严重的北方开展打造一个又一个水井、一个又一个人工湖的伪生态工程，这些做法本身就是对生态的严重破坏。比如为了建湖并保持水量而做防渗，切断了水体和土壤之间的呼吸，切断了生态系统彼此之间的能源交换与生命交换。大量的微生物和动植物都生活在水土之间，而防渗膜的存在破坏了这种关联，这些工程也就不再是生态修复，而是生态破坏。一些非常著名的湿地公园并没有真正理解湿地的精华，没有领会湿地涵养生命、调节自然等重要的生态作用。真正的生态工程叫restoration，应是想办法恢复生态。

（三）conservation（保育）是什么？

保育是什么？付给动物园一些钱，或者买一些东西去投喂野生鸟类等活动可不是保育。一些受伤的野生动物，经救护中心救助后最终辗转到了动物园或者科普基地，这些也不是真正的保育。真正的保育是什么？第一，应该减少人类的干扰；第二，恢复自然；第三，给自然以休养生息的空间。我们不要那么频繁地去观鸟或搞生态摄影，而要给自然以宁静，让野生动物远离人类的干扰，让它们尽可能地生活在自然环境中。比如鸟类会因季节变化而自然迁徙，我们不要过度投喂那些珍稀鸟类以期其留下来，因为自然的迁徙，本身也是自然的一部分。保护绿水青山，需要正确的保育方式。

三、如何理解绿水青山？

以水治理为例，有的河湖的水质是Ⅳ类，按工业文明的水质分类标准，属于较差的水质，当地想对这些河湖进行治理。怎么治理呢？首先就是保护，要停止继续向河流中输入大量的污染物，包括工业污染物和生活污染物等，要减少人为的污染。然后是修复，现在人们往往习惯以统一的工业文明的标准去治理河水。有的河里含氟量大，有的河水BOD（生化需氧量）/COD（以化学方法测量的水样中需要被氧化的还原性物质的量）偏高，但这可能是自然因素导致的，属于自然状态下的水体特征，这种情况则不能简单地用统一的工业文明时代的化学手法去治理，否则即便治理成了Ⅱ类水质、Ⅲ类水质，它也不是真正自然状态下的好水。

怎样理解绿水青山、怎样保护绿水青山、怎样把绿水青山放在第一位，是生态文明思想很重要的内容，对这些问题的思考是学好生态文明思想的基础。

谨以此序，建议青年朋友们以生态文明思想为指导，按生态文明时代的要求和生态文明时代人类最新的科技成果，积极规划自己的未来，同时希望通过你们的行动，为全人类谋划更好的未来。中国生物多样性保护与绿色发展基金会作为生物多样性、绿色发展领域的科研机构和专业学会，也非常欢迎并期待更多的大学生加入。让我们一起共同学习探讨，共同践行生态文明理念！

周晋峰

中国生物多样性保护与绿色发展基金会副理事长兼秘书长
第九、十届中华职业教育社副理事长
罗马俱乐部执委
2022年12月

CONTENTS

目录

第一章 总论

学习目标：

1. 了解生态文明建设与大学生肩负的历史使命。
2. 掌握生态文明整体论理念，树立和谐生态伦理观。
3. 认识到绿色大学在生态文明建设中的功能，培养大批社会主义生态文明观的传播者和模范实践者，构建绿色大学生态文明的全球治理模式。

人类社会的发展跨越了原始文明、农耕文明、工业文明，逐步迈向生态文明。在科技飞速发展、文明不断更迭的历史进程中，科学技术使人们的生活更加舒适和便捷。但同时，科学技术的发展也引起了生态危机和环境问题。20世纪中叶，生态环境的恶化已经成为人类共同的世界性问题。

伴随着工业化进程的加速，环境恶化、资源枯竭等生态危机制约了全球可持续性发展，甚至有科学家预言地球将面临第六次物种大灭绝危机。当前出现的温室效应扩大、极端灾害天气频发等对人类的生存提出了严峻的挑战。

面对全球共同的生态环境问题，党的十七大报告首次提出了建设生态文明新理念，党的十八大报告又高屋建瓴地指出：建设生态文明，是关系人民福祉、关乎民族未来的长远大计。

2018年5月18日至19日，全国生态环境保护大会在北京召开，习近平总书记在会上指出："生态文明建设是关系中华民族永续发展的根本大计……生态兴则文明兴，生态衰则文明衰。"[①]可见，党中央已将生态文明建设和环境保护摆在了更加重要的战略位置，这既是对我国现代化进程中出现的严重生态问题进行理性反思的结果，也是对人类社会发展规律认识的深化和升华，更是中华民族实现伟大复兴的必由之路。

---

① 习近平：坚决打好污染防治攻坚战 推动生态文明建设迈上新台阶[EB/OL].（2018-05-19）[2023-02-04].http://www.moj.gov.cn/pub/sfbgw/gwxw/ttxg/201805/t20180522_165697.html.

2022年10月16日，习近平总书记在中国共产党第二十次全国代表大会上的报告中指出："我们坚持绿水青山就是金山银山的理念，坚持山水林田湖草沙一体化保护和系统治理，全方位、全地域、全过程加强生态环境保护，生态文明制度体系更加健全，污染防治攻坚向纵深推进，绿色、循环、低碳发展迈出坚实步伐，生态环境保护发生历史性、转折性、全局性变化，我们的祖国天更蓝、山更绿、水更清。"①党的二十大报告充分肯定了十年来我国生态文明建设取得的巨大成就，同时也再次彰显了我国生态文明建设的历史定位。

当今社会，人们要自觉树立生态文明意识，重新审视人与自然、人与社会、人与自我之间的关系，最终建立起理性的生态文明家园。大学在这个进程中将肩负绿色教育使命，引导学生深入认识生态环境问题。

第一节 大学生态文明通识教育课程设计理念

党的二十大报告站在人与自然和谐共生的高度谋划发展。报告指出，"中国式现代化是人与自然和谐共生的现代化"，明确了我国新时代生态文明建设的战略任务，总基调是推动绿色发展，促进人与自然和谐共生。报告在充分肯定生态文明建设成就的基础上，从统筹产业结构调整、污染治理、生态保护、应对气候变化等多元角度，全面系统地阐述了我国持续推动生态文明建设的战略思路与方法，并就未来生态环境保护提出了一系列新观点、新要求、新方向和新部署。

大学作为高等教育机构，人才素质较高，师生人数众多，组成结构复杂，肩负着人才培养、科学研究、社会服务、文化传承和创新等一系列职能。在整个生态文明建设的历程中，大学到底应该承担怎样的责任与使命，怎样应对当今时代面临的机遇与挑战，是大学生态文明通识教育要探讨的重要问题。

一、生态文明建设与大学肩负的历史使命

大学要坚守为党育人、为国育才的重要使命，要培育和造就为中华民族伟大复兴而进行生态文明建设的一代新人。面对生态资源环境恶化的局面，大学在生态文明建设进程中所担负的主要历史使命如下。

（一）大学是弘扬生态文明思想的主课堂、主渠道和主阵地②

2011年4月，环境保护部、中央宣传部、中央文明办、教育部、共青团中央、全国

---

① 高举中国特色社会主义伟大旗帜 为全面建设社会主义现代化国家而团结奋斗——在中国共产党第二十次全国代表大会上的报告[EB/OL].（2022-10-25）[2022-12-19]. http：//www.gov.cn/xinwen/2022-10/25/content_5721685.htm.

② 刁承湘.高等教育发展应彰显生态文明理念[J].中国高等教育，2014（2）：27-30.

妇联六部门联合编制了《全国环境宣传教育行动纲要（2011—2015年）》。该行动纲要在“开展全民环境教育行动”部分明确强调，要加强高等教育阶段的环境教育，推动将环境教育纳入国民素质教育的进程，将环境教育作为高校学生素质教育的重要内容纳入教学计划，组织开展“绿色大学”创建活动。[①]

党的十八大提出了生态文明建设四方面的任务，主张把生态文明建设放在突出位置，融入社会主义建设的方方面面，主张节约资源，保护环境。其具体要求如下：一是优化国土空间开发格局；二是全面促进资源节约；三是加大自然生态系统和环境保护力度；四是加强生态文明制度建设。党的十八大要求全国人民在生产方式、生活方式、生态意识等方面营造爱护生态环境的良好风气，从源头上阻止生态环境的进一步恶化。

党的二十大报告进一步提出“加快推动产业结构、能源结构、交通运输结构等调整优化”[②]。这意味着在今后的生态环境保护工作中，我们要持续在结构调整上下深功夫，进一步调整优化产业布局，大力发展绿色低碳和生态产品产业。同时，坚决把好高耗能高排放项目准入关口，依法依规淘汰落后产能和化解过剩产能，不断壮大节能环保产业，推进基础设施绿色低碳升级，提供绿色低碳服务等。关于“实施全面节约战略，推进各类资源节约集约利用，加快构建废弃物循环利用体系”的新要求，具体到我国经济社会发展层面，就是在今后相当长一段时期，必须持续全面推行循环经济理念，践行节约优先、节约就是环保的理念，积极推动资源节约与集约高效利用，构建形成多层次资源高效循环利用体系。

党的二十大报告还提出了“倡导绿色消费”。这说明壮大绿色消费需求是重要方向，要通过创新绿色消费模式，加快推动形成绿色低碳的生产方式和生活方式。绿色低碳生活和消费方式转型是绿色发展的重要任务，只有全社会都积极主动践行绿色低碳行为，才会形成良好的大生态环境治理格局。高等学校对大学生的素质教育是其中不可缺少的一环。

为深入贯彻新形势提出的新要求，大学需要对教师与学生进行生态文明的双回路教育，要推动生态思维与可持续发展理论进校园、进课堂、进头脑，让大学成为国家宣传生态文明教育的主课堂、主渠道和主阵地。通过教师的课堂教学环节和实践教学环节，增强学生的环保意识、生态意识、节约意识、合理消费意识；新形势提出的新要求也使教师在教书育人的过程中反哺自身，树立生态文明观，使生态文明理念内化于心、外化于行，对学生起到示范的作用，努力将大学生培养成坚守生态文明道德观和价值观的新生代，努力将大学教师自身塑造成生态文明的传播者与捍卫者，使师生双方更自觉地珍

① 关于印发《全国环境宣传教育行动纲要（2011—2015年）》的通知[EB/OL].（2011-04-22）[2021-12-19].http：//www.mep.gov.cn/gkml/hbb/bwj/201105/t20110506_210316.htm.

② 高举中国特色社会主义伟大旗帜 为全面建设社会主义现代化国家而团结奋斗——在中国共产党第二十次全国代表大会上的报告[EB/OL].（2022-10-25）[2022-12-19]. http：//www.gov.cn/xinwen/2022-10/25/content_5721685.htm.

爱自然，更加积极地保护生态，倡导从自身做起，从小事做起，进一步强化高等教育阶段的生态文明教育。

（二）大学师生是生态文明思想的传道者、践行者和建设者

2018年5月18日，习近平总书记在全国生态环境保护大会上指出："要加快划定并严守生态保护红线、环境质量底线、资源利用上线三条红线。对突破三条红线、仍然沿用粗放增长模式、吃祖宗饭砸子孙碗的事，绝对不能再干，绝对不允许再干。"[①]总书记强调："走老路，去消耗资源，去污染环境，难以为继！"[②]若要实现永续发展，必须抓好生态文明建设。

过去几十年，我国在经济快速增长的同时，也付出了沉重的环境代价。生态环境的日益恶化，让我们明白："在整个发展过程中，我们都要坚持节约优先、保护优先、自然恢复为主的方针，不能只讲索取不讲投入，不能只讲发展不讲保护，不能只讲利用不讲修复，要像保护眼睛一样保护生态环境，像对待生命一样对待生态环境，多谋打基础、利长远的善事，多干保护自然、修复生态的实事，多做治山理水、显山露水的好事，让群众望得见山、看得见水、记得住乡愁，让自然生态美景永驻人间，还自然以宁静、和谐、美丽。"[③]生态环境问题归根结底是发展方式和生活方式问题。

1987年，世界环境与发展委员会发表了《我们共同的未来》报告，该报告首次界定了什么是"可持续发展"。可持续发展即既不对后代需求造成危害，又能满足当代人发展需要。1994年3月，《中国21世纪议程——中国21世纪人口、环境与发展白皮书》正式提出了我国的可持续发展战略，制定了可持续发展的政策和行动方案，这可以说是党的十八大提出的生态文明建设的前奏。

大学师生在整个生态文明建设过程中扮演着重要的角色。首先，充当着传道角色，传扬习近平总书记关于生态文明思想的"道"，做习近平生态文明思想的坚定信仰者、忠实践行者和不懈奋斗者。[④]其次，充当践行者和建设者角色。大学师生作为知识分子和民族复兴的重要力量，在生态文明建设中要发挥积极作用，以自己的实际行动充当环境保护和资源节约的示范者和引领者，积极推进生态文明建设进程，为生态文明建设发光发热，完成时代赋予当代高等教育的历史使命。

---

① 推动我国生态文明建设迈上新台阶[EB/OL].（2019-01-31）[2023-03-18]. http：//www.xinhuanet.com/politics/2019-01/31/c_1124071374.htm.

② 让绿水青山造福人民泽被子孙——习近平总书记关于生态文明建设重要论述综述[EB/OL].（2021-06-03）[2022-12-23].http：//www.gov.cn/xinwen/2021-06/03/content_5615092.htm.

③ 习近平出席全国生态环境保护大会并发表重要讲话[EB/OL].（2018-05-19）[2023-03-18]. http：//www.gov.cn/xinwen/2018-05/19/content_5292116.htm.

④ 孙金龙.做习近平生态文明思想坚定信仰者、忠实践行者、不懈奋斗者[N].光明日报，2020-07-20.

（三）大学是生态文明建设历史使命的担当者

美国布朗大学校长帕克森曾说："大学，特别是顶尖大学，应该承担起更多的责任。"[①]这种责任可以概括为三方面：历史的责任、现实的责任和未来的责任。[②]历史的责任侧重于文明的传承；现实的责任侧重于立足当下为社会服务；而未来的责任则侧重于将来人才的培养。

生态文明建设是关系中华民族永续发展的根本大计。大学作为高等教育学府，应该始终坚持生态文明发展观，始终直面上述三种责任。大学应以培养让世界变得更生态、更文明、更美好的师资队伍为己任。回顾历史，让大学生领会习近平生态文明思想；立足当下，积极践行生态保护行为，服务国家，服务社会；展望未来，培育大学生的生态道德素养、生态责任担当和批判性思维能力。

大学是生态文明教育的重要基地，大学生态文明教育的关键在于对生态环境的感知和对生态文明的认知。大学只有通过培养优质的生态文明教育师资队伍，才能起到生态意识和生态知识的传播及辐射作用，才能实现教育一代人带动几代人的效果。因此，高校教师作为国家生态文明教育师资队伍建设的中坚力量，必须具备生态文明的基础知识，具备绿色发展观，具备服务生态文明建设的大局意识。

二、大学生态文明通识教育的核心目标

习近平总书记指出："生态文明是人民群众共同参与共同建设共同享有的事业，要把建设美丽中国转化为全体人民自觉行动。每个人都是生态环境的保护者、建设者、受益者，没有哪个人是旁观者、局外人、批评家，谁也不能只说不做、置身事外。要增强全民节约意识、环保意识、生态意识，培育生态道德和行为准则，开展全民绿色行动，动员全社会都以实际行动减少能源资源消耗和污染排放，为生态环境保护作出贡献。"[③]这表明，树立生态文明大通识观，就要全面实施素质教育，深化教育领域综合改革，着力提升教育质量，培养学生的社会责任感、创新精神、实践能力。

因此，大学作为高素质人才培养的主阵地，培养具有生态文明素养与践行能力的生态型人才，为我国生态文明建设提供教育支撑，就显得尤为重要。引导全校师生树立生态文明的大通识观，促进其自觉践行生态文明行为，是大学生态文明通识教育的核心目标。

（一）依托通识教育，实施大学生态文明素质培育

1. 生态文明与通识教育的关系

习近平生态文明思想内涵丰富、博大精深，深刻回答了"为什么建设生态文明""建

① 郭英剑．大学的责任[N]．中国科学报，2012-11-14.https：//news.sciencenet.cn/dz/upload/201211145413170.pdf.

② 刁承湘．高等教育发展应彰显生态文明理念[J]．中国高等教育，2014（2）：27-30.

③ 让绿水青山造福人民泽被子孙——习近平总书记关于生态文明建设重要论述综述[N]．人民日报，2021-06-03.

设什么样的生态文明”“怎样建设生态文明”等重大理论和实践问题，集中体现为“生态兴则文明兴”的深邃历史观、“人与自然和谐共生”的科学自然观、“绿水青山就是金山银山”的绿色发展观、“良好生态环境是最普惠的民生福祉”的基本民生观、“山水林田湖草沙是生命共同体”的整体系统观、“实行最严格生态环境保护制度”的严密法治观、“共同建设美丽中国”的全民行动观、“共谋全球生态文明建设之路”的共赢全球观。[①]党的二十大报告指出，中国式现代化是人与自然和谐共生的现代化。中国式现代化的本质要求是：坚持中国共产党领导，坚持中国特色社会主义，实现高质量发展，发展全过程人民民主，丰富人民精神世界，实现全体人民共同富裕，促进人与自然和谐共生，推动构建人类命运共同体，创造人类文明新形态。

这些重要思想进一步丰富了坚持和发展中国特色社会主义的总目标、总任务、总体布局、战略布局和发展理念、发展方式、发展动力等，是习近平新时代中国特色社会主义思想的重要组成部分和核心内涵。[②]生态文明是指人们在改造客观物质世界的同时，不断克服改造过程中的负面效应，积极改善和优化人与自然、人与人的关系，建设有序的生态运行机制和良好的生态环境所取得的物质、精神、制度方面成果的总和。[③]

通识教育是学生作为人类成员和公民在整个教育过程中所接受的教育，通识教育的目标是让学生有效地思考和交流，准确地判断和辨别各种价值。它既是一种人格教育，也是一种公民教育和职业素养教育。创新是人类文明发展的动力，也是个体人生成功的象征。通识教育能帮助受教育者生成人的创新品质，而大学阶段教育是开展通识教育的主要途径。迄今为止，人类拥有了大量的知识财富，这些知识财富成为通识教育的丰富资源。

大学的生态文明教育旨在有整体规划地将大学生培养成具有生态文明意识的高素质人才。生态文明教育已成为通识教育的一个重要模块，同时通识教育对大学生生态文明价值观的塑造起到了推动作用，两者之间和谐共生，协同育人。

由于自然资源的获取日趋困难，生态系统遭到严重污染和不断恶化，生态危机俨然成为威胁人类生存和发展的全球性问题。生态文明思想需要得到宣传推广，需要全体民众的共同参与、共同建设，而通识教育是一个与专业教育相对应的，对大众来说具有通用性、全面性的教育形式，它既能强化受教育者的专业能力，又能加强人的知识修养，注重文理交叉、全面融合；既能提高人的情商和智商，实现情智互动，也能够引导大学生了解不同学科的思维方式与发展状态，铸就与时俱进的科学精神和人文精神，培养大学生必备的人文品质，实现人的全面自由发展，做到文化引领、人格引领、生态引领和

---

① 中共生态环境部党组.以习近平生态文明思想为指导 坚决打好打胜污染防治攻坚战[J].中南林业科技大学学报（社会科学版），2018（3）：15-18.

② 试论习近平生态文明思想的鲜明特征[EB/OL].（2022-09-02）[2022-12-22].https：//www.xuexi.cn/lgpage/detail/index.html?id=10941320 662408713355.

③ 黄爱宝.三种生态文明观比较[J].南京工业大学学报（社会科学版），2006（3）：36-40.

科技引领。生态文明通识教育是培养大学生态价值观和生态践行能力的基础平台，可以使生态文明观在高校实现融合生长。

2. 生态文明的全民武装要通过通识教育来实现

生态教育指人的生态素质教育，生态素质教育的目的是使生态发展理念的内涵不断丰富和广泛传播。个人生态素质的培养不是一蹴而就的，它是生态素质不断积累的结果，也可以说是一个人生态化、社会化的过程。

通识教育也称为职业基本素质教育、全面人文素质教育、人的全面发展教育、创新素质教育。[①]不管是小学教育、中学教育，还是大学教育，生态素质教育即生态世界观教育和生态价值观教育，都是一种通识教育，是生态教育的核心内容。生态教育主要是培养“五位一体”的生态型人才，提高学生适应社会的核心竞争力。大学要将生态文明中的环保意识、生态意识、资源节约意识和合理消费意识融入生态通识教育中，作为生态通识教育系列课程培养目标，强化生态文明观在通识教育中的有机渗透，达到工具知识、技术技能与人文底蕴的平衡。

（二）生态教育通识化，目标培养系列化

大学生态通识教育必须通过教学、科研、社会服务等途径，贯穿生态素质培育发展全过程。通过生态文明的社会实践等活动，引导大学生形成合理的人与自然、人与社会和谐发展的生态意识，自觉培育文明生态行为，提高生态文明素质和生态保护意识，促进生态文化自信和生态文化创新，从而形成推动生态文化建设的内驱力。

大学应将生态文明教育纳入专业人才培养方案。可通过开设第二课堂等形式，将生态文明通识教育与专业教育结合起来，以开设关于生态文明教育的选修课、必修课等方式，有组织、有计划、有针对性地开展一系列生态文明教育教学活动，使学生掌握生态文明基本常识，树立生态文明价值观；聚焦人对生命的基本认识，将生态文明教育的着重点放在推动师生自身生存发展，懂得如何理解自然美，感受安全、健康、舒适、愉悦的生态需求上。

在课程设置上，学校可开设生态文明通识教育类课程，如生态科学基础知识、生态危机、生态文化、生态文明观和生态法制等方面的课程，也可以将生态文明教育的内容外延，涵盖生态文明消费观的塑造、生态伦理教育、生态审美教育、生态安全教育等。

（三）传播生态价值观，塑造生态文化氛围

大学生态文明教育质量将直接影响国家生态文明建设成效。当前，大学生态文明教育体系暂时还不能充分满足培养“五位一体”生态型人才的需求。当下生态文明教育还停留在传统形式的环境教育层面，内容比较陈旧，且缺乏动态性和时代感；生态环境教

① 周治南，周早林，雷春龙，等.大学通识通教[M].北京：人民出版社，2017：4.

育在实践活动安排上，缺乏规范性和延续性；人们对生态文明教育缺乏全面认识和整体观念，生态文明的认知与实践存在脱节现象。

虽然当代大学师生接受和学习新事物的能力较强，且热情较高，但在生态基础知识、生态意识、环保态度、生活状况和行为方式方面还有很大的提升空间，甚至存在一些与生态文明要求相悖的现象。

因此，在大学加强生态文明教育，提高大学生生态素养，必须强化其对生态的科学认知，培养其敬畏自然的美好情操，帮助其树立良好的生态文明意识，促进其自觉践行生态文明行为。这是大学生态文明教育的文化内核。

三、大学生态文明通识教育课程建设内容

大学生态文明教育是顺应时代要求而产生的新生事物，随着国家生态文明建设的不断发展，大学在课程建设上也在不断深化教育教学改革。当前生态文明教育已逐步纳入小学、初中、高中和大学教育体系，相比之下，中小学生态文明教育更侧重于模块化的生态教育形式，而大学生态文明教育则更注重文化形态认知的系统性。因为大学生态文明教育要遵循高等教育的原则和基本规律，要有计划、有目的、有组织地将这一文化伦理形态作为教学内容；要以习近平新时代中国特色社会主义思想为指导，构建大学师生生态文明观；要在提高大学生可持续发展能力的基础上，将生态文化伦理作为教学主题，使大学生充分认识到生态文明的重要性，从而形成良好的生态文明道德观，使其能自觉遵守自然规律和生态系统原则，并将其外化于行动中，指导自己的生产、生活和消费行为。

由于我国生态文明建设起步较晚，尚未形成普遍自觉的社会氛围，客观上影响了大学生态文明教育的发展。目前，许多大学的生态文明教育仍停留在探索的初级阶段，其生态文明教育实践经验存在短板，教育经验缺乏，没有形成合力，而且大学生态文明教育的内容具有跨学科性，所跨学科众多，因此需要构建一套完整的课程体系。而通识教育属于公共课，面向全体师生，所跨学科基本与生态文明教育所跨学科相同，因而从学科角度讲，生态文明教育与通识教育有很好的结合点，以此为依据将生态文明教育作为通识教育内容向全体师生辐射，最终形成集生态认知教育、生态危机观教育、生态文明观教育、生态文明法制教育、生态审美教育和生态生活劳动教育六大模块于一体的大学生态文明教育课程体系。

（一）生态认知教育

生态认知教育是关于生态科学基础知识的教育，包括生态系统、生态平衡、环境保障、自然生态规律等内容，如若大学生缺乏基础的生态认知，就不知道当前生态环境恶化的原因，也就无法有效地实施生态保护和治理行为。高校通过对大学生开展生态认知

教育，让学生学会分析和处理生态环境恶化、生态环境破坏后的修复问题，使其了解生态中防患于未然的科学防护途径和方法，学会从生态文明的角度来思考、审视传统文化，把传统文化的内容作为弘扬生态文明的媒介，成为生态文化的继承者和传道者。

（二）生态危机观教育

生态危机观教育是对大学生进行生态文明教育的首要前提。它以生态学马克思主义生态危机理论为基础，结合当前人类面临的三大危机（环境恶化、资源枯竭、人口问题）、地球面临的物种大灭绝危机和公共领域面临的生态危机等现实问题进行教育。生活在象牙塔的大学生对生态环境恶化及其严重后果认知不足，可能会使其有意无意地忽略或者放任自身可能会危害生态环境的行为，因此，大学生要树立生态危机观，通过自身行动减缓或阻止危机进程。

（三）生态文明观教育

生态文明观教育是当代大学生态文明教育的核心内容，主要包括生态自然观教育、生态伦理观教育和生态价值观教育等。[①]

1. 生态自然观是生态文明观建立的内在基础

生态自然观教育的目的是使大学生准确定位人与自然的关系，改变过去“以人为主”向自然环境过度索取后再进行修复的错误行为，准确认识人与自然既相互依赖又相互对立的关系，明白人与自然只有和谐相处，才能共生共赢。

2. 生态伦理观是生态文明观建立的精神指南

生态伦理观把生态自然观升华为人类个体应具备的道德素质，凸显了人类面对自然环境的伦理底线和伦理责任。它的基本目标是实现人与自然环境的和谐共处、共同繁荣。人类社会若想取得长远发展，必须树立生态伦理观，重视营造健康的自然生态环境，用理性和智慧，自觉地尊重和保护自然，杜绝对大自然的过度开采和破坏。只有这样，才能真正实现人与自然的和谐共生。

3. 生态价值观是生态文明观建立的价值基础

传统价值观强调以人为中心和人类对自然的征服。拥有这种价值观的人们渴望不受限制地利用自然资源，以便最大限度地获得、改造和利用这些资源为人类服务，使其功利价值最大化。传统价值观造成人们对生态价值认识的偏差，导致森林被过度砍伐，引发了水土流失、荒漠扩大、极端天气频发等大自然的反击。在这种情形下，形成生态价值观的重要性与急迫性更加明显了。

生态价值观的培育，要从改造学生的思想观念入手，向他们展示自然生态和人类社

① 刘妍君.浅论高校生态文明教育课程体系建设[J].教育观察（上半月），2015（9）：76-77.

会和谐共生的重要性，引导学生体会自身对自然的精神需求，让他们主动亲近自然，享受自然之美，感受自然对其生命的意义和价值，实现精神追求与物质追求的统一。

生态认知和生态文明观教育可与思政课程相结合，依托网络平台，建设在线开放课程，实现线上线下混合式教学。

（四）生态文明法制教育

生态文明法制教育以国际社会和中国在推进生态文明建设中颁布实施的相关法律法规为基础，对大学生进行生态文明普法教育，并结合现实案例进行教学。

现实中，人们通常对贴近自身生活的相关法律法规，如民法、刑法、劳动法等较为熟知，而对于生态文明领域的法律法规却知之甚少，这大大降低了人们对破坏生态环境造成的后果的警惕性。当前，社会大众普遍缺乏生态文明法律知识，因此，大学有责任有义务加强对师生的生态普法教育，这将成为生态文明通识教育的重要内容。

当然，生态文明法制教育要求大学教师提高生态保护国际条约、协定及相关国内法律法规方面的教育水平，当好生态普法者的角色。大学生则要正确理解生态环境的法律法规，增强保护环境的法律意识，并用其指导自身的环境保护行为，扮演好生态守法者的角色。

（五）生态审美教育

自人类进入生态文明时代以来，一种新的美学形式即生态审美随之出现。生态审美教育旨在通过引导受教育者形成对自然生态的良好审美态度来育人。其基本观点是现代生态学中的关系美学，其所借助的审美范畴是共生性、家园意识和诗意生活。它在审美教育中直接关系到人的感官体验。其性质是人体各感官直接介入的“参与美学”的教育。①

大学生态审美教育通常以大学语文或文艺鉴赏类课程为基础进行教学内容的设计，实现生态文明教育与大学语文、文艺鉴赏等人文素养教育的相互渗透。在这个教育过程中，中国传统文化中涉及生态审美的内容可以作为教学素材。

（六）生态生活劳动教育

生态生活劳动教育围绕大学生的生活与生态，打造“三生一体”的生态生活劳动教育实践平台。

生态生活劳动教育将生态教育融入生活，融入环境；针对大学生主体，充分利用田园景观、自然生态及环境资源，与劳动教育实践类课程相结合，增强大学生对生态生活的体验感与责任感，使大学生明确自己的社会责任，形成生态公德意识，同时理解生态生活常识，获得必要的生活技能，欣赏生活美、享受生活美、创造生活美，丰富生活情趣。

---

① 曾繁仁.试论生态审美教育[J].中国地质大学学报（社会科学版），2011（4）：11-18.

第二节 大学生态文明通识教育的愿景

大学生态文明通识教育旨在以习近平生态文明思想为指导，将大学师生放在一个天地万物的大环境下，呈现人与自然、人与社会、人与人（自我）之间和谐共生、良性循环、全面发展、持续繁荣的美好画面。

一、建立生态文明整体论理念，树立和谐生态伦理观

中国的生态文明理念蕴含着传统哲学的生态智慧。它是一种更高层次的社会文明理想。在中国古代思想体系中，“天人合一”的基本内涵就是人与自然的和谐共生。[①]儒家主张“天人合一”，认为天地合德，众生共荣。道家主张“道法自然”，认为万事万物是一个循环的整体。“万物各得其和以生，各得其养以成。”生物多样性使地球充满生机，也是人类生存和发展的基础。[②]

生态文明认为人、自然和社会是不可分割的，这一看法是整个生态体系和谐发展的保障。和谐发展是可持续发展和共同繁荣的基础。可持续发展与共同繁荣为和谐发展创造了良好的物质生态、精神生态、政治生态和社会生态条件，在更高层次上促进整个生态体系的和谐发展，创新了和谐发展的空间。在这个良性循环中，自然、人类和社会可以升华到更高的阶段。这就是生态文明致力于社会、人类和自然生态系统的全面发展和各子系统的可持续发展的原因。实质上，生态文明整体论旨在达成生态和谐、可持续发展和共同繁荣的目标。

所谓和谐生态伦理观，是以人与自然的共同利益为基础，以实现生态平衡为目标的行为准则的集合，它研究人与自然、人与社会、人与人（自我）的和谐关系。[③]

生态文明教育在整体论视角下认为生态系统中的一切事物都是相互联系、相互作用的，人类只是其中的一个组成部分。人作为有机整体，不仅其心理要素之间相互作用，人与周围的社会和自然环境也无时无刻不在产生着复杂的交互式影响。

二、人与自然和谐共生

正确处理人与自然的关系，与自然和谐共处、共生共荣是生态文明建设的根本之一，也是达成中国式现代化的本质要求。建设生态文明大通识观，就要将生态文明理念扩展到社会管理的各个方面，渗透到社会生活各个领域，使其成为广泛的社会共识。中国传

① 习近平出席《生物多样性公约》第十五次缔约方大会领导人峰会并发表主旨讲话[EB/OL].（2021-10-12）[2023-03-18].http：//www.gov.cn/xinwen/2021-10/12/content_5642065.htm.

② 习近平出席《生物多样性公约》第十五次缔约方大会领导人峰会并发表主旨讲话[EB/OL].（2021-10-12）[2023-03-18].http：//www.gov.cn/xinwen/2021-10/12/content_5642065.htm.

③ 李承宗.论和谐生态伦理观的三个理论问题[J].湖南大学学报（社会科学版），2007（2）：101-104.

统文化中的“天人观”，对于解决现代社会的环境问题，有着很强的借鉴意义。“天人合一”的思想，“万物并育”的理念，倡导人们在人与自然的关系上做到以下三个方面。

（一）态度上要尊重自然

正所谓“皮之不存，毛将焉附”，自然是人类赖以生存的根本。人类只有发自内心地尊重自然才能与自然和谐相处，才能清醒地意识到人类是自然的一部分，深刻认识到一切生命都是值得珍惜的，从而改变传统的“征服自然”的宣战思想，真正树立起以习近平生态文明思想为指导的“人与自然和谐相处”理念。

（二）行为上要顺应自然

客观规律是事物运动过程中固有的、本质的、必然的、稳定的联系，是不以人的意志为转移的客观世界的规则。在客观规律面前，人类只能利用与遵循，否则必然受到客观规律的制裁和惩罚。随着科学技术的进步，人类对自然有了更多的认识与了解、反思与总结。在生态文明建设中，人想要与自然和谐相处，必须顺应自然规律。要顺应自然规律，首先就得科学地认识各种自然规律，避免因无知蛮干而违反自然规律；其次，我们必须健全生态环境保护法律法规，从制度上规范和约束人们的行为，有意识地避免生态违法行为的发生。

（三）责任上要保护自然

人类在发挥主观能动性向自然界索取的同时，也要以主观能动性约束自己，保护自然，维护生态平衡。我们要树立人和地球“一荣俱荣、一损俱损”的大局意识，要小心保护我们赖以生存的地球和自然，大力弘扬人与自然和谐发展的核心价值观。在全社会，通过开展宣传、教育、实践等多种形式的活动让生态文明价值观深深扎根于人们心中，让公众树立重视生态保护的社会价值取向，将生态文明建设作为自身参与的事业，担起生态保护的责任。

三、人与社会和谐共处

人与社会和谐共处的具体措施有三个方面，即打造宜居生态城市、构建绿色行政和强化生态法制。

（一）打造宜居生态城市

环境友好型城市是一个新概念，它是经济发展、社会发展和环境保护三者的紧密结合，是技术与自然充分融合、城乡环境整洁美观的体现。它能最大限度地发挥人的创造力和生产力，促进城市文明水平的提高。环境友好型城市是自然环境与人工环境和谐发展的综合系统，它按照生态学原理促进人类与社会、经济、自然和谐发展，高效利用物资、能源、信息等资源，打造良性循环的宜居生态城市。

这种生态城市不仅强调生态环境保护本身，而且强调生态环境保护是推动人类向前发展的一个积极因素。从生态系统结构和生态运行方式来看，生态环境与人是一个有机整体。生态环境有自己的内在生态秩序，其内部要素同化和异化的过程构成了新陈代谢的节律，与人类的生存和发展息息相关。

生态城市倡导人与自然和谐共生，以保护城乡生态安全、减少碳排放为出发点，在选择发展目标、建造绿色建筑和打造环境友好型城市以及促进技术进步和工业发展方面，制定和推广统一的政策标准。建设生态城市，当前应坚持"先管住增量后改善存量，先政府带头后市场推进，先保障低收入人群后考虑其他群体，先规划城区后设计建筑"的思路。[①]在城市发展规划中，主要任务是推进绿色城市建设，促进绿色建筑的大规模普及，大力发展绿色生态，致力于现有建筑的现代化和节能设施的建设，推进老旧城区生态现代化改造。

（二）构建绿色行政

绿色行政是以"绿色规划""绿色政策""绿色管理"为理念，以绿色治理和资源高效整合为基础，促进社会、经济和自然生态和谐发展的决策运行系统。政府要制定和实施以环境保护为根本出发点的政策，积极践行绿色生产、绿色宣传、绿色参与、绿色消费和绿色智慧。

然而，当前仅靠单一的措施很难解决各种生态环境问题，也没有足够的科技手段来满足人类所有需求。在处理威胁人类生存的复杂问题时，政府必须充分整合各种行政资源，号召所有参与者履行责任，全力以赴，团结一致，坚守岗位。例如，新型冠状病毒感染疫情造成世界性公共卫生危机时，中国政府动员一切可以动员的力量，政府人员敢于担当，一线医护人员和广大党员干部冲锋在前，人民群众积极配合在后，完整的工业体系为抗疫提供有力的后勤保障，多方合力为全球抗疫做出了巨大的贡献。中国在疫情攻坚战中取得的胜利离不开各个责任主体各尽其责，充分发挥各自的优势，做到优势互补，将绿色行政效率发挥到最大化，充分节省了治理成本。

经典案例1-1

绿色行政：武汉火神山医院的高效建成

回顾2020年，它是不平凡的一年。武汉作为一个人口千万量级的中心城市主动按下"暂停键"；全国4万多名医护工作者驰援武汉。而武汉火神山医院在全球的"云围观"下仅用10天建成。火神山医院拥有床位1000张，若正常施工，至少需要2年时间建成。这场与时间赛跑的紧急救援，充分体现了中国政

① 住房城乡建设部关于印发"十二五"绿色建筑和绿色生态城区发展规划的通知[EB/OL].（2013-04-03）[2022-11-15].http：//www.gov.cn/gongbao/content/2013/content_2441025.htm.

府高效的"绿色规划""绿色政策"和"绿色管理"理念，以及高超的资源整合能力，它向世界展示了中国人民团结一心，勇于付出，守护家园的中国力量；向世界宣告了中国政府以人为本、高效科学的治理能力，宣告了中国共产党"始终把人民群众生命安全和身体健康放在第一位"的初心使命。

按下来，我们了解一下建设火神山医院的绿色行政和"中国速度"。

火神山医院位于武汉市蔡甸区知音湖大道，占地总面积为3.39万平方米，编设床位1000张，开设重症监护病区、重症病区、普通病区，设置感染控制、检验、特诊、放射诊断等辅助科室，不设门诊，专门集中接收确诊的新型冠状病毒感染患者。在新冠病毒肆虐武汉，武汉各大医院接收诊治资源不足的关键时期，火神山医院启动建设。由于时间紧、任务重，火神山医院的建设直接复制了2003年抗击"非典"疫情期间北京小汤山医院模式。火神山医院的设计体现了绿色规划和高效决策。

中国政府在建设火神山医院时，高效整合各种资源，统一管理，并以不破坏周边环境的同时提高效能为原则，确保武汉人民的生命安全，积极践行了绿色生产、绿色宣传、绿色参与、绿色消费和绿色智慧。从设计到完工历时10天，再一次向全世界展示了"基建狂魔"的实力（见案例图1-1）。

案例图1-1　武汉火神山医院建设图

（图片来源：环球时报）

2020年1月23日，武汉市政府决定交由在汉央企中建三局负责在蔡甸区火速建设火神山医院；2020年1月24日，武汉蔡甸火神山医院相关设计方案完成。中建三局、中国电信、中国石化、国家电网、华为、施耐德电气、三一重工、中铁十一局、中冶集团和中建科工等多家单位连夜吹响集结号，火速赶赴施工现场，完成各自的抢建任务。

1. 中建三局：确保基建施工进度符合预期

1月25日，提前进场，完成大部分地面平整（见案例图1-2）。

1月26日，防渗层施工全面展开，开始底板钢筋绑扎。

1月27日，首批集装箱板房吊装。

1月28日，1栋双层病房区钢结构粗具规模。

1月29日，板房安装完成20%，水电暖、机电设备同步安装。

1月30日，集装箱板房进场、改装、吊装快速推进。

1月31日，基础混凝土浇筑完成。

2月1日，活动板房全部安装完成，道路、医疗配套设施施工全面推进。

2月2日，火神山医院工程完工。

案例图1-2　中建三局平整场地5万平方米[①]

（图片来源：环球时报）

2. 中国电信、华为：确保通信网络顺畅

2020年1月27日，用12个小时完成火神山医院的信息系统建设，使央视当晚能顺利直播。

2020年1月31日，用12个小时，完成火神山医院首个“远程会诊平台”的网络铺设和设备调试（见案例图1-3）。外地医疗人员借助这个平台，可以通过视频远程会诊驰援武汉。

① 一线员工讲述：火神山雷神山医院如何极速建成[EB/OL].（2020-02-07）[2022-10-12]. https：//baijiahao.baidu.com/s?id=1657804171038111964&wfr=spider&for=pc.

案例图1-3　中国电信与华为团队合作完成网络铺设和设备调试

（图片来源：环球时报）

3. 国家电网：确保电力正常输送

国家电网武汉供电公司派出200多名施工人员在春节期间冒着阴雨天气，经过五天五夜的奋战，于2020年2月1日，使火神山医院顺利通电（见案例图1-4）。

案例图1-4　国家电网武汉供电公司安装地下电缆

（图片来源：环球时报）

4. 中国石化：做好后勤保障的“红帽子港湾”

中国石化武汉知音大道加油站在火神山医院建设期间为120救护车提供免费加油和免费快餐服务，并为建筑工地的工人提供免费热水和方便面等后勤保障。火神山医院建设者亲切地称这家加油站为“红帽子港湾”。

5. 施耐德电气：保障电器设备如期交付

火神山医院建设所用的电气设备是由施耐德电气（中国）有限公司紧急生产的。按工期，一般核心元器件从中标到交付要1～2周的时长。而火神山医院建设时间紧、任务重，且与其他工程环环相扣，施耐德电气（中国）有限公司打破常规，在2天内完成了设备交付。

6. 三一重工：提供大型基建设备

火神山医院建设期间的大型基建设备由三一重工负责提供和操作，其中混凝土泵车8台、挖掘机22台、起重机41台、搅拌车35台（见案例图1-5）。106台设备24小时不停工作，吊车司机一天只能睡两个小时（见案例图1-6）。

案例图1-5　三一重工的混凝土泵车“大红”

（图片来源：央视频截图）

案例图1-6　就地休息的基建“狂魔”

（图片来源：环球时报）

7. 中铁十一局、中冶集团和中建科工：提供焊接拼装专业团队

中铁十一局2020年1月30日凌晨接到作业通知后，组织近百人的专业团队，自带电焊工具，用23个小时完成火神山医院医学技术楼主体现场拼装。

中冶集团中国一冶从1月30日上午7时开始，用了21小时，竖起52根立柱，安装8件屋架梁，焊接支撑梁120件，圆满完成任务。

中建科工1月30日协助完成火神山医院ICU病房钢结构焊接工作。

经过各个单位的协同作战，火神山医院于2020年2月2日上午正式交付使用。2020年2月4日9时，武汉火神山医院开始正式接诊新型冠状病毒感染患者。

（三）强化生态法制

生态文明必须有一整套促进生态环境保护和资源能源节约的政策法规，以规范社会成员的行为。其一，要完善与生态文明建设相关的法律制度，加强法律制度在生态文明建设中的地位和作用；其二，要加强对生态技术和生态标准的科学引导。这样才能确保整个社会走上经济富裕、生态良好的文明发展道路。

生态文明建设要求人们选择一种符合生态安全要求的经济发展模式，相关产业结构要能促进生态安全，有利于生态安全体系的建立，其运行机制要既能满足我们这一代人的需求，又不损害子孙后代的需求，平衡代际生态权利。

当前，我们要大力宣传生态文明建设法律法规，只有树立起“建设绿色家园，造福子孙后代”的环保意识和法制观念，生态文明建设才能得到大家的响应与支持，从而促使人们自觉地参与到生态绿化建设中。同时，生态执法部门要加大监管力度，树立公开、公正、公平的执法态度，纠正生态执法中一些不良倾向。

四、人与自我的和谐共融

人与自我的和谐共融既是一种表征，更是一种心理或心态，强调心态的和谐，也就是人与自身的心理状态、生理状态的和谐。它既是一种状态和过程，也是一种结果，更是一种价值。作为一种状态，它表现为与人类生活在一起的共融场景。作为一个过程，它显示了一种不可避免的趋势，即所有事物存在一定差异性，变化有因，变而有常。因此，它展示了自然、社会和思维等一切现象的真实性、自我组织性和自我发展性。作为一种价值，它表现为一切事物的合法性，融合了科学的真理、道德的善良和艺术的美。它是所有价值观中的元价值。

（一）人与自我的和谐共融是构建生态和谐社会的关键

人与人之间的和谐对每个人都很重要。构建和谐社会，首先要求每个人实现自我和谐，从而实现社会和谐、民族和谐、国家和谐乃至世界和谐。子贡曾经问孔子："贫而无谄，富而无骄，何如？"孔子答："贫而乐，富而好礼者也"。孔子认为，一个人不被富足的生活蛊惑，又能在贫贱中保持做人的尊严和内心的快乐，就是人生实现自我和谐，获得幸福快乐的大智慧。这一思想被传承下来，对中国人在生活、学习和工作中保持清醒的头脑产生了深远的影响。孟子是儒家思想的重要继承者和推动者。他认为，在困境中，人们更能激发自身强烈的进取精神。

人与自我的和谐不仅是内在的和谐，也是人与事、人与人之间的和谐。人与自身的内在和谐是指个体内在心理成分（认知、情感、意志、个性等）协调统一，没有主观因素和暴力冲突造成的心理痛苦。人与事的和谐和谐体现为人们处事时的理性、冷静、节制、乐观以及良好的"息事能力"。人与人之间的和谐表现为默契和融洽的人际交往，擅长"让人们平静下来"，易于融入群体并承担适当的社会角色。

自我和谐主要体现在身心和谐上，身心的不和谐必然导致行为的不和谐。一个品德高尚、宁静豁达的人经常处于自我和谐的状态。他不仅会在舒适的意境中获得自我满足，还会为社会创造无限的美与和谐，也能给人带来善意，促进家庭和谐、人际和谐、社会和谐、人与社会和谐。

那么，怎样才能实现人与自我的身心和谐呢？人与自我的和谐本质上体现了人的社会性和个体发展的关系，既要求社会所有成员尽可能充分地发挥他们的作用，用他们的才能为和谐社会的进步做出贡献，又要求个人充分挖掘潜能，实现个体成员的个性发展，使整个社会有机体充满活力。因此，构建和谐社会的关键是保持有序发展和良性竞争，既促进社会发展，又使个体的发展在和谐的心理状态下顺利实现。

（二）健康心态是建设和谐生态社会的重要条件

健康心态传达了一种积极向上的人生态度和生存状态。在这种状态下，人的生命充满活力、内心体验积极、社会适应性好、潜能得以发挥，能够实现社会功能的有效发挥。

拥有健康心态的人，能调节自身心理因素，能愉快地接受自我，能面对现实，看到生活中美好的事物，并且勇于接受来自生活的挑战。健康心态在个人与自我的和谐共融中起决定性作用，它也是社会安全运行与和谐发展的重要保障之一。不和谐的自我、不健康的心态会危害和谐社会，妨碍生态文明建设。

首先，个人与自我之间不和谐的心态会产生心理疾病。现代社会生活节奏快，工作与生活压力大，各类心理、精神类疾病发病率越来越高。人的心理带有一定的隐蔽性，通过表象难以察觉，一旦出现问题，会给自己甚至他人和社会带来巨大伤害。

其次，个人与自我之间不和谐容易使人在经历挫折后灰心丧气，甚至产生报复社会的心理或一些攻击行为。心理学家发现，攻击有时候是受挫的继发行为。当个人遭受挫折时，若不能合理调节自身心态，就容易出现某种攻击行为。这种攻击主要指向三种人：

一是使其遭受挫折的人；二是其他与造成自身挫折无关的人，即“出气筒”；三是自我，自我伤害有时候会以极端的形式表现出来。这种个人与自我之间的不和谐是由特定行为造成的心理障碍，虽然不一定会导致继发的攻击行为，但也是引发社会不和谐的因素之一。因此，社会安全与和谐发展的关键是保障人们具备健康和谐的心理。

（三）和谐人格的养成是建设生态文明社会的重要基础

人格是一个人思想道德的核心和灵魂。《中国大百科全书（教育卷）》对人格的界定是：“个人的心理面貌或心理格局，即个人的一些意识倾向与各种稳定而独特的心理特征的总和。”人格包括以下内容：情感、个性、能力、兴趣、追求、理想、信仰等。人格的形成是多种因素之间相互作用的结果。

什么是和谐人格？首先，可以从一个人成长发展的轨迹来对其进行理解。人们要感知人与人之间的和谐，其中最基本的就是感知个体自身的心理和谐。而对自我的认知，是个体自身实现心理和谐的起点。《孙子兵法》提出，“知己知彼，百战不殆”，一个人只有先认清自我，才能适应自身所处的环境，只有适应环境，才能在社会里成功地生存。但“知人难，知己更难”，一个人想要成功，就应敢于剖析自己，进而结合社会环境，达到对自己客观、全面的了解，发扬长处、弥补缺陷。

当前，绝大多数大学生属于独生子女，从小都是在家人的宠爱中长大，而且成绩较好，在校受到老师的喜爱，这导致他们身上容易出现人格失落现象。有的大学生心理脆弱，意志力薄弱，具体表现在学习、情感等方面经不起挫折；有的大学生优越感强，自我膨胀，在人际交往中表现为自私自利，以自我为中心；还有的大学生缺少对生活的热情，对身外事漠不关心，缺少为他人服务、助人为乐的精神。这说明部分大学生缺乏对自我的认知，没有养成和谐的人格和健康的心态，影响了自身全面发展，因此，加强对大学生和谐人格的培育刻不容缓，这也是生态文明社会发展的需要。

其次，和谐人格的养成，要从加强自身修养开始。这是建设生态文明社会的必然要求。孔夫子在《论语·宪问》中有云：“修己以安百姓，尧、舜其犹病诸。”这充分说明了加强自身修养的重要性。

在建设生态文明社会的过程中，对大学生人格培育的关注既有个人意义，也有重要的社会意义。

最后，善待自我、树立正确的人生态度，是和谐人格的支柱。一个和谐的社会，其社会成员必定拥有健康人格。只有拥有健康人格，才能以己之身现身说法，创造和谐、传播和谐，教育和引导他人走上生态文明建设道路。善待自我就是从个体出发，在精神上保持良好态势，保障机体功能的正常发挥，促进自我健康成长，并在服务社会生态文明建设中实现人生价值。[①]

---

① 文学禹，李建铁，刘妍君.简明生态文明教育教程[M].北京：中国林业出版社，2018：46.

大学生要树立自尊、自爱、自信、自强的人生态度，要成为自我完善的人，才有创造人生辉煌的可能性；要对生活乐观热情、关心他人，乐于助人，具有胜不骄败不馁的气质品性，才有可能尝到幸福的滋味；要有善思肯钻、创新挑战、勇于竞争的意识，才能不断地攀登高峰；要待人宽容，养成宽大的气度和胸襟，才能体验到与人相处的快乐；要淡泊名利，不拘泥于眼前的功利，才能对人生追求有深层次的定位。

总而言之，在大学培养学生和谐的人格，可以改善和提高大学生的生态素质。

第三节 生态文明与绿色大学建设

随着社会、经济、文化事业不断发展，环境问题受到社会各个阶层的普遍关注。党的十八大首次将生态文明建设作为“五位一体”总体布局的重要部分，摆在突出位置。通过宣传和实践生态文明建设理念，提高社会各个阶层的生态文明意识，是建设美丽中国、实现中华民族永续发展的需要。

在十九大报告中，习近平总书记对推动绿色发展作了重要论述，特别是首次提出“创建绿色学校”[①]，这对大学未来的发展具有重要的指导意义。要建设绿色大学，就必须适应历史潮流，实施战略转型，改变教育现状，实现绿色发展。党的二十大报告指出：大自然是人类赖以生存发展的基本条件。尊重自然、顺应自然、保护自然，是全面建设社会主义现代化国家的内在要求。

生态文明与绿色大学建设是顺应国家生态文明战略布局而生的，绿色大学不仅是中国环境教育发展进程中的重要一环，也是生态文明教育重要的实践基地。

一、绿色大学发展概述

绿色大学的概念来自国外。1990年10月，来自22个国家的大学校长参加了塔夫特大学位于法国塔罗里的校区举行的“关于大学在环境管理和可持续发展中的作用”国际研讨会，共同发起并签署了《塔罗里宣言》(*Talloire Declaration*)。该宣言充分说明了大学在教育、研究、政策制定和信息交流方面发挥着重要作用，从而有助于实现可持续发展目标。[②]该宣言提出了10项行动计划。截至2010年，已经有来自中国、日本、韩国、印度、马来西亚、菲律宾、泰国等国家的超过500所大学签署了该宣言。这是高等教育领域第一次由大学的领导者对环境和可持续发展做出承诺。《塔罗里宣言》可以说是大学促进可持续发展的最重要的、具有标志性意义的国际文件。

在国外，很多大学都将环境保护和可持续发展作为高等教育的目标之一，因此相继

---

① 习近平.决胜全面建成小康社会 夺取新时代中国特色社会主义伟大胜利[N].人民日报，2017-10-28.

② 王民，蔚东英，张英，等.绿色大学的产生与发展[J].环境保护，2010（13）：50-52.

提出了“绿色大学”这一概念。这也表明大学教育正在积极关注人类发展中所面临的生态环境问题。比如，在瑞典，环境问题成为大学教育中不可或缺的内容，著名的伦德大学要求所有教育都将环境问题纳入相关学科和研究课程中。[①]在英国，众多大学认为要培养学生对于环境问题的责任感和危机感。在澳大利亚，一些大学认为，绿色大学应该把课程设置与办学目标和环境保护相联系。[②]

在世界范围内，很多大学开始积极行动起来建设绿色大学。1994年，美国乔治·华盛顿大学开始实施绿色大学前驱计划，成立了绿色大学推动委员会，并与美国国家环境保护局建立伙伴关系，其建立的绿色大学计划有七大基本指导原则，具体包括生态系统保护、环境正义、污染预防、坚实的科学与数据基础、伙伴关系、再创大学的环境管理与运作、环境可会计性。另外，其他国家也开始创建生态学校，比如，加拿大提出开办“种子学校”的口号，德国实施以环境友好型的运行模式为核心的绿色大学策略，日本、泰国，韩国以及马来西亚也陆续开始打造绿色大学品牌。[③]诸多国家的大学院校都在绿色校园建设、可持续发展教育方面进行了探索。

可见，绿色大学是保护环境和可持续发展战略的重要实践，是人们转变思想的应然向度，也是高等教育改革面临的新挑战和所做的新尝试。

二、创建绿色大学是高等教育内涵式发展的有效途径

创建绿色大学是高等教育内涵式发展的应有之举。党的十九大报告明确提出，加快一流大学和一流学科建设，实现高等教育内涵式发展。习近平总书记强调，我国高等教育发展方向要同我国发展的现实目标和未来方向紧密联系在一起，为人民服务，为中国共产党治国理政服务，为巩固和发展中国特色社会主义制度服务，为改革开放和社会主义现代化建设服务。[④]因此，新时代高等教育内涵式发展与生态文明建设有机融合已成为历史的必然。

首先，在政治立场上，把生态文明融入高等教育是内涵式发展的前提。中国高等教育要实现内涵式发展，必须坚持党的领导，坚定社会主义办学方向，这是绿色发展的根本。高校必须以中国特色社会主义思想为指导，落实生态文明观教育的“立德”任务，努力开创高等教育发展的新局面。其中生态道德培育和生态文化建设是这个任务的新内涵，是形成社会主义生态文明观不可或缺的内容。培养具有良好生态认知水平和生态文明建设能力的青年群体也是生态文明观教育“树人”的时代要求。

其次，就大学发展现状而言，将生态文明纳入高等教育是内涵式发展的明确方向。

---

① 陈南，汤小红，王伟彤.高等教育改革与“绿色大学”建设[J].湖南师范大学教育科学学报，2004（6）：115-118.

② 刘亚月.绿色大学建设的理论与实践研究——以南京工业大学为例[D].南京：南京工业大学，2015.

③ 张玉珠，李云宏，季竞开.导入“6S”管理理念创建“绿色大学”[J].中国冶金教育，2016（5）：107-110.

④ 把思想政治工作贯穿教育教学全过程 开创我国高等教育事业发展新局面[N].人民日报，2016-12-09.

内涵式发展的最终目的是更好地完成人才培养、科学研究、社会服务、文明传承与创新的任务。具体到社会主义生态文明建设领域，大学要深入贯彻新时代的生态文明理念，实现其与社会主义生态文明建设的有机结合，把社会主义生态文明建设作为高等教育内涵式发展的重要内容。要培养大批社会主义生态文明观的传播者和模范实践者，为生态文明提供先进的科技创新服务，构建生态文明学科系统和理论体系，为现代生态文明的公共治理提供高质量的智力支撑和参与主体，充分传播和发展以生态价值为基础的生态系统和文化体系，促进生态文化的形成，构建绿色大学生态文明的全球治理模式。

三、绿色大学在生态文明建设中的功能

建设美丽中国、大力推进生态文明建设必须充分发挥高等教育在国家发展中的基础性、引领性作用。“生态兴”要以“教育兴”为基础，“生态文明兴”必须以“教育强国”为支撑。因此，化育人心，培育具有生态文明观的时代新人是绿色大学生态文明建设的根本任务。

教育的功能在于育人，大学是传播人类精神财富、培养学生良好行为习惯的场所。在大学中开展环境教育，可以将可持续发展的思想全方位地渗透到大学日常管理实践中，从而增强环境意识，增加教师和学生的参与机会，这也是绿色大学最重要的功能之一。绿色大学的设立不仅是保障高等教育质量的重要手段，也是高校提供绿色教育的有效手段，具体表现在以下四个方面。

第一，传播绿色文化，引导学生树立生态价值观。绿色文化是大学生态文明通识教育的灵魂。首先，大学通过课堂讲授、学术进座、国际论坛等形式介绍与生态认知、生态危机等相关的绿色环保知识，加深学生对生态保护的认识，培养其正确的生态价值观。其次，大学通过创建绿色校园、垃圾分类、废品回收、光盘行动等生态环保活动，调动学生参与绿色校园文化建设的主动性，形成绿色校园文化风尚。最后，大学通过各种教育提高学生的环境意识，引导他们树立正确的生态价值观，使其更加关注身边的生态环境，更加重视履行保护生态环境的责任，起到传播绿色文化、普及生态环保理念的作用。

第二，提高大学生态文明教育水平，引导学生全面发展。创新绿色校园活动促进了学校与社会、家庭与学生之间的交流，加强了学校与社区、学校与企业、学校与政府等组织的合作。它能为学校提供较新的、较专业的环境教育资源，不断丰富和提高生态文明教育的理论和实践水平，有助于学生的全面发展。

第三，提高大学生态环境管理水平，营造优美校园环境。作为绿色大学建设的一部分，部分绿色大学采取了节约纸、水、电和低碳出行等措施，这一方面培养教师和学生生态节俭的行为习惯，减少了浪费；另一方面，从学校的内部管理入手，提倡绿色行政、绿色教学、绿色校园，不仅能完善学校的基础设施，而且能营造绿色优美的校园环境。

第四，促进大学主动参与社会生态保护活动，强化学校绿色责任。在创建绿色大学活动的过程中，学校更加主动地参与环境保护等社会活动，将有更多的机会展现绿色大学的风采和特色，为生态文明建设出力，能够让全体师生体会到使命感和责任感，有利于树立良好的学校形象，也有利于学生综合素质的发展。

经典案例 1-2

百所高校“六五”环境日主题活动

自2013年以来，北京林业大学与中国生态文明研究与促进会、中国光大国际有限公司等单位联合举办了六届百所高校“六五”环境日主题活动，发出了“生态文明从我做起”倡议，面向大学生发起“生态梦想漂流瓶”微话题、“晒光盘”微行动，连续举办“生态梦想资助计划”，出版《暑期大学生绿色长征实践活动成果集》，成立了“全国六五环境日绿色行动联盟"，邀请知名专家举行高端报告会、论坛，开展京津冀青年大学生“G-idea”（绿色创意）圆桌论坛，丰富青年学生环保理论知识。该项活动的社会影响力不断扩大，已成为全国高校青年学子弘扬生态文明理念、参与生态文明实践的重要平台，在推进生态文明建设方面发挥着积极作用。

数字资源1-1

武汉商学院劳动教育实践基地视察

数字资源1-2

品鉴劳动果实，分享丰收喜悦

·本章小结·

本章从大学生态文明通识教育课程设计理念、大学生态文明通识教育的愿景和生态文明与绿色大学建设三个方面，重新审视了人与自然、人与社会、人与人（自我）之间的关系，并明确提出了作为高等教育机构，大学在整个生态文明建设的历程中到底应该承担怎样的责任与使命，以及如何打造生态文明理念，让民众树立和谐生态伦理观，以实现大学生态文明通识教育的美好愿景等问题。另外，面对高等教育改革的契机，创建绿色大学是高等教育内涵式发展的有效途径，绿色大学在生态文明建设中的功能具有不可替代性。

·教学检测·

思考题：

1. 为什么要树立和谐生态伦理观？

2. 你认为绿色大学建设有没有必要？请说明理由。

数字资源 1−3

思考题答案

·生态实践·

数字资源 1−4

武汉商学院劳动教育校外实践基地开放日

数字资源 1−5

一群爱“挑刺”的党员

第二章 生态文明的基本概念及范畴

学习目标：

1. 了解文明和生态的关系以及生态文明的主要特征及基本内容。

2. 认识生态文明建设的必然性、必要性，建立生态文明观念。

3. 掌握并践行中国传统哲学思想中的生态智慧，提高公德水平和文化品格。

第一节 生态文明的概念

“生态兴则文明兴，生态衰则文明衰。”古往今来，人类文明都产生于生态环境适宜、适合人类居住的地域。历史上许多古代文明最后没有得到传承而消亡湮灭，环境恶化、不适宜人类生存是重要原因。例如，有学者认为，楼兰古国由于水系萎缩，生存环境日益恶劣，民众被迫南移，最终消亡。因此，人类的生存与发展离不开良好的生态环境，文明的诞生与发展也离不开良好的生态环境，人同自然、文明同生态、经济发展同环境保护是统一和谐、相辅相成的。

一、文明的相关概念

（一）有关文明的不同理解

文明常常被定义为“人类所创造的物质财富和精神财富的总和”，但对于文明的理解则纷繁复杂，总的来说，主要有以下三种。

第一种，发展阶段说。这种观点认为文明是文化发展到一定阶段的产物，是这个阶段的文化成就的总和。它既可以指总体的人类文明，如工业文明、农业文明等，也可以指局部的或某一地区的文明，如欧洲文明、地中海文明等。

第二种，文化认同说。美国哈佛大学亨廷顿教授认为，人类历史上的主要文明在很大程度上被基本等同于世界上的伟大宗教。[①]血统、语言、宗教、生活方式是人类之间彼此区别的重要标志，文明是世界观、习俗、结构和文化的特殊连接，是文化特征和现象的一个集合，其中，文化价值体系和制度选择是核心因素，如印度文明、伊斯兰文明等。

第三种，精神档次说。在现代汉语中，"文明"与"野蛮"一词相对立，一些人认为，文明是使人类社会脱离野蛮状态的所有社会行为和自然行为构成的集合，是人类智慧与道德水平发展到一定阶段的产物。日本学者福泽谕吉的《文明论概略》提出，文明是指人的身体安乐，道德高尚；或者衣食富足，品质高贵。人的安乐和精神进步是依靠人的智德而取得的。归根结底，文明可以说是人类智德的进步。[②]所以文明的最终目的是使人类得以发展。

（二）文明的多样性

从政治到经济，从生活到习俗，从行为到思想，文明的差异体现在人们生活的方方面面。我们每个人都身处特定的文明体系之中，但我们接触的都是其最终端的文明结果，如语言、伦理、风俗、宗教、经济制度、政治制度等。我们接触的其他文明也都是通过这些表层的东西展现的。正是这些表层的差异让人们体会到不同文明的独特魅力。

人类具有复杂的思维能力，在认识客观世界的同时，也在思考与寻找世界的规律，进而试图改造客观世界。同时，人类还对自身进行思考，构筑了人类自身的行为规则体系，进而形成了丰富的精神成果。这一切最终构成了丰富多彩的人类文明。

文明是人类创造的所有成果的总和，不同地区的人们创造了不同的成果，由此形成不同的文明。过去，各个地区的文明之间缺乏交流。之后随着社会的进步和"地球村"的逐渐形成，不同文明之间的交流日渐频繁，人们发现彼此虽然存在于同一个地球，但文明的表现形式完全不一样，这就是文明的多样性。

《三国志》有言："和羹之美，在于合异。"多样性是人类文明的基本特征，也是人类文明进步发展的源泉。世界上有200多个国家和地区、2500多个民族、多种宗教。不同历史和国情，不同民族和习俗，孕育了不同文明，使世界更加丰富多彩。文明没有高下、优劣之分，只有特色、地域之别。文明差异不应该成为世界冲突的根源，而应该成为人类文明进步的动力。[③]

---

① 杨林.后自由主义神学家对教义本质的界定[N/OL].中国社会科学网-中国社会科学报（2019-12-17）.http://www.cssn.cn/skgz/bwyc/202208/t20220803_5455973.shtml.

② 福泽谕吉.文明论概略[M].北京编译社译.北京：商务印书馆，1998：33.

③ 习近平.共同构建人类命运共同体[J].求知，2021（1）：4-8.

（三）现代人类的发展——文明化

人类从本质上说也是一种生物，现代人类的发展壮大，不是靠生物学进化，而是靠不断的文明化。生物学的人类在地球上已经出现了几千万年，为了适应环境的变化，扩大分布区域，分化、进化成了多个生物学的人种。与其他生物相比，在生物学属性方面，人类并没有特别的优势。与相同营养级的其他物种相比，竞争能力也不够强。自人类物种出现到现在，在绝大部分时间内，人类只是自然生态系统中的一个小角色，处在食物链的前端，可能还是一些食肉动物的捕食对象。人类经历了上千万年的进化发展，其分布区域仅为非洲和亚洲大陆热带和亚热带的局部区域，数量有限。原始农业出现时，地球上人类的数量是500万～1000万。在大型哺乳动物中，这只能算是一个小物种的数量。然而，在最近5万年内，人类中的一个生物学物种——智人，分布区从非洲快速扩展到了地球几乎所有的陆地。今天世界人口已超过70亿，在地球上没有哪一种高等哺乳动物有如此巨大的个体数量。近代人类的快速扩展是靠发展新的文化来适应不同的环境。例如，生活在水边的渔民并没有形成在水中生活的生物学性状，而是依靠船、渔网等工具和技术来谋生。渔民与农民没有生物学性状方面的差异，他们之间不同的是生活方式，即文化属性不同。现代人类与其他生物的关键区别是人类具有文明的属性。现代人类的发展，不是单纯的生物进化的过程，而是一个文明化的过程。人类文明的形式和内容，都是从完全自然的身体中走出来的结果。在现代人类发展过程中，人类的生物学属性几乎没有发生变化，与智人相比，现代人类的生物学属性无显著差异，但文化属性的发展促使现代人类有了更强的环境适应能力和竞争力。所以，现代人类生活区范围的扩大、人口数量的增加是人类文化属性不断发展，即文明化的结果。

二、文明与生态的关系

（一）生态、生态学和生态系统

1. 生态

“生态”一词原意是“住所”或“栖息地”，现在通常指生物在一定的自然环境下生存和发展的状态，也指生物的生理特性和生活习性。如果从生物学的角度解释，生态就是生物的生存状态，这也是我们能从生命体等方面直接观察得到的生命外在层面的状况或状态。

按照传统思维，生态不属于文明，因为对于人类而言，生态是人类一切活动的背景、条件、资源，甚至是被改造的对象。也就是说，文明是人类劳动、创造和智慧的结晶，可生态的变化并没有被归入这类“结晶”或“成果”中。根据马克思“价值是凝结在商品中无差别的人类劳动”的价值理论可知，人类并没有认识到土地、矿物、河流等生态环境资源，在未经人类劳动作用之前所具有的巨大价值。当人类文明化进程发展到一定阶段时，人类才逐渐认识到生态环境的价值。

2. 生态学

我们研究生态、生态系统，研究自身与生态自然的关系时，不涉及生态学是不可能的。生态学不仅仅是一门揭示人与自然关系的科学，还提出了一种新的道德观、伦理观，即人类是世界的一部分，是生态系统的一个环节，既不优于其他物种，也要受到大自然的制约。生态学是人们认识世界的一种不可或缺的分析工具，是一种新的哲学或世界观。

3. 生态系统

1935年，英国学者坦斯利提出了“生态系统”的概念，他认为生态系统指的是生态与环境的关系。我们通常会用“原生态”一词来形容生物与环境的关系，原生态代表一种良好的自然状态。这种自然状态的良好主要表现在两点，一是和谐，即生物之间、生物与环境之间的关系是和谐的；二是可持续，即生态系统可以长期维持当前的状态。例如，在非洲大草原上，狮子把病弱的羚羊吃掉，使得羚羊始终能够保持比较健康的种群，这种优胜劣汰的生态环境，可以帮助羚羊维持种群的数量及有序繁衍。这样一种由生物和环境以及生物各种群之间长期相互作用形成的整体，就构成了生态系统。

（二）生态文明

自20世纪中叶以来，全球性生态危机的多次暴发，引起了人类对生态环境的重视，标志着人类文明进入了新阶段——生态文明阶段。从概念形成和发展来看，生态文明是人类在寻求解决生态环境问题时探索实践和反思总结的精神成果。如果从不同的分析路径解析生态文明，其概念会带有复杂性，但综合众多学者的不同理解，可以得出生态文明的核心内涵，即通过人和环境的和谐相处实现社会的可持续发展。因此，可以从以下三个维度理解什么是生态文明。

1. 从历史发展的维度看生态文明

在历史发展中，人和自然的关系随着生产力的发展而演变。生态文明是人类经过了原始文明、农业文明、工业文明之后的新的社会文明形态。从文明的定义和文化特征来看，生态文明明显区别于其他三种文明模式。首先，生态文明不是对工业文明的补充和完善，而是替代工业文明的新的历史阶段。其次，生态文明要建立在不同于工业文明的新的生产和生活方式之上，代表新型的人与自然的关系。生态文明就像工业文明一样，一定要有自己的“生产力”，自己的“生产关系”，要有不同于工业文明的经济基础和相应的上层建筑、意识形态，要有它的价值追求和伦理观。由于文明模式是在一定的历史条件下，由自然和社会环境的交互作用而形成的，因此现阶段的生态文明还没有技术与能源的支持，这导致生态文明的发展还处于探索研究阶段。但是，人类走向生态文明是历史发展的必然趋势。

2. 从人类文明的构成要素看生态文明

生态文明是与物质文明、精神文明和政治文明并列的文明形式，是协调人与自然关系的文明。四者共同构成了社会文明系统。物质文明是人类改造自然界的物质成果的总和，精神文明是人类改造主观世界的精神成果的总和，政治文明是人类社会政治生活的进步状态和政治发展取得的成果，而生态文明则注重解决人与自然之间的关系问题。

3. 从所属领域的维度来看生态文明

在党的十七大以前，还没有明确的“生态文明”的说法，环境保护属于经济建设的范畴。党的十七大首次提出建设生态文明，把环境保护放在生态文明的视角下，强调把环境保护贯穿于四个建设之中。党的十八大报告将生态文明建设提到前所未有的战略高度，不仅在全面建成小康社会的目标中对生态文明建设提出明确要求，而且将其与经济建设、政治建设、文化建设、社会建设一道，纳入社会主义现代化建设“五位一体”的总体布局，这标志着我们党对社会发展规律和生态文明建设重要性的认识达到了新的高度。党的十九大报告就生态文明建设提出新论断，坚持人与自然和谐共生成为新时代坚持和发展中国特色社会主义基本方略的重要组成部分。报告提出，到2035年生态环境根本好转，美丽中国目标基本实现，到本世纪中叶把我国建成富强民主文明和谐美丽的社会主义现代化强国。在党的二十大报告中，生态文明建设专章以“推动绿色发展，促进人与自然和谐共生”为题，部署了当前和今后一段时间我国推进生态文明建设的目标任务，坚持山水林田湖草沙一体化保护和系统治理，致力于统筹产业结构调整、污染治理、生态保护、应对气候变化，协同推进降碳、减污、扩绿、增长，以期推进生态优先、节约集约、绿色低碳发展，建设美丽中国。这标志着我们党对社会发展规律和生态文明建设重要性的认识达到了新的高度。

（三）人类文明对生态环境的影响

1. 原始文明对生态环境的影响

在人类发展的原始时期，人类以采集和狩猎为主，从自然中获取现成的植物类食物和动物类食物，依赖自然的“产品”而生。这一时期，人类对环境几乎没有负面影响，人类造成的所有影响，生态系统都可以自然修复。地球处于良好的生态环境中，人类是自然的一部分。到了后期，由于人类学会了使用石器工具和火，同时捕猎技术成熟，捕猎能力和效率大大提高，人类的食物中肉食性食物开始占有较大比重，人类从早期的采集者变成了捕食者。在生态系统营养级中的地位从初级变成了顶级，成为栖息地区生态系统的统治者。有些大型动物，如乳齿象、剑齿虎、洞熊、猛犸象等据说都是在这一时期灭绝的。它们的灭绝可能与人类有关。

2. 农业文明对生态环境的影响

之后，人类以采集狩猎为生的原始文明向农业文明转变。为了得到食物，人类驯化动物、栽培植物，同时砍伐森林、焚烧枝叶、开垦土地。早期的耕种者利用刀耕火种技术维持耕地土壤的肥力。开垦的土地使用几年后会被撂荒，同时人们在其他区域开垦新土地进行耕种，以让撂荒土地的土壤恢复肥力。撂荒土地一般需10—20年才能恢复土壤肥力。此时的人类生产力水平有限，在物质生产中大多依靠大自然的赐予。由于此时意义上的“文明”程度不高，人类能和自然和平共处，两者达成了一种不自觉的、淳朴的生态文明。农业社会发展到一定时期，人类开始定居，人口也逐渐增多，劳动力的增加意味着耕种面积的不断扩大。这一时期的种植业和畜牧业得到了快速发展。人类的耕地最开始主要位于亚热带地区，人们由于需要大面积的土地进行耕种，于是大量砍伐森林，开垦农田。这时候的农业生产直接导致森林覆盖率下降，亚热带地区生物结构发生改变，土地养分含量减少、地力下降，人工植物群落结构变得简单，保土保水能力差、水土流失严重，下游河流和湖泊生态系统发生明显变化。

3. 工业文明对生态环境的影响

1765年，珍妮纺纱机的出现，标志着工业革命在英国乃至全世界的开始。1776年，英国人瓦特改良了蒸汽机，一系列技术革命推动人类社会实现从手工劳动向机器生产转变的重大飞跃。机械的使用使人类的能力和力量得到了极大的扩张，人类改造和破坏环境的能力也空前提高。生产机械的使用极大地提高了生产效率和扩大了生产规模，人类对地球资源的开发和利用达到了前所未有的程度。工业化社会提升了人类文明程度，将人类个体对资源的有限需求，发展为无限需求。煤炭、石油、天然气等不可再生资源，成为工业文明的能源要素，工业技术的发展日新月异，这就是人们通常所认为并赞颂的“文明”突飞猛进。与技术的进步、“文明”的发展相比，地球环境系统被大肆破坏，地球物质循环途径和物质迁移速率被改变，引发了资源耗竭、环境污染等问题，自然、生态等方面呈现向愚昧化、野蛮化方向发展的趋势，技术对自然的控制所产生的负面影响成为主要问题。例如，水电是一种可再生的清洁能源，但水电一般都需要修堤建坝，而堤坝对河流生态系统的影响是很大的。

在这样的背景下提出生态文明，就是要求对人类农业文明和工业文明阶段的优秀文明成果进行批判的继承和超越。只有在人与自然和谐相处的前提下发展社会生产力，在人与自然和谐相处的基础上利用可再生能源进行生产，才符合生态系统的循环规律。生态文明不仅要追求经济、社会的进步，还要追求生态进步，它是一种人类与自然协同进化、经济社会与生物圈协同进化的文明。所以只有将生态的可持续发展看作人类文明的成果，将生态文明纳入人类文明范畴，才能实现真正的文明。

三、生态文明的主要特征

（一）生态文明的自然性与自律性

生态文明是人类发展中的一种新的社会文明形态。和其他文明一样，生态文明也主张不断发展生产力，提高人们的物质生活水平。但生态文明更重视生态环境的自然性，强调人类对自然环境的保护和尊重，强调在发展生产力的同时，尊重和保护自然环境，不能盲目蛮干，不能只追求经济效益和短期利益。

文明的创造者是人，世界的改造者也是人。在人类改造世界的过程中，在人与自然的关系中，具有主观能动性的人是产生矛盾的主要原因。建设生态文明是因为人类认识到了破坏自然的后果，是人类修正错误、重新认识自然、改善与自然关系的过程。解决自然环境、生态安全问题归根结底在于规范人类自身的行为方式。我们要把自然环境放在人类生存发展的基础位置，强调人类与自然环境的共同进化、相互依存，因此，生态文明的建设离不开人类的自律。

（二）生态文明的整体性与多样性

生态文明是一个系统性工程。自然界是一个有机联系的整体，人类是自然界的组成部分。自然界中的万物都有自身的运转规律，万物之间相互影响、相互作用。自然生态系统中的生产者和消费者、有机物和无机物之间时刻进行着能量、物质的转换，而每种物质的成分变化都会影响到其他物质。所以说，生态问题是全人类的问题，生态文明要从全球视角出发，从整体上进行生态文明的思考。例如，海洋、大气层、生物多样性、气候等问题，必须通过全球合作，共同解决。另外，物质文明、经济文明、政治文明等都与生态文明紧密相连，形成统一的整体。

保护自然环境的生物多样性是建设生态文明的重要内容，自然中的每个物种都有其存在的价值，生态文明强调物种的多样性以及物种间的公平性。生物多样性是自然环境生态系统丰富的外在表现。因此，人类要承认、尊重、保护生态系统中的物种多样性，不能为眼前的局部的利益而牺牲生态系统的丰富性和多样性。

（三）生态文明的和谐性与公平性

生态文明是一种强调人与自然和谐统一、与社会和谐统一的文明，是人与自然、社会和谐共生的一种文明形态，也是人类与自然、社会和谐发展而取得的物质成果与精神成果。

生态文明还要求体现公平性。这种公平性是一种更广泛、更长久的公平，它指的是人与自然之间的公平、生态物种之间的公平、全人类之间的公平、当代人与后代人之间的公平以及资源利用与分配上的公平。作为新的社会文明形态，毫无疑问，生态文明必须强调这种物种间的、地域的、代际的公平性。

（四）生态文明的开放性与循环性

自然是一个开放的、充满活力的循环系统。开放性和循环性是自然生态系统的客观表现，其中的物种彼此紧密关联，一荣俱荣、一损俱损。它们的能量交换和循环都有内在的规律，所以人类要认识把握能量的交换和循环规律，在改造自然、发展经济时，要考虑自然生态系统的承受能力，保障自然生态系统的良性循环。

人类在改造世界、发展经济的同时，要注意对自然资源进行高效循环利用，对清洁的可再生能源进行开发使用。按照自然生态系统物质循环和能量流动规律重构经济系统，使经济系统和谐地纳入自然生态系统的物质循环过程中，建立一种符合生态文明要求的经济发展方式。

（五）生态文明的伦理性与文化性

要建设生态文明，实现人与自然的和谐相处，首先应该实现人类伦理价值观的转变。中国传统哲学思想中的"天地与我并生，而万物与我为一"，说的就是世间万物与人是一体的，这是一种先进的伦理价值观。但在工业文明中，人类开始脱离自然，站在与自然对立的一面，甚至把人摆在了比自然更高的位置。生态文明则认为，人和自然都是主体，人和自然万物都有价值，人类要尊重生命和自然，并给予其道德关注，负起道德义务，只有这样，才能真正实现生态文明。

生态文明的文化性，是指所有思想方法、意识行为、组织活动都必须符合生态文明建设的要求；要发展培育生态文化，加强生态文化理论研究，推进生态文化建设；形成尊重自然、热爱自然、善待自然的良好文化氛围，建立有利于环境保护、生态发展的文化体系，充分发挥文化对人的潜移默化的影响作用。

第二节　生态文明的范畴

1962年，美国生物学家蕾切尔·卡逊（Rachel Carson）出版了著作《寂静的春天》。该书讲述农药对于人类和环境的危害，介绍了生态系统失去平衡对人类健康和生命的严重影响。这实际上是提前看到了环境、生态的恶化对人类发展的不利影响。所以我们谈生态文明，就必须了解生态环境、生态系统、可持续发展等相关知识。

一、生态环境与生态系统

从狭义的角度而言，生态环境是从生命和人类生存角度出发，被包含于自然环境的一种环境系统。从广义的角度而言，生态环境是除了生物环境之外，还包括天体、太空等与人类生存相关的环境系统。生态系统由生态环境中的各元素相互作用、共同组成。

生态系统不仅为人类提供了不可或缺的物质生存条件，而且它的健康与否也影响着人类文明的发展进程。

（一）生态系统的服务功能

自然环境会影响到人类文明的发展，生态系统是人类文明存在和发展的基础和条件。生态系统可以为人类提供产品，如食品、淡水、燃料、药品、观赏动植物的遗传基因库、水能等。除此以外，生态系统还在空气质量调节、气候调节、水资源调节、水土侵蚀控制、水质净化、废弃物处理、人类疾病预防、生物控制等方面为人类提供安全有益的环境。生态系统还是氧气的生产者，碳、氮和水循环的参与者和调节者，它在维持地球生命基本生存条件中起着重要作用。生态系统既有的这些服务功能，虽然有些可以人工替代，如污水处理、土壤修复等，但是，总体而言，人工不能完全替代生态系统的服务功能。因此，生态系统的状态决定了人类生存与发展的质量和前景。从这个角度而言，生态系统具有不可替代性。这些服务功能在不同的生态系统中的表现是不同的，对人类的影响在空间和尺度上也有所不同：有的在全球人类社会范围内提供服务，有的为与自身生态系统临近的人类提供服务，有的只能在自身生态系统内部向人类提供服务。因此，只有生态系统和人类社会具有合理的空间格局，生态系统才能为人类社会提供充分的服务。虽说生态系统有多种服务功能，但任何一个生态系统都不可能同时向人类提供所有的生态服务。

生态系统服务功能按供应方式可分为产品和服务。产品必须从生态系统输送到人类社会，才能实现其服务价值。产品可以满足人类的现实需求，服务是生态系统的就地实现，面向现在和未来的需求。生态系统的空间是影响其服务类型和质量的重要因素：一方面，有些服务只有生态系统达到一定的空间大小后才能提供；另一方面，生态系统必须达到一定的空间大小才能提供人类社会所需要的服务。目前人们还不清楚地球需要多少生态系统才能满足人类社会当前及今后发展的需求。

（二）生态系统的健康

生态系统提供生态服务的大小和能力，还取决于生态系统自身的状态。当生态系统的结构受到人类影响和破坏以后，其服务功能会下降甚至丧失。目前，人们还不清楚生态系统退化到怎样的程度才会影响其服务质量，也不了解其恢复到什么程度才具有完整的服务功能，但绝大多数学者认为，生态系统健康是生态系统服务功能得以发挥的前提。例如，土地利用方式的变化会对生态系统服务功能产生显著的影响。在人类文明进程中，人们不断用土地种植农作物、饲养动物、建设城市，这样的土地利用方式使全球生态系统的产品功能大大提高，但降低了地球生态系统提供其他服务的功能，如水供应、调节气候、生物防治、生物多样性保育和维持土壤养分等。目前，由于人类的影响，有些生态系统虽然在形态上依然存在，但已不具备提供生态服务的能力；还有一些人工生态系统可以提供很多产品，但它的生态服务非常单一，或者在提供生态服务的同时，又产生了一些新的生态环境问题。如西双版纳的橡胶林虽然提供了大量的产品，但产品的特殊性导致土壤酸性下降，破坏了土壤容重平衡。因此，人类必须在利用土地时，平衡好满足人类产品需求与维持其他生态服务功能的关系，平衡好地方的和短期的对生态服务的需求与全球的长期的需求，维持地球自然生态系统结构的基本完整性，这也是人类文明可持续发展的基础。

（三）生态系统的自我调节能力

生态系统保持自身稳定的能力就是生态系统的自我调节能力。生态系统的自我调节能力有强有弱，受多种因素共同影响。一般而言，生态系统中生物多样性越强，数量越多，生物之间的能量流动和营养结构越复杂，其自我调节能力就越强。而结构成分单一的生态系统，其自我调节能力就较弱。例如，在热带雨林，气候炎热、雨量充沛，各类生物群落的数量和比例处于相对稳定状态，生物群落演替速度极快，所以是稳定性最强的生态系统。而在北极苔原，生物种类稀少，营养的生产者主要是地衣，结构简单，如果地衣受到大面积破坏，整个生态系统就会崩溃。生态系统的自我调节能力有一定限度，如果受到过多的外界干扰，生态系统也会受到破坏。例如在大草原，雨量充沛时，草生长旺盛，兔的数量也会随之增加。当兔的数量过多时，就会严重破坏草原植被。当草原植被变少后，兔的数量又会相应减少。因此生态系统具有一定的自我调节能力，但这种能力又受到自然生态环境的影响。

当生态系统内一部分出现了问题或发生机能异常时，生态系统能够通过其余部分的调节而得到恢复。例如，土地处理系统指的是一般土壤及其中微生物和植物根系对污水物的综合净化机制，可以利用来处理城市污水和一些工业废水；同时，普通污水或废水中的水分和肥分，也可以促进农作物、牧草或林木的生长并使其增加产量。不同生态系统的调节能力有大有小，但每种生态系统的调节能力都是有限的，一旦超过了这个限度，生态系统将很难得到恢复。

二、可持续发展

（一）可持续发展的概念

从20世纪下半叶开始，人类逐渐意识到环境污染所带来的严重危害，并开始对人类的发展方式进行反思。1972年，德内拉·梅多斯等人震撼性的著作《增长的极限》引发了广泛的讨论。同年，联合国首次人类环境会议通过了《人类环境宣言》。1983年，联合国世界环境与发展委员会成立，1987年，世界环境与发展委员会发布了一份报告《我们共同的未来》（又称“布伦特兰报告”），正式提出了“可持续发展”的概念，这一概念逐渐被国际社会广泛接受，并成为国际社会和各国处理经济发展与环境保护的政策依据。1992年，联合国环境与发展会议提出了人类可持续发展的新战略和新观念，即人类应与自然和谐一致，可持续地发展并为后代提供良好的生存发展空间；人类应珍惜共有的资源环境，有偿地向大自然索取。2000年，联合国千年首脑会议上，确保环境的可持续能力被确定为联合国千年发展目标之一。2015年，联合国可持续发展峰会提出了17个可持续发展目标。这些无不显示了可持续发展的重要性。那么，究竟什么是可持续发展呢？由于可持续发展涉及自然、环境、社会、经济、科技、政治等诸多方面，人们从不同的角度出发对其有不同的解释。生态学家认为，可持续发展是不超越环境系统更新能力的发展；世界自然保护同盟、联合国环境规划署、世界野生生物基金会认为，可持续发展是在不超出维持生态系统涵容能力的情况下，改善人类的生活品质；经济学家认为，可持续发展是在保持自然资源的质量及其所提供服务的前提下，使经济发展的净利益增加到最大限度；科学家认为，可持续发展就是转向更清洁、更有效的技术——尽可能接近“零排放”或“密封式”工艺方法，尽可能减少能源和其他自然资源的消耗。世界环境与发展委员会于1987年发表的《我们共同的未来》中对可持续发展提出的宽泛定义则是，既满足当代人的需要，同时又不能损害后代人满足其需要的能力的发展。这个定义有两层含义。一是代际公平，强调当代人和后代人满足各自需要的公平。当代人在满足自己需要的时候，应学会克制，不能无度地消耗自然资源，我们不仅要为当代人着想，还要为子孙后代负责。例如，瑞士联邦国会大厦穹顶上刻着拉丁铭文“人人为我，我为人人”。二是三位一体，即经济进步、社会发展和环境保护要一体化。为实现可持续发展，环境保护应该是发展过程中的一部分，不能孤立存在，任何发展决策都应综合考虑经济、社会和环境影响。

可持续发展的实质是教我们如何处理人与自然的关系。人是自然的一部分，人对物质和精神的无限追求，决定了人类要追求永恒的发展；而只有通过道德规范、法律规范约束人们对自然的无限索取，实现人与自然的和谐相处，才能实现人类的可持续发展。

（二）可持续发展的内容

可持续发展是一个长期的战略目标，其内容主要包括可持续经济、可持续生态和可持续社会三方面的协调统一。人类在发展过程中既要追求经济效益，也要顾及生态环境，还要达到社会公平，如此才能实现人与社会的全面发展。这表明，可持续发展虽然起源于环境保护问题，但作为一个指导人类走向21世纪的发展理论，它已经超越了单纯的环境保护范畴。可持续发展理论将环境、经济、社会等问题有机结合，现在已成为一个有关人类社会发展的全面性战略问题。

首先，在经济可持续发展方面，决不能以环境保护为名阻碍经济增长。经济发展是社会财富增长的基础，也是国家实力的展现，特别是我国现在还处于发展中国家的阶段，不能盲目“一刀切”。可持续发展要求改变传统的经济与环境二元化的经济发展模式。传统的生产采用的是“原料—产品—废品”的生产模式，人们消费时也只追求产品，从而产生了大量废弃物。因此，要实施清洁生产、提倡文明消费，以提高经济活动的环境效益、节约资源、减少废物，这种集约型的经济增长方式就是可持续发展在经济方面的体现。所以说，可持续发展既要从数量上追求经济的增长，更要从质量上重视经济的发展。

其次，在生态可持续发展方面，要把节约资源、环境保护和经济建设、社会发展相统一。在开展经济建设、谋求社会发展时，要考虑自然环境、生态系统的承载能力，同时要保护和改善生态环境系统，利用可再生能源和清洁能源的生态模式进行生产，以可持续使用的方式使用自然资源，减少环境成本的消耗，使人类的发展控制在地球承载能力之内。因此，可持续发展强调发展是有限制的，没有限制，也就没有发展的持续性。

最后，在社会可持续发展方面，强调公平性、平等性。世界上各国的发展阶段不同，发展目标也不相同，但可持续发展的本质应该包括改善人类生活质量和提高人类健康水平，创造一个平等、自由的社会环境，同时要保障人类在教育、人权、物质上的公平。所以，对于人类的可持续发展，经济的可持续是基础，生态的可持续是条件，社会的可持续是保障。

（三）环境保护与可持续发展

1. 环境保护与可持续发展的关系

可持续发展离不开环境保护。经济和社会的可持续发展必须依靠环境保护来达成，而环境保护也可以作为衡量经济发展水平的重要依据。环境保护和可持续发展是一个相互作用、和谐共生的有机整体。环境保护是为了让地球生态中的可再生资源得到长期的、有效的重复利用，也是为了防止不可再生资源的过度开采和破坏。随着社会工业化进程的不断加快、社会经济发展速度的不断提高，作为推动社会经济发展的支撑性物质基础，环境保护的重要性不言而喻。可持续发展战略之所以得以提出，就是因为人们已经意识到只有坚持实行环境保护，才有可能实现人类的可持续发展。现在，环境保护意识已经为大众所接受并得到践行。

2. 当前环境现状对于可持续发展的影响

随着世界气候异常、能源危机、大气污染等问题的出现，环境问题已经不是某个国家的问题，而是全人类所面临的共同问题。我国在近几十年的发展中，基本解决了人们的温饱问题，社会经济得到快速增长，但也出现了水污染、大气污染、固体废弃物污染等环境问题。同时，我国还是一个能源消耗大国，能源储备又严重不足，石油、天然气等对国外的依赖较大。这种严峻的环境现状对社会的可持续发展提出了更高的要求，使其面临更大的挑战。因此，我们要秉承“预防为主、防治结合”的发展理念谋求社会、经济的可持续发展，要形成节约资源、保护环境的生产方式、生活方式和消费方式，在确保经济稳步增长和满足人们生产生活需要的同时，促进人与自然的协调发展，努力促进可持续的经济发展模式的形成。

三、生态环境与生态文明

文明本身就是一种文化发展成果的整合，故而生态文明应当包括关于生态环境的各种思想资源。对这些思想资源进行充分发掘、反思与整合，是生态文明建设中重要的基础性工程。生态文明观念的产生，在某种意义上是人类理性在生态危机面前的一种“被动的醒悟”。

（一）科学的生态学和人文的生态文明

1. 科学的生态学视野

生态学既是研究有机体与其周围环境（包括非生物环境和生物环境）相互关系的科学，又是在生态环境建设方面指导人类行动的一门科学。从人类的发展史可以看出，人类的每一次进步，人类文明发展的每一次跃迁，都是在影响生态环境的基础上实现的。现在人类面临的五大环境问题（人口、粮食、资源、能源和环境保护），已经逐步影响到人类的社会生活，危及人类可持续发展。要解决这些问题，必须以科学的生态学理论为指导，遵循生态学的科学规律，用科学的生态学视野进行生态文明建设。

例如，我国长江东线南水北调工程，从长江下游扬州附近抽水，利用京杭大运河及其平行河道逐级提水北送，最后在位山附近穿过黄河后可自流，终点是天津。该工程有利之处在于可以解决黄河、淮河、海河平原地区的工农业用水问题。而其弊端则在于，下游水量减少之后，产生了一些生态问题，如长江口附近海域渔场位置发生改变，影响鱼类产品产量。由此我们可以知道，生态学的一个中心思想是把握好整体和局部的关系，既要面对现在的问题，也要考虑将来的发展，既要考虑本地区，也要兼顾其他地区，在时间和空间上统筹兼顾。在人类对生态环境采取任何一项措施时，该措施的强度不应超过生态环境系统的承受极限或可自动调节复原的弹性范围，否则就会导致生态环境平衡被破坏，产生不利后果。但是，保持生态环境平衡决不能被误解为不允许触碰或改造生态环境，让其一直保持原始自然状态。

2. 人文的生态文明视野

生态文明理念的提出，既起源于以生物体为基点的生态学，又必然超越纯粹的以生物体为基点的生态学，因此要引入人文社会科学（特别是人文）的视野，并实现两者之间的融通与互补。令人欣慰的是，“生态”一词具有很大的语义扩展空间，它具有充分兼融人文与科学的可能性。虽然生态学是一门严谨的自然学科，但“生态”一词却能够很自然地兼融人文与社会内涵。例如，人们在现实生活中会使用精神生态、政治生态、社会生态、文化生态等词语。人文离不开生态，生态也会受到人文的影响，这两者之间有着密切的联系。从人文的角度看生态文明，其关注的基点是人，而不是泛泛的生物体，这是生态文明不同于生态学的最大特点。如果我们对生态文明的研究，在相当程度上仍然是生态学式的技术型研究，其主导性的关注面仍然是物（生物体）而不是人，那么，我们的生态文明研究仍然是依附于旧生态学的技术学科，其性质与依附于近代工业文明的众多技术型学科相同，仍然是以物为中心而不是以人为本。因此，当我们提出生态文明建设时，就要注意其着力点是文明，而不是生态；就要注意反思工业文明中无处不在的二元对立的思维方式，反思当前教育系统中文理割裂的教育模式，反思工业文明兴起以来对人类文化体之间竞争的过度强调，忽视人类文化体相互融通、共同创造的“相与之道”。[①]这样的生态文明试图在生态保护与经济发展之间达成一种新的平衡，在反思、融通、综合中探索人类文明的新型发展之路。

（二）以人为本的生态文明建设

我国在前期的经济发展过程中环境保护意识不强，环境破坏严重，生态环境质量下降，同时，我国的社会经济发展形势迫切，任务繁重，因此，我们提出了中国特色可持续发展对策——生态文明建设。生态文明的提出重新擘画了我国的发展方针和道路，构建了处理人类社会发展与自然环境保护的关系的基本原则。可持续发展是生态文明建设所要实现的目标，而达成目标的途径则是人与环境的和谐相处，即实现人类社会的生态化。生态文明是一种全面的、良性发展的文明形态，它不是拒绝经济发展，更不是以牺牲环境为代价的发展，而是通过观念的更新、科学技术的进步、生产力的提高、生产和生活方式的根本转变，提高人类适应自然、利用自然、保护和修复自然的能力，在人和自然和谐的基础上，促进经济和社会健康发展。

以人为本的生态文明是生态文明的指导观念。马克思认为，在人类历史中即在人类社会形成的过程中生成的自然界，是人的现实的自然界。我们在进行生态文明建设时，直接作用对象虽然是客观自然界，如地理环境、自然资源等，但并不仅仅是为了建设而建设，而应该明白，生态文明建设是为了人而建设。以人为本，强调的是人在生态环境中的自我权利和责任意识。生态环境问题只能按照人的需要，借助人的能力，通过人的实践来解决。保护环境和维护生态，就成了人实现与自然和谐共处应尽的权利和义务。任何一种文明都离不开人，归根结底，生态文明仍是属于人的文明，是经济发展与人的发展相统一的文明形态。

（三）以人为本的生态文明建设的基本原则

1. 生态文明建设是为了人民

随着国家发展、社会进步、生活水平不断提高，人们已经不再满足于吃饱穿暖的

① 王孔雀.我国生态文明理论研究进展概述[J].中共珠海市委党校珠海市行政学院学报，2012（2）：61-64.

基本需要，开始更多地关注生活质量、生态产品。人们对生活环境的要求越来越高，既要生存又要生态，既要温饱又要环保，既要小康又要健康，生态环境的质量已经成为影响人们生活幸福的重要指标。因此，生态文明建设是关乎国计民生的重大社会问题。在新时期新阶段，满足人民日益增长的美好生活需要，要求构筑美丽健康的生活环境。

2. 生态文明建设要始终依靠人民

生态文明建设除了要求处理好人与自然的关系外，还要求将生态文明的理念和方法融入经济建设、政治建设、文化建设、社会建设的过程中。由此可见，生态文明建设是一个极其漫长的过程。在生态文明建设中，无论是处理人与自然的关系，还是把握人与人的关系，人始终是生态文明建设的主体。人是生态文明建设的组织者、策划者、实施者、受益者。只有依靠我们每一个人，才能最终实现建设美丽中国的目标，实现人类的可持续发展。

3. 生态文明建设成果由人民共享

生态文明建设为了人民，也要依靠人民，其成果当然应该由人民共享。生态文明的建设成果，不能以“牺牲”一地的生态环境为代价来换取另一地所谓的“生态文明”；不是一部分人受益就可以，而是应该全体人都受益；不是人民群众一时受益就可以，而是要让子孙后代都受益。只有让所有人共享生态文明建设成果，才能更好地发挥群众的积极性和创造性，才能更有效地进行生态文明建设。

第三节 生态文明的思想价值

党的十八大报告指出，建设生态文明，是关系人民福祉、关乎民族未来的长远大计。习近平总书记强调，推进生态文明建设，要坚持节约优先、保护优先、自然恢复为主的方针。这是由目前我们面临的资源环境状况决定的。面对资源约束趋紧、环境污染严重、生态系统退化的严峻形势，坚持节约优先、保护优先、自然恢复为主，就是要在资源上把节约放在首位，在环境上把保护放在首位，在生态上以自然恢复为主，这三个方面形成一个统一的有机整体，构成了我国生态文明建设的方向和重点。[①]这是从最大多数人的利益出发作出的正确抉择，既代表全体中国人民的利益，也符合全人类的共同利益。它们是东方文化中“天人合一”哲学理念和“天下大同”等思想的直接反映。

---

① 坚持节约优先、保护优先、自然恢复为主的方针[EB/OL].（2012-12-17）[2023-01-22].http：//theory.people.com.cn/n/2012/1217/c352852-19922290.html.

一、生态文明与中国传统哲学思想

崇敬自然、顺应自然、强调人与自然和谐相处是中国传统哲学思想的优秀特质。在儒、释、道及其他学说中，都包含很多优秀的生态思想。

（一）儒家思想中的生态哲学

儒家思想中“亲亲而仁民，仁民而爱物”“爱人有及物”“恩及禽兽”，都是在说从对亲人的爱，推广到对大众、万物的爱。这种爱也是对生命的爱，对生生不息的宇宙万物的爱。这样的思想体现的即是人和自然和谐相处的文化主张，实际上也体现了中国儒家思想中的核心观念——天人合一，即宇宙和人类的和谐统一。这种和谐统一体现为“生”。中国古代哲学家认为，天地以“生”为道，“生”是宇宙的根本规律。因此，“生”就是“仁”，“生”就是善。《周易・系辞》中有“天地之大德曰生”“生生之谓易”，这里的三个“生”字，都指的生生不息。天地为宇宙和人类提供了生生不息的环境，让各类生命各得其所、安身立命。天地宇宙万物的本性和人的本性就这样通过对生命的珍爱整合成一个有机整体。宋代张载有言：“民，吾同胞；物，吾与也。”意为世界上的民众都是我们的亲兄弟，天地间的万物都是我们的同伴。北宋程颐也提到，“人与天地一物也”“仁者以天地万物为一体”“仁者浑然与万物同体”。南宋朱熹则认为，“天地万物本吾一体”。这些话都是说，人与万物是同类，是平等的，应该建立一种和谐的关系。

儒家由于对万物的爱，特别是对生命的珍爱，留下了很多动人的故事。儒家理学思想鼻祖周敦颐自己家里院子的青草蓬勃生长，到了春天都长得齐于窗户，他喜欢“绿满窗前草不除”。有人问他为什么不除草，他回答“观天地生物气象”。周敦颐从窗前青草的生长体验到万物的生长和人的生命一样，都是一种生生不息的气象。程颢养鱼，时时观之，说：“欲观万物自得意。”他又有诗描述自己的快乐：“万物静观皆自得，四时佳兴与人同。”所以，我们不能一味地从功利的角度对待天地万物，去向它索取。当我们静静地观看天地万物，和天地融为一体时，会发现鸟在天上飞，鱼在水中游，青山屹立，大河奔流，每一个生命都是如此地自在、自得、自然、自怡。春有百花秋有月，夏有凉风冬有雪，四季的更迭变化和人的身心，也构成了动人的生命篇章。在先哲看来，天地万物都包含活泼的生命和生意，这种生命和生意是值得观赏的。人们在这种观赏中，可以体验到人与万物一体的境界，从而得到极大的精神愉悦。儒家强调的这种对天地万物的爱，具有严峻的现实意义和崇高的文化价值。这样的一种爱物情怀，可以说是非常深刻的生态环境保护思想。

（二）道家思想中的生态哲学

《道德经》中有这样一句名言：“道生一，一生二，二生三，三生万物。”老子认为，人和万物有同一个本原，都是由“道”应运而生，应将人和万物视同一个整体，人类的一切行为活动也应该符合万物运行的“道”。这也是道家思想中的核心观点。《道德经》亦有云：“人法地、地法天、天法道、道法自然。”这里的“自然”是指自然规律。人和万物相互依存，要按照规律共同生活在“自然”之中。这种观念就是道家思想中的生态哲学，具有前瞻性和科学性。道家思想认为，人是自然的一部分，人和万物均是有情的，人应该效法天和地，对自然万物利而不害，维护自然万物的价值，不能违背“道”的自然特性，否则会受到“道”的惩罚。

“道”既然是万物的本原，从价值论的角度来看，宇宙万物都是因“道”而生，也都具有存在的价值，所以庄子说“天地与我并生，而万物与我为一”。这种万物平等的思想，实际上否定了人以主观“我见”的功利心态去改造自然的行为，也否定了人用高低、贵贱、善恶等去判断万物价值的行为。在道家看来，人类和万物都是物，彼此有内在的有机联系，因此，在地位和价值上，人类和万物没有贵贱、优劣之分，正如《庄子·秋水》中所说的“以道观之，物无贵贱”。

人和自然应该如何相处呢?《道德经》有言“以辅万物之自然而不敢为”，就是说，对待万物，人类的行为活动应该顺其自然，不要对其妄加干涉或强行改造，应该“无为”。道家的“无为”不是消极态度，不是什么都不做，而是说要依自然而为，遵循事物的发展规律，不违反事物本性，根据客观条件，采取适宜的行动。

道家的这种哲学思想不仅停留在人与自然天人合一的和谐关系方面，还深刻地体现在个体生命的本体世界中。例如，我国中医著作《黄帝内经》，虽然讲的是医学，但实质上谈的是作为个体生命的人，要让行为、情感、欲望得到节制、不过度，用尊重自然规律、顺应自然的方法来对待身体，这样才能实现道法自然、延年益寿。

（三）佛教中的生态哲学

佛教是中华道统的重要组成部分，缘起论是佛教思想的理论基础，也是佛教认识世界的根本观念。《杂阿含经》对缘起论的表述是：“此有故彼有，此生故彼生，此无故彼无，此灭故彼灭。”缘起论认为，万物的存在都有其必然原因，自然界的一切都是相互融合、相互联系的，存在和毁灭的条件决定了事物的状态。如果从生态学的视角来阐释缘起论的思想，我们可以得到启示：万物的存在都是相互依存、互为条件的，无论是人和自然之间，还是万物之间，都是一种相互依存的关系，都构成了不可分割的整体，和谐平衡是其生存之道。如果人类破坏了自然界，伤害了其他生物，最终也会伤害到自己。而佛教中“众生平等”的生命观也和道家的“物无贵贱”有异曲同工之妙。可见佛教体现出了博大深厚的生态理念。

儒释道中的这些哲学思想，反映出我国生态思想的源远流长，其不仅存在于圣贤典籍中，而且通过家族传承、礼仪制度，体现在现实生活中。例如，《朱子治家格言》里面写道：“器具质而洁，瓦缶胜金玉；饮食约而精，园蔬胜珍馐”“一粥一饭，当思来处不易；半丝半缕，恒念物力维艰”“宜未雨而绸缪，毋临渴而掘井”“凡事当留余地，得意不宜再往”。这些启示人们不要过度追求生活的物质化、享受化，要爱惜资源，从长远角度考虑问题，不要只顾眼前利益，同时凡事要适度、过犹不及。这些无不反映了中国人的生活智慧、生态智慧。这些日常生活实践共同构成了生态文明所需要的健康文明的生活方式。

二、生态文明哲学思想的特征

（一）世界性和民族性的统一

面对严峻的生态环境问题，中国作为发展中国家，也需要从世界全局和人类命运共同体的角度来思考我国的发展和人类文明的共同走向。从全球化角度而言，中国面临的生态环境危机，也是世界的生态环境危机。基于此，中国在面对自身生态环境的差异时，继承和发展了中国传统生态哲学思想的精华，以中国独有的智慧和方案去建设生态文明，彰显了鲜明的民族特色。同时，中国的生态文明思想从宏观角度出发，立足世界生态环境危机，共谋全球生态文明发展道路，为解决世界生态环境问题提供了“中国样本”，贡献了中国智慧和方案，呈现出世界性格局。因此，中国的生态文明哲学思想实现了世界性和民族性的统一。

（二）预见性和现实性的统一

中国传统文化中的忧患意识是我们民族精神的重要内容，面对日益严重的生态问题及恶化的自然环境，人们对于自身未来发展的忧虑也在不断加深。中国的生态文明着力于人类的可持续发展，坚持以人为本，努力解决工业化生产带来的各种生态环境问题。例如，20世纪60年代我国开始兴建西北治沙工程，据林业部门统计，中国荒漠化土地面积由20世纪末的年均扩展1.04万平方千米转变为2019年年均缩减2424平方千米，沙化土地面积由20世纪末的年均扩展3436平方千米转变为目前的年均缩减1980平方千米，实现了从“沙进人退”到“绿进沙退”的历史性转变，并提前实现了联合国提出的到2030年实现土地退化零增长的目标。[①]这就是我国人民面对生态环境的忧患意识的集中体现。当前，生态环境保护已是人们非常关心的民生问题，面对恶化的生态环境和人们对美好生活的期许之间的矛盾，中国的生态文明思想坚持以问题为导向，急人民之所急，应人民之所需、所盼，凸显了思想的现实性。因此，中国的生态文明哲学思想实现了预见性和现实性的统一。

（三）继承性和创造性的统一

中国的生态文明思想能够指导生态文明建设取得一定成就，显示出了当代价值，其源于对中国传统哲学思想和马克思主义哲学的继承，也是融入时代背景和民族特色创造

① 张建龙.防治荒漠化建设绿色家园——纪念第二十三个世界防治荒漠化和干旱日[J].绿色中国，2017（6）：8-11.

性发展的成果。中国的生态文明思想根植于中华民族传统文化哲学思想中人与自然的和谐相处之道。例如，在面对黄河治理的问题时，习近平总书记明确谈道："要顺应自然，坚持自然修复为主，减少人为扰动，把生物措施、农艺措施与工程措施结合起来，祛滞化淤，固本培元，恢复河流生态环境。"①这就是从中国古代哲学顺应自然的理念中提炼归结出来的举措。同时，马克思也指出，人和自然界的实在性，即人对人来说作为自然界的存在以及自然界对人来说作为人的存在，已经成为实际的、可以通过感觉直观的。马克思主义哲学中人与自然关系的辩证统一性，也是生态文明思想的理论基础。中国的生态文明思想正是在这样的基础上，结合中国国情，从国家发展建设方面进行的顶层设计，开创了人类文明发展的新征程，创造性地推动了生态文明建设。

（四）整体性和局部性的统一

生态文明是人类、自然和社会相统一的整体，三者之间既相互联系，又相互作用。生态文明蕴含建设美丽中国和人类命运共同体的整体思想，但是从全球角度来看，人类、自然、社会存在多样性和差异性，因此，中国的生态文明思想应立足于不同区域的实际状况，尊重差异性，从每个区域的历史和自然的多维度出发，建设符合该区域的人类、自然、社会的生态文明。

三、生态文明的基本内容

（一）生态理念文明

面对资源约束趋紧、环境污染严重、生态系统退化的严峻形势，必须树立尊重自然、顺应自然、保护自然的生态文明理念。党的十八大报告提出的"生态理念"是生态文明建设的重要内容，是人们对待环境、生态、自然等问题的一种先进的观念，包括生态心理、生态意识、生态道德、生态伦理及价值取向。2014年6月，原环保部针对19家企业脱硫设施存在突出问题，开出了史上最大的罚单。同年7月，财政部会同原林业局印发了《关于切实做好退耕还湿和湿地生态效益补偿试点等工作的通知》。这些无不显示出生态文明体制改革的大步推进，无不体现出生态文明理念的深入人心。树立生态文明理念意味着确立人和自然和谐相处、尊重和保护自然的价值观，营造人和社会全面发展的文化氛围。生态文明理念的践行要求全社会行动起来，每个人参与进来，从身边的小事做起，让生态文明走进家庭、走入生活，全面建设美丽中国。

（二）生态科技文明

生态文明是人类文明形态的一次大变革，生态文明建设不是单纯的环保问题，而涉及政治、经济、科技、文化、制度等多方面的问题，是一个系统工程，其中发展理念和

① 习近平关于社会主义生态文明建设论述摘编[M].北京：中央文献出版社，2017：57.

发展方式要进行根本性的转变。传统工业生产对自然资源的依赖性过大，能源消耗也过大，发展方式过于野蛮，造成了严重的生态破坏和环境污染。生态科技文明则是对社会发展中的科学技术进行反思后，创新地将科学技术进行生态化转向。生态科技应以协调人类发展与自然界演化之间的关系为宗旨，以保护生态环境为目标。所以，科学技术是建设生态文明的重要工具，也是决定生态文明建设成败的核心要素。当前，面对新的产业革命和工业变革，我们应围绕可持续发展，开发治理环境污染的先进技术，推广使用可替代、可循环利用的资源，不断为生态文明建设提供有力的科学依据和技术支撑，同时要推动当今社会向节约型社会转变，发展绿色产业，建立科学合理的科技评价体系，引领生态科技持续发展。

（三）生态行为文明

生态文明建设人人有责，生态文明成果人人共享。生态文明建设是一场深刻的社会变革，既需要自上而下的发动与引领，也需要自下而上的参与和推动，要将生态文明建设的内容和要求体现在每个人的生产、生活和行为方式中。2015 年 1 月 1 日起施行的《环境保护法》将生态保护红线写入了法律。由生态环境部、中央文明办、教育部、共青团中央、全国妇联联合发布的《公民生态环境行为规范（试行）》中的十条行为规范主要包括关注生态环境、节约能源资源、践行绿色消费、选择低碳出行、分类投放垃圾、减少污染产生、呵护自然生态、参加环保实践、参与监督举报、共建美丽中国等内容。该规范旨在让人们牢固树立社会主义生态文明观，推动形成人与自然和谐发展现代化建设新格局，强化公民生态环境意识，引导公民成为生态文明的践行者和美丽中国的建设者。当前，生态文明的理念在人们心中逐步确立，生态文明的机制也在逐步完善，并逐渐影响所有的社会组织和个人。我们每个人应从现在开始养成善待环境、节约资源、物尽其用、循环利用、降耗减排的良好习惯，倡导简约适度、绿色低碳的生活方式，逐步形成以生态文明意识为主导的社会潮流，形成文明、节俭、科学、和谐的社会风气，形成有利于人类可持续发展的绿色消费生活方式，从而真正形成中国特色社会主义生态文明模式。

·本章小结·

本章从历史角度讲解了中国传统哲学思想中所具备的生态哲学理念，梳理了生态系统、可持续发展、环境保护之间的关系，指出人类的发展是“文明化”的结果，而生态文明则是一种人类与自然协同进化的文明，是人类正在走向的新的文明阶段。从生态文明的主要特征来看，我们应该以科学的、人文的生态学视野，进行以人为本的生态文明建设。最后强调人类正从生态危机中觉醒过来，可持续发展是人类的必然选择，这个选择应该是所有人类成员都应做出的选择。

·教学检测·

思考题：

1. 中华文明何以绵延五千年而不曾中断？我国未来能否实现可持续发展？
2. 中华民族的传统生态智慧具有怎样的现实价值？

数字资源2-1

思考题答案

·生态实践·

数字资源2-2

建设生态环境 践行低碳生活

第三章 生态文明发展历程

学习目标：

1. 了解东西方生态文明思想的发展历程和主要内容。

2. 理解当代中国生态文明观是在探索中国特色社会主义建设路径的实践中逐渐形成的，是马克思主义生态文明观在当代中国的新发展。

3. 掌握当代中国生态文明观的发展成果主要表现为明确提出了“生态文明”的新概念，形成了新的全面的文明观。

第一节 西方国家生态文明的渊源与发展

近代西方社会高速发展，由此产生了资源过度消耗、自然环境遭受严重破坏、生态系统严重失衡等一系列问题。面对这些困境，人们开始意识到保护环境的重要性，逐步建立起生态意识。在生态意识的推动下，人们尝试思考环境污染问题产生的根源，并试图寻找生态系统失衡的解决办法。经过几十年的探索，西方社会形成了以倡导保护生态环境、协调人类社会发展与生态保护为宗旨的诸多思潮和流派。

一、生态主义

生态主义区别于人类中心主义，它把尊重自然、遵循自然规律和生态法则放在首要地位。生态主义诞生于全球生态危机加剧的情况下，追求自然和社会平衡发展。生态主义提出了绿色社会的概念。

第二次世界大战以后，新科技革命逐渐兴起，资本主义生产力获得快速发展，资本主义社会迎来了新的“黄金时代”。但很快人们就发现，自己生活的世界被工业生产的浓烟笼罩，原来清亮的河流湖泊上漂着厚厚的垃圾，绿色的原野变得贫瘠破败，绿水青山难觅踪迹。

于是，很多发达的资本主义国家将赚取经济利润的目光投向发展中国家，甚至不惜破坏他国自然资源以满足自己扩大生产的目的。由此，生态污染成为全世界共同面临的问题。

在此背景下，以环境保护运动为主流的生态运动逐渐在西方国家兴起，而生态主义是其中贯穿始终的价值取向。生态主义，从本质上而言是一种“问题主义”，它开启了人类看待自然的全新的思维方式。生态主义反对传统的以自我为中心的人类中心主义，在处理人与自然的关系方面，以生态中心主义为基本价值取向，认为人本身也是生态系统的一个组成部分，要关心和善待人类置身其中的生活环境。生态主义者主张以直接民主的形式构建一种新的政治生态和决策机制，它反对现有的资本主义由少数人控制的政治制度。生态主义者提出要减少不必要的消费，主张制定经济政策要凸显“后世关怀”，要坚持可持续的原则。生态主义者批判西方工业文明所取得的科技成果，认为这样一味地通过技术解决环境问题的方式只会带来新的污染和难题，环境问题是一个系统工程，只有把环境问题放在一个大的系统内来通盘考察才有可能找到解决问题的根本方案。

二、生态社会主义

生态社会主义是在西方发达资本主义国家蓬勃发展的生态运动（又称绿色运动）中产生的一种思潮，它试图用社会主义的某些理论解释现代资本主义的生态危机，主张实现既能满足人类需求又符合生态要求的社会主义。本书所讲的生态社会主义，更多的是在狭义层面上梳理总结生态社会主义所主张的生态观点。其主要代表人物和著作有：威廉·莱易斯（William Leiss）的《自然的统治》和《满足的极限》；本·阿格尔（Ben Agger）的《论幸福和被毁灭的生活》和《西方马克思主义概论》；安德列·高兹（Andre Gorz）的《资本主义，社会主义，生态》和《作为政治学的生态学》；瑞尼尔·格伦德曼（Reiner Grundmann）的《马克思主义与生态学》；戴维·佩珀（David Pepper）的《现代环境主义的根源》和《生态社会主义：从深生态学到社会正义》；萨拉·萨卡（Saral Sarkar）的《生态社会主义还是生态资本主义》；乔尔·科威尔（Joel Kovel）的《自然的敌人——资本主义的终结还是世界的毁灭?》等。

生态社会主义的主流观点有以下几点。第一，认为生态高于一切。与传统社会主义更加关注社会革命不同的是，生态社会主义首要的观点是保护环境，维护生态平衡，认为人类的生产生活应该充分尊重和遵循自然世界及其运行规律，坚决与环境污染和资源浪费行为作斗争。第二，提出生态危机是资本主义一切危机的集中表现。生态社会主义者认为，生态危机出现的根源就在于资本主义本身，因为资本主义在开发自然资源促进生产力发展方面只考虑眼前利益而不顾及长远后果，具有违背自然规律的天性。同时，生态社会主义者普遍认为生态危机不是一般的发达资本主义国家的环境危机，而是一场危及整个世界包括非发达国家在内的世界性危机。第三，强调认识生态危机本身不是目的，最终是要解决危机。生态社会主义者认为，生态问题不仅关乎自然领域本身，还涉及人以及人类社会，他们主张控制肆意消耗自然资源的做法，控制人口无限增长，培育节约的环境理念，提倡朴实生活作风，强调从劳动中获得幸福感和满足感，主张以一种新的生态经济模式来取代现行的市场经济模式。第四，尽管生态社会主义不信任资本主义，但是其反对采取任何针对资本主义的暴力行为，主张“以宽容对待不宽容”的态度，用“非暴力”的和平形式“挖空”资本主义统治阶级的权力，使当前社会逐步向绿色社会过渡。同时，他们还主张实现面对面的基层民主，认为这样才能充分表达民意，才能更好地协调人、社会和自然之间的关系，才能铲除形成全球生态危机的经济政治根源，并在此基础上构建新的绿色的生态社会。比如，威廉·莱斯（William Leiss）提出了“守成社会”（The Conserver Society）的概念。“守成社会”强调通过重新配置自然资源、改变国家和社会政策，把人均生产生活消耗降至最低水平，使得人们的消费真正根植于人与自然的完全和谐一致之中。[①]尽管生态社会主义的某些主张具有片面性、消极性，比如主张生态高于一切，强调生态与资本主义的绝对对立，认为全球生态系统的崩溃以及世界霸权主义对资源能源的掠夺等等[②]。但是生态社会主义从社会变革的高度去思考社会未来的发展路径，为构建新的文明形式做出了积极贡献。

三、生态学马克思主义

1979 年，加拿大社会学教授本·阿格尔（Ben Agger）在《西方马克思主义概论》一书中提出了“The Ecological Marxism”的概念，认为其可以为解决资本主义生态危机，开辟出光明的前景。国内学术界对于“The Ecological Marxism”一词主要有三种不同的翻译和理解，分别是“生态学马克思主义”（以王瑾、慎之、徐觉哉为代表）、“生态学的马克思主义”（以陈学明、俞吾金、张一兵为代表）以及“生态马克思主义”（以段忠桥、郇庆治、刘仁胜为代表）。其中，第一种翻译相对来说使用得更多一点，本书也采用这一译法。生态学马克思主义是西方发达资本主义国家里蓬勃发展的生态运动（又称绿色运动）中产生的另一种思潮，它兴起于 20 世纪中期，试图用生态学的相关理论对马克思主义进行补充和重新阐释，进而走出一条既能消除当代生态危机又能逐步从资本主义走向社会主义的道路。其主要代表人物和著作有：詹姆斯·奥康纳（James O’Connor）的《自然的理由：生态学马克思主义研究》；保罗·伯克特（Paul Burkett）《马克思与自然：一种红绿观点》；约翰·贝拉米·福斯特（John Bellamy Foster）《生态危机与资本主义》和《马克思的生态学——唯物主义与自然》等。我们可以从以下几个方面来把握这一思潮的主要观点。

① 徐璐.背景、问题、视野：生态学马克思主义异化消费理论论析[J].马克思主义哲学研究，2010（3）：205-213.

② 李庆霞、刘玉荣，经济与生态：福斯特资本主义批判的双重视角[M].学术交流 2022（2）：67-75.

第一，认为生态问题已经成为资本主义世界不可忽视的问题。资本主义生产与整个生态系统之间的矛盾已经成为资本主义社会新的主要矛盾，这一矛盾主要体现为资本主义追求的生产的无限性与生态资源的有限性之间的矛盾。在生态学马克思主义者看来，资本主义为了追逐利润不顾生态系统的承载能力，过度生产、超前消费的行为加重了自然界的负担，刺激了自然界对于人类的“报复”行为，资源枯竭、环境污染等生态问题已经成为资本主义社会乃至整个世界不可忽视的问题，人类的生存面临着巨大的威胁。

第二，认为生态危机已成为资本主义世界的主要危机。生态学马克思主义者认为，资本主义在整个生产过程中造成的环境污染和生态破坏，使得自然生态系统日益失去平衡，这必然会带来生态环境灾难，进而导致新的危机——生态危机。而马克思和恩格斯关于“经济危机最终必然会引起资本主义的崩溃”的预言之所以还没有实现，是因为当代资本主义用高生产、高消费的做法掩盖了经济危机，延缓了资本主义的末日。在此背景下，詹姆斯·奥康纳指出，资本主义世界目前正面临着双重危机：经济危机和生态危机。

第三，认为马克思主义思想体系中包含着丰富的生态学思想。生态学马克主义者认为，尽管马克思和恩格斯生活的那个时代，生态环境问题不像如今这样突出，但是他们在那时就已注意到土壤耗竭、森林过度砍伐等问题带来的后果，他们对于生态问题的兴趣还延伸到了畜牧业、煤炭采掘业等行业。保罗·伯克特以马克思的劳动观为基点将马克思的思想与生态学理论联系在一起。约翰·贝拉米·福斯特通过详细考察马克思的物质变换（新陈代谢）理论，提出人类与自然之间的物质变换过程是整个人类社会生存和发展的基础和前提，进而提出资本主义制度下的生产生活方式导致既有的新陈代谢过程出现了“断裂”，而“断裂”就意味着生态问题的产生，资本主义生态危机也随之出现。同时，他还提出了“马克思的生态学”（Marx’s Ecology）概念，肯定马克思和恩格斯思想体系中存在丰富的生态学意蕴。

第四，提出发达资本主义国家争取走社会主义道路的设想。生态学马克思主义者认为，生态问题本质上仍然是政治问题，不从根本上废除资本主义制度，就不能完全消除生态问题和生态危机。因此，他们在思考和研究现实问题之后，提出未来社会应该体现人类文明发展史上的变革。在未来社会，文化上应积极培育和践行人与自然和谐共处的生态价值观；经济上应建立一种“稳态”的模式，注重资源的循环再利用以实现生态化生产；政治上应采用自下而上的民主形式，赋予人民大众参与公共事务的权利，让他们有权决定自己的生态命运和社会命运，有权探寻一种对环境和社会负责任的生活方式。[1]

总之，环境主题是西方诸多生态理论的核心内容。生态学马克思主义者主张关爱

① 卓高生.现代西方社会公益精神理论溯源[J].学术论坛，2012（7）：189-192.

自然，追求一种接近自然、回归自然的生活方式和生活情调。生态马克思主义把解决生态危机的希望寄托于社会主义制度的建立，督促人们反思传统的生活方式，倡导人与自然的和谐统一，推进社会经济与生态环境的协调发展。这些理论观点为我们进一步认识和理解人与自然和谐共处的生态文明提供了有益的视角，但是，在学习和借鉴这些理论观点的过程中，我们要注意结合我国的基本国情以及具体的实践情形做出审慎务实的辨析。

第二节 我国生态文明的渊源与发展

党的十七大报告提出，要在全社会牢固树立生态文明观念。党的十九大报告强调，我们要牢固树立社会主义生态文明观，推动形成人与自然和谐发展现代化建设新格局。党的二十大报告在生态文明专章以“推动绿色发展，促进人与自然和谐共生”为题，部署了当前和今后一段时间我国推进生态文明建设的目标任务。这些围绕生态文明建设提出的一系列新理念新思想新战略，承续了几千年来华夏文明对天地人的思考、一百多年前马克思和恩格斯对人与自然的探索、几十年来中国共产党人对环境与发展问题的思考。

自古以来，我国就面对着异常复杂的自然问题，我国民众也正是在与大自然不断磨合的过程中创造了璀璨的中华文明。可以说，中国传统文化中蕴含着朴素而丰富的环境伦理思想，如“天人合一”“和为贵”“众生平等”等。社会主义生态文明观本质上是对传统文化中生态智慧的历史性传承。

一、对天、地、人三者关系的思考

“天人合一”是最具中国特色的环境伦理思想，描绘的是人与自然和谐统一的状态，也是一种人们努力追求的理想。关于天、地、人之间的基本关系，《周易・序卦传》有言：“有天地然后有万物，有万物然后有男女。”也就是说，天地是自然界最初的形态，有了天地才有了万物，后来才有了人类。在此基础上，老子提出天地人统一于道的观点，《道德经》中的“道生一，一生二，二生三，三生万物”，就是讲求天、地、人的同根同源。老子认为人类应学习天地“不自营其生”的处世态度和精神，只有做到于心无私才能实现人类与自然的长久合一，即“天长地久，天地所以能长且久者，以其不自生，故能长生”。庄子进一步提出“天地者，万物之父母也”“天地与我并生，而万物与我为一”，直接表达人与自然相互依存、天地万物为一体的认识。“天人合一”思想表现了古人对天、地、人和谐相处、共生共存关系的认识，这一观点对于解决当今社会人与自然之间的矛盾提供了独特的价值借鉴。

二、对世间万物生命的尊重

孔子本着“仁爱之心”对生命的内涵做了深化，提出人不仅要尊重自身生命，还应尊重包括树木、禽兽在内的世间万物的生命，将“爱人”扩展到“爱物”。《论语·述而》有言：“子钓而不纲，弋不射宿。”这即是对生物心存仁爱的一种表现。孟子也提出：“君子之于物也，爱之而弗仁；于民也，仁之而弗亲。亲亲而仁民，仁民而爱物。”在孟子看来，虽然爱是有层次的，但对万物生灵的爱也非常重要。儒家思想作为中国传统文化的主流思想，对中华民族的影响是极其深远的，其将仁爱的对象由人推向世间万物的思想，至今依然影响着后人。

《吕氏春秋》提出“圣人深虑天下，莫贵于生”。就是说，天下之事没有什么是比“生”（生命）更重要的，人应该重视生命。它还提出“始生之者，天也；养成之者，人也”。说明生命虽来源于天，但是养成却在于人自身，进一步提出人类保护生命实则在于尊重生命；而“所谓尊生者，全生之谓”则直接阐明了尊重生命在保护生命过程中的基础性意义。

三、对自然客观规律的遵循

相传早在尧的时代，就有专人“历象日月星辰，敬授民时”（《尚书·虞书·尧典》）。为了不耽误农时，人们需要精确地观察并揭示天地的运转规律，从而制定了年有四季、“岁三百六十六日”的历法，并让百姓们了解和掌握。这是有史记载的人类总结自然世界运行规律的早期尝试，促进了世人对自然的认识和探索活动。此外，古人强调自然世界有其内在的规律，其不会因人而改变，进行农事活动只有依照特定的“农时”才能取得成效。“道法自然”是道家学派创始人老子提出的思想观点，一定意义上可以说其对自然规律给予了最高的“礼遇”。老子提出了一系列相关的思想主张：一是“道者，万物之奥”，即“道”是世间万物生成的奥妙所在；二是“人法地、地法天、天法道、道法自然”，即天地人的存在和运行遵循着固有的法则，这个法则就是自然之“道”；三是将“道”提升到“德”的高度，认为“孔德之容，惟道是从”，即“道”是人类最大的“德”，是人类追求的最高境界。因此，老子提出，面对自然，人们应该坚持“道常无为，而无不为”，不做违反自然规律、干扰自然运行法则的事情，也就是说不妄为，但对于那些符合自然规律且应该做的事情也必须去做。

简单来说，思考人与自然之间的关系、尊重世间万物的生命以及强调遵循自然客观规律是中华文化中环境伦理观的主要内容。以今天的视角来看，这些都是对人们肆意破坏环境的劝诫。社会主义生态文明观主张和谐、绿色的理念，旨在形成人与自然和谐共生的发展状态，强调人与自然是互相作用、互相依赖的关系，人类应该尊重自然、顺应自然、保护自然，这是人类不可推卸的责任和义务。由此可见，社会主义生态文明观是对我国古老的生态思想的历史继承和发展。

第三节　中国特色社会主义生态文明建设

中国共产党在长期的社会主义建设过程中，始终高度重视生态文明建设问题。毛泽东、邓小平、江泽民、胡锦涛、习近平等历代党和国家领导人，根据我国经济社会发展情况，围绕生态文明建设提出了一系列新理论新方略，为我国生态文明建设提供了理论遵循和实践引导。习近平生态文明思想是其中最新的理论成果。

一、毛泽东的生态思想

以毛泽东为代表的中国共产党第一代领导集体就已认识到生态保护的必要性，提出了保护生态环境的思想，并在实践中采取了许多行之有效的措施。早期，毛泽东虽然没有明确提出生态文明的概念，但是在社会主义建设的具体实践中，多次就消灭荒地、加强林业建设、绿化祖国等问题作出批示，形成了很多与生态环境保护相关的思想。

第一，强调环境保护。毛泽东认为，人类是不断发展的，自然界也是不断发展的。我们可以充分利用自然规律，对大自然进行改造。在毛泽东的领导下，小水电、太阳能等可再生能源得到了积极开发利用，在某种程度上减少了人们对不可再生资源的消耗。同时，毛泽东也认识到了生态环境保护的必要性，以及良好的生态环境对社会主义建设发展的重要作用。为了加强环境建设，1973年8月，国务院委托原国家计委在北京组织召开了第一次全国环境保护大会，会上首次提出了环境保护工作的总方针。这一方针不仅提出了环境保护的目标和依靠主体，而且指出了环境保护的总体思路和实施路径，对我国的环境保护建设起到了重要作用。

第二，号召绿化祖国。新中国成立后，为了修复在长期战争中遭到破坏的植被，毛泽东在党的七届六中全会上指出，无论南北各地，都要看到一些绿色才好。1956年，毛泽东发出了“绿化祖国”“实现大地园林化”的号召，提出“在十二年内，基本上消灭荒地荒山，在一切宅旁、村旁、路旁、水旁，以及荒地荒山上，即在一切可能的地方，均要按规格种起树来，实行绿化”[①]，目的是为农业提供充足的自然资源，并通过植树造林、兴修水利等措施减轻工业化带来的局部污染，有效改善生态环境。1958年8月，毛泽东在中共中央政治局扩大会议上提出，要使我们祖国的河山全部绿化起来，要达到园林化，到处都很美丽，自然面貌要改变过来。1958年11月，毛泽东在修改《关于人民公

① 毛泽东文集（第6卷）[M]. 北京：人民出版社，1999：509.

社若干问题的决议》文稿时加写的一段话中，提出一个大胆设想："全国十八亿亩耕地，实行'三三制'，即三分之一种农业作物，三分之一种草，三分之一种树，美化全中国。"这些关于生态环境保护的思想在社会主义建设事业中发挥了重要作用，促进了社会主义生态文明建设。

第三，重视水利建设。新中国成立后，中国共产党提出有步骤地恢复并发展防洪、灌溉、排水等水利事业。我国资源分布不一、旱涝不均等问题，不仅阻碍了社会的发展，而且给人民的生产生活带来极大的不利影响。毛泽东对此十分重视，他指出，要兴修水利，将其作为治国安邦和社会主义建设的重要任务来抓。之后，水利建设得到了高度重视和快速发展。1956年，国务院设立了专门机构，由水土保持委员会专门负责组织和开展相关具体工作，并于1957年下发了《中华人民共和国水土保持暂行纲要》，要求水利部门加强技术研发，根治河流水害。同时，毛泽东还高度重视淮河、黄河等治理问题。正是由于对这些问题的高度关注，我国开始深入研究治理水资源问题，全国各地兴修水库，掀起了兴修水利和生态治理的高潮。黄河三门峡大坝等大型水利工程，就是在这一时期建成的，不仅发挥了蓄水、灌溉和抗旱的功能，而且在保护生态和促进经济发展上具有重大的意义。

二、邓小平的生态思想

以邓小平为核心的中国共产党第二代领导集体，也始终强调生态环境保护的重要性，形成了独特的生态思想。

第一，倡导全民植树造林。邓小平曾多次提到，要多植树、搞好绿化工作，倡导全民义务植树并身体力行。邓小平认为，植树造林、绿化祖国，是一件大事，要一代一代永远干下去。他强调要在全民中树立绿化祖国的意识，在全社会形成一种良好的风气。

1979年，在邓小平的提议下，第五届全国人大常委会第六次会议决定，将每年的3月12日定为我国的植树节。1984年9月，第六届全国人民代表大会常务委员会第七次会议通过《中华人民共和国森林法》，其总则规定"植树造林、保护森林是公民应尽的义务"，从而把"植树造林"纳入了法律范畴。由于采取了各种有效措施，比如针对"三北"地区的风沙危害开展防护林工程，我国的生态覆盖面积逐渐扩大。经过多年努力，我国的植树造林工程取得了举世瞩目的成就，有效地防止了水土流失和荒漠化的发展。

第二，推进自然环境安全。邓小平在认真总结我国社会主义建设经验的基础上，强调抓好环境保护与生态修复工作，要求对环境保护进行法制化管理。1974年8月，邓小平在会见刚果友好代表团时就指出，我们国家的污染问题没有欧洲、日本和美国那么严重，但也还是一个很大的问题。污染问题是一个世界性的问题。我们现在进行建设就要考虑处理废水、废气、废渣这“三废”。1975年8月，在邓小平指导下，原国家计委起草的《关于加快工业发展的若干问题》中开始规定消除“三废”污染的问题，提出要保护环境、保护职工身体健康。1978年10月9日，邓小平在同民航总局、旅游总局负责人谈话时，讲到桂林漓江的水污染问题，要求下决心将其治理好。1979年1月6日，针对桂林治理污染不力的情况，邓小平又再次发表讲话。此外，邓小平还要求关注风景旅游区、油田等地的生态环境，强调保护当地自然环境，保护当地的水源，扩大绿化面积，体现了对生态环境问题的重视和关心。

第三，强化生态法制观念。邓小平十分重视制度、法律建设，在生态文明发展方面也不例外。他强调通过制度法规保障产业生态化和消费绿色化，实现经济效益与生态效益相统一。邓小平指出，要制定森林法、草原法、环境保护法等；加强生态保护和环境污染治理，必须采取切实可行的检查和奖惩制度来进行制约。邓小平先后主持制定了多部环境保护方面的法律法规，试图通过各种法律法规来约束人们的行为，为生态环境保护提供了重要的法律依据。1974年1月开始实施的《工业“三废”排放试行标准》，可以说是我国第一个环境标准；1979年9月，第五届全国人民代表大会常务委员会第十一次会议通过了《中华人民共和国环境保护法（试行）》，这是我国第一部关于环境保护的法律，自此结束了我国环境保护无法可依的局面。自1982年起，我国相继制定并出台了与海洋、森林、大气等一系列生态相关的法律法规，生态法制体系从此更加健全，为环境保护提供了重要的法律依据，生态环境建设也得到了法律和政策的有力支持。

三、江泽民的生态思想

以江泽民同志为核心的中国共产党第三代中央领导集体，不断总结和完善以往的生态文明思想，顺应时代的变化，提出了许多有见解的生态文明理论。

第一，培育生态环保意识。随着我国经济的快速发展，人们的生活水平也得到了显著提高，但是环境受污染、资源高消耗和粗利用的现象，使我国付出了很大的资源环境代价。江泽民指出，在我国的一些城市、地区和流域，存在相当严重的环境污染问题。此外，水土流失、荒漠化、沙尘暴等生态问题依然相当突出。这样的状况之所以出现，其中一个重要原因是人们对搞好生态自然环境的重要性认识不够、生态意识不强、环境观念淡薄。江泽民强调，必须大力培育生态环保意识，不断转变经济增长方式，加快河流湖泊的治理，加强农田水利基本建设。为提升民众的生态环保意识，我国出台了一系列新的法律法规，在生态国际合作方面，我国还参加和签署了29项国际公约，这些举措都为我国生态文明建设带来了新的发展契机。

第二，促进人与自然和谐发展。江泽民坚持从全局与战略的高度出发，把生态文明放到社会主义现代化建设的突出位置，我国的生态环境持续得到改善，党对生态文明发展的认知水平不断提升。1998年，我国遭遇了历史罕见的特大洪灾，在总结这次水灾经验教训时，江泽民指出，自然灾害当然是坏事，但人们可从中得出有益的结论，学会按自然规律办事，不断加深对自然规律的认识。他强调，在水资源开发利用中，既要遵循自然规律，也要遵循价值规律。在南水北调工程中，要“先治污后通水、先环保后用水”；在西部大开发中，要把“加强生态保护和建设”作为首先研究的重要内容，再造一个山川秀美的西北地区，使我国青山常在、绿水长流。这一系列环境保护工程的建设，为推动我国生态文明建设奠定了良好的基础。

第三，以优良环境助推生产可持续发展。在1996年7月的第四次全国环境保护会议上，江泽民发表讲话，创造性地将保护环境与发展生产力联系在一起，率先提出了“保护环境就是保护生产力”的科学论断。江泽民强调，生产力的发展与环境保护并不应该是截然对立的关系，如果处理得当，优美的环境可以为生产带来新的契机，而好的生产也一定是具有可持续性的生产。如果在经济建设中不注意生态保护，等自然环境遭到不可修复的破坏时，人类就会为此付出更加惨痛的代价。在社会主义建设中重视环境保护，就要坚持人类和生态环境的和谐相处，尊重自然规律，实现可持续发展，这样才能进一步解放生产力，促进人与自然的协调发展。

四、胡锦涛的生态思想

党的十六届三中全会上，以胡锦涛同志为主要代表的中国共产党人，提出了一系列生态环境建设思想，推动生态文明建设取得新的发展。

第一，不断建设生态文明。胡锦涛根据我国经济建设需要，大力倡导“低碳”经济，采取了一系列行之有效的措施，包括转变经济方式、减少生产能源消耗和深化能源领域价格改革等，不断加快生态修复，扩大生态产品生产。在十七大报告中，中国共产党首次正式提出生态文明的概念，这意味着我国的生态文明建设进入新的发展阶段。生态文明理念的提出和应用，不仅是对马克思主义人类文明理论的丰富，而且体现了中国共产党人理解生态文明的独特智慧，极大地促进了环保产业和循环经济的发展，促进了我国生态文明的建设。

第二，统筹人与自然的和谐发展。在社会主义建设过程中，我国某些地方曾经将GDP（国内生产总值）作为衡量经济发展的唯一指标，这种发展模式也许可以一时获得较高的经济效益，但消耗了大量的自然资源，并对环境造成了一定的破坏。胡锦涛强调，我们要统筹发展，将生态文明建设与社会发展综合协调起来，彻底改变粗放型的增长模式，建设资源节约型、环境友好型社会。随着我国各项建设的快速发展，社会上出现了各种影响经济发展的问题，比如资源消耗过多、浪费严重、污染严重、生态不断恶化等，这些问题制约了我国经济的发展。胡锦涛强调，要全面落实科学发展观。这要求保护自然界，尽可能保证经济发展与自然的承载能力和承受能力相一致，否则不仅会影响经济发展，而且会对自然环境造成更大的破坏。因此必须充分考虑大自然的承载能力，走兼顾效益和环境的新型工业化道路，促进经济社会又好又快地发展。

总之，党的几代领导人对我国的生态问题都十分关心，大力支持，积极实践，做出了一系列重要指示，出台了一系列方针政策，采取了一系列重大措施，并身体力行地加以推进，有力地促进了我国植树造林和绿化工作，为社会主义建设提供了宝贵经验，也为新时代生态文明发展提供了理论依据和实践指导。

第四节 习近平生态文明思想的意义与作用

一、发展经济与保护环境相互统一

对立统一规律（又称为矛盾规律）是唯物辩证法的核心，强调矛盾是事物发展的动力和源泉。党的二十大报告指出，进入新时代，我国社会主要矛盾已经转化为人民日益增长的美好生活需要与不平衡不充分的发展之间的矛盾。其中，经济发展和环境保护的矛盾日益突出。发展经济和保护环境的辩证统一作为习近平生态文明思想的逻辑主线贯穿于习近平生态文明思想形成的各个阶段。早在陕西延川时期，习近平就根据当地发展的实际情况，突破原有的发展模式和思维，带领人们通过修建沼气池来带动当地发展，形成了初级的循环经济。后来，习近平总书记基于发展经济和保护环境这两者的辩证关系，深入分析和思考人与自然的关系，在浙江考察时提出了“绿水青山就是金山银山”的重要论断，强调“绿水青山和金山银山决不是对立的，关键在人，关键在思路”。习近平总书记指出，在推动整个社会向前发展的过程中，我们要双管齐下。一方面，我们不能将发展经济和保护环境看作完全对立的，既要发展好经济，又要保护好我们生活的环境；另一方面，我们要改变以往固有的发展模式和发展思维，大力发展科学技术，用节约型、环保型的可持续发展模式代替以前粗放型的发展模式，从而实现经济和生态的双向互赢。

二、生态建设与其他四大建设相互统一

唯物辩证法强调事物之间的联系，认为联系是客观存在的，不以人的意志为转移。世界上的任何事物都不是孤立存在的，都与其他事物存在联系，事物内部各要素之间也存在各种各样的联系，我们要用联系的眼光看待事物。习近平总书记在谈论生态省建设时指出，“搞生态省建设，好比我们在治理一种社会生态病，这种病是一种综合征，病源很复杂……总之，它是一种疑难杂症，这种病一天两天不能治愈，一副两副药也不能治愈，它需要多管齐下，综合治理，长期努力，精心调养”。[①]我国之前经历过高耗能、高

① 习近平.之江新语[M].杭州：浙江人民出版社，2007：49.

污染的发展阶段，积累的环境问题较多，因此党和国家加大了生态治理力度。整体来看，解决生态问题不只是保护环境那么简单，它不是孤立的个体，它既是经济问题也是政治问题，更是社会问题，想要更好地解决生态问题就必须多管齐下，将生态文明建设跟其他四大建设有机结合，将其融入经济建设、政治建设、文化建设和社会建设的各个方面，统一于社会发展的整个进程。具体说来，在经济层面，要转变传统的发展方式，发展低碳环保的绿色经济；在政治层面，要制定和完善生态保护红线越线责任的追究机制，要求相关部门承担起更多的生态保护红线治理与修复义务；在文化层面，要培养人们的绿色意识；在社会层面，要倡导人们绿色消费、绿色出行。

三、理论和实践相互统一

众所周知，任何理论的形成都不是一蹴而就的，要经过一定量的积累才会达到最终的质变。习近平生态文明思想也不例外，其是在借鉴前人思想和总结前人经验的基础上最终形成的。一方面，习近平生态文明思想继承了马克思、恩格斯的生态思想，批判性地借鉴了西方应对生态危机的生态理论；另一方面，习近平生态文明思想汲取了中华传统文化中生态思想的精华，总结了历代中国共产党人的生态智慧，并结合我国当前的现实情况，提出了许多关于生态保护和生态文明的正确主张。这一系列思想和主张经过时间的积累和实践的考验最后成为科学的理论。当然，理论最终还是要回归实践，最终目的是解决现实中所面临的各种问题。习近平生态文明思想作为一个科学的理论，在为我们勾勒美好蓝图的同时，也面临着来自实践的检验。在贯彻落实习近平生态文明思想的过程中，仍然需要解决诸多现实障碍，比如，之前长期快速发展对自然造成的损害需要很长一段时间才能得到修复，民众的环保意识也需要花费大力气去培养。除此之外，生态环境问题的解决还依赖于科学技术的进步、政府和社会各个方面的配合。在建设美丽中国道路上，我们坚信习近平生态文明思想为我们描绘的美丽画卷一定会实现，我们要将科学理论与实践探索统一起来，努力解决我们所遇到的困难，为实现美好生活不懈奋斗。

第五节 建设美丽中国迈入社会主义生态文明新时代

一、新时代我国生态文明建设的根本遵循和行动指南

习近平生态文明思想是习近平新时代中国特色社会主义思想的重要组成部分，是马克思主义基本原理同中国生态文明建设实践相结合、同中华优秀传统生态文化相结合的重大成果，是以习近平同志为核心的党中央治国理政实践创新和理论创新在生态文明建设领域的集中体现，是新时代我国生态文明建设的根本遵循和行动指南。习近平生态文

明思想蕴含许多哲学理念，从哲学的角度分析习近平生态文明思想不仅有利于我们深入系统地了解该思想，而且对于新时代生态文明建设具有重要的意义。习近平生态文明思想在党的十九届五中全会和党的二十大上得到了丰富和发展。对习近平生态文明思想的哲学诠释，对推进美丽中国建设、实现人与自然和谐共生具有重要的理论意义和现实意义。

习近平生态文明思想的价值旨归不仅在于批判与超越西方的生态价值观，而且在于引领与建构一种全新的生态价值观。习近平生态文明思想所要引领与建构的新型生态价值观以公平正义为基本准则，以绿色发展为价值理念，以携手与共、共生共赢为实践路径，以构建人类生态命运共同体为目标，具有世界性、科学性、可持续性，展现了为人类发展探索全新道路的生态文化自觉。

（一）基本准则：公平正义

公平正义是中华民族所坚守和传承的传统义利观的现代性化身，也是我国在对外交往和处理国际事务中始终秉持的基本原则，我国在推动全球生态文明建设中也一以贯之地坚持公平正义的基本准则。西方的生态价值观要求世界上所有国家必须统一履行保护生态环境的各项义务和承担全球环境治理的全部责任，这不仅不符合“共同但有差别”的责任原则，而且严重违背了权责对等、公平正义的基本准则。对此，习近平指出：“对气候变化等全球性问题，如果抱着功利主义的思维，希望多占点便宜、少承担点责任，最终将是损人不利己。巴黎大会应该摈弃‘零和博弈’狭隘思维，推动各国尤其是发达国家多一点共享、多一点担当，实现互惠共赢。”[①]地球是世界各国赖以生存的唯一场所，面对人类活动引发的生态问题，每个国家都需要承担一定的责任。但纵观人类文明发展历程，西方资本主义国家开展的工业化和现代化建设对自然资源的大量消耗，极大地破坏了生态系统的平衡，引发了严重的生态危机，这就决定了西方资本主义国家应当对全球生态问题负主要历史责任。习近平生态文明思想从中国传统义利观出发，高扬权责对等和公平正义的人道主义精神，呼吁全世界共同推进全球生态环境治理，倡导尊重各国特别是发展中国家在国内政策、能力建设、经济结构方面的差异，不搞一刀切，提倡发达国家在积极承担相应历史责任的同时勤于、乐于、善于援助欠发达国家。

（二）价值理念：绿色发展

新型生态价值观以“绿水青山就是金山银山”的绿色发展观为价值理念。2017年5月26日，习近平在十八届中共中央政治局第四十一次集体学习时指出，推动形成绿色发展方式和生活方式，是发展观的一场深刻革命。这就要坚持和贯彻新发展理念，正确处理经济发展和生态环境保护的关系，像保护眼睛一样保护生态环境，像对待生命一样对

① 习近平在气候变化巴黎大会开幕式上的讲话[N].人民日报，2015-12-01.

待生态环境，坚决摒弃损害甚至破坏生态环境的发展模式，坚决摒弃以牺牲生态环境换取一时一地经济增长的做法，让良好生态环境成为人民生活的增长点、成为经济社会持续健康发展的支撑点、成为展现我国良好形象的发力点，让中华大地天更蓝、山更绿、水更清、环境更优美。①这是习近平对绿色发展观基本内涵的深刻阐述。绿色发展理念是可持续发展思想的价值遵循，它以人与自然的和谐永续发展为出发点，旨在通过变革生产生活方式来探寻一条实现经济发展和环境保护相包容的和谐之路。比较而言，传统发展观念单方面追求经济增长而对生态问题视而不见，且偏颇地认为经济发展和环境保护之间是非此即彼的二元对立关系，而绿色发展理念则立足于生态整体性的学理层面，揭示了经济发展和环境保护之间的内在一致性。“绿水青山就是金山银山”是绿色发展理念价值指向的最终追求，要求坚持走生态优先、绿色发展之路，使绿水青山产生巨大经济效益、生态效益和社会效益，突破了环境保护和经济发展相互对立的囹圄，不但对经济发展和环境保护的辩证统一关系做出了深刻诠释，而且为世界其他国家实现经济和环境价值的双赢提供了可资借鉴的科学方案。此外，对于如何将绿色发展理念转变为绿色发展实践的问题，习近平强调，生态文明建设同每个人息息相关，每个人都应该做践行者、推动者。也就是说，生态文明建设离不开人民群众的主体参与。因此，必须实现绿色价值理念的日常化，使绿色发展理念成为指导人民日常生产生活和实践活动的行为准则，使人民成为绿色发展理念的坚定支持者和积极践行者，从而将内在的理念自觉转化为外在的实践行为。

（三）实践路径：携手与共、共生共赢

新型生态价值观以携手与共、共生共赢为实践路径。携手与共，就是世界各国共谋共建，这是共生共赢的前提条件。在全球化背景下，生态环境问题越来越超出单个国家的边界，成为全球性问题。全球生态治理，需要世界各国共同应对、通力协作。正如习近平一再呼吁的：“生态文明建设关乎人类未来，建设绿色家园是人类的共同梦想，保护生态环境、应对气候变化需要世界各国同舟共济、共同努力，任何一国都无法置身事外、独善其身。”②中国作为负责任的发展中大国，一贯秉持公平正义的基本准则，积极倡导绿色发展的价值理念，始终不遗余力地致力于引导构建一种新型生态价值观，并日益成为全球生态文明建设的主要贡献者和重要建设者。一方面，习近平生态文明思想为生态文明建设领域的国际合作贡献了具有中国特色的发展理念，它所倡导的绿色发展理念是立足于人类发展和世界前途的宏阔视野提出的契合时代价值的鲜明理念，在凝聚最大公约数和普遍共识的过程中，指引着全球生态新秩序的构建方

① 习近平：推动形成绿色发展方式和生活方式 为人民群众创造良好生产生活环境[EB/OL].（2017-05-27）[2022-12-23].http：//www.xinhuanet.com/politics/2017-05/27/c_1121050509.htm?from=groupmessage.

② 推动我国生态文明建设迈上新台阶[EB/OL].（2019-01-31）[2023-03-22]. http：//www.xinhuanet.com/politics/2019-01/31/c_1124071374.htm.

向；另一方面，我国通过积极倡导并引领“一带一路”建设、继续履行《巴黎气候变化协定》《联合国气候变化框架公约》等协议、携手多国开展生态保护交流合作等一系列切实的实践行动来深度参与全球生态文明建设。实践证明，只有世界各国携手与共，打造“合作、共治、共享”的生态交往范式，才能凝聚不同国家、不同地区、不同民族的绿色发展共识，进而汇聚共谋全球生态文明建设的磅礴力量，在全面推进全球生态文明建设征程中实现共生共赢。

（四）目标旨归：构建人类生态命运共同体

新型生态价值观以构建人类生态命运共同体为目标旨归。构建人类生态命运共同体集中体现了全人类建设绿色美好家园的共同愿望，是习近平生态文明思想中极具原创性和境界性的概念。[①]从某种意义上看，习近平生态文明思想引导与建构的新型生态价值观所指向的最终价值追求就是构建人类生态命运共同体。党的十八大以来，习近平在国内外多个重要场合一再倡议：“各国人民同心协力，构建人类命运共同体，建设持久和平、普遍安全、共同繁荣、开放包容、清洁美丽的世界。”[②]将建设清洁美丽的世界作为构建人类命运共同体的重要内容提出来，既契合人民群众对美好生活的向往，又符合全人类的共同利益。习近平把人类命运共同体思想融入全球生态治理中，创造性地提出了关于构建人类生态命运共同体的看法和观点，倡导所有国家和地区突破地域和政治的局限，在全球范围内建造一个追求共同生态利益、承担共同生态责任、实现共建共治共享的清洁美丽的世界。构建人类生态命运共同体倡议作为构建未来新型生态价值观的终极诉求，不仅是坚持人与自然是生命共同体的必然要求，而且是构建人类命运共同体的内在要求，必然会在世界各国携手共筑生态文明之基的过程中促进清洁美丽的世界的建设，在以“绿水青山就是金山银山”为核心的绿色发展理念的推动下，必将取得生态文明建设的实质性成效，演绎出人与自然和谐共生、经济与环境和谐发展、人与人和谐共处的美丽图景，最终走向人类“诗意栖居”的生态命运共同体。

二、生态文明与建设美丽中国

改革开放40多年来，特别是党的十八大以来，生态文明建设取得显著成效。我们从三大污染防治攻坚战的展开、治水治沙的成功实践、重拳整治秦岭违建别墅等破坏生态环境问题、加快构建以生态价值观念为准则的生态文化体系等一系列生态文明建设的实践中不难看出，中国共产党始终关心生态文明建设这个关乎民生福祉的问题。习近平指出，“良好生态环境是最公平的公共产品，是最普惠的民生福祉”[③]。在生态系统中，资

① 黎明辉，王经北.习近平生态文明思想的真善美特质[J].理论导刊，2020（1）：4-9.

② 习近平：决胜全面建成小康社会 夺取新时代中国特色社会主义伟大胜利——在中国共产党第十九次全国代表大会上的报告[EB/OL].（2017-10-27）[2023-03-22]. http：//www.gov.cn/zhuanti/2017-10/27/content_5234876.htm.

③ 习近平总书记论生态文明建设[N].人民日报，2017-08-04.

源丰富和环境良好的自然环境是人类得以延续和发展的环境基础。生态价值的公平性也要求存在于生态系统中的每一个成员都能平等地享受良好生态环境带来的福祉，任何人的权利都不可被剥夺。充分保障每一个生命个体平等地享有生态环境提供的生态产品是生态环境民生论所追求的现实价值。

习近平的生态环境民生论中的新民生观是对马克思主义人本观的坚持和发展。马克思主义人本观主要包括对人与自然和人与社会两方面的规定。生态环境问题不仅会影响经济的转型发展，而且会影响人民群众的安全感、幸福感和获得感。经济发展与环境保护的最终受益者是人民群众，人民群众能够公平享有良好的生态环境和实现共同富裕是社会主义的本质要求。目前，随着经济水平的不断提高，人们发生了从盼温饱到盼环保，从求生存到求生态的转变，这表明生态环境好坏已成为衡量人民生活幸福指数高低的重要指标。高品质的生活必然离不开生态宜居的生活环境以及高质量的生态产品，这些也是促进人类生存与发展的必要条件。良好的生态环境不仅能增强社会发展动力，而且能增强人民的幸福感、安全感和获得感。

人与自然处于同一个生态系统之中，人存在的意义要从自身所处的环境中去寻找。生态系统越是能提供丰厚的资源，人的生存和发展就越有优势，反之，人类的发展就要受到自然环境的限制。劳动是人与自然产生关系的媒介，人类通过对自然界的劳动改造，形成人化自然，促进自然资源转变为生产资料，但在这一过程中人们常常因为不考虑生态破坏和环境污染的后果而陷入被动的局面。对此，恩格斯指出，我们不要过分陶醉于我们人类对自然界的胜利。对于每一次这样的胜利，自然界都对我们进行报复。习近平提出的生态命运共同体论是对马克思主义生态观的丰富和发展。人与自然的关系是相互影响的，保护自然、恢复自然的行为会得到大自然的回馈，破坏自然、污染自然就会受到自然的惩罚，人与自然是和谐共生的。

在我国，关注生态环境建设、努力改善人与自然的关系，一直以来都是党和政府的重要工作内容。特别是进入21世纪以来，党和政府对生态建设和环境保护问题更加重视。党的十八大报告明确提出了建设美丽中国的战略构想，并赋予“美丽中国”这一概念深刻的理论内涵和鲜明的时代特色。建设美丽中国要求我们珍惜每一寸国土，建立绿色低碳模式，提高生产绿色化程度。建设美丽中国这一构想的提出，不仅寄寓了人民对未来美好生活的无限期盼，也承载了党和政府改善人民的生存境遇、实现中华民族永续发展的伟大使命。

建设美丽中国必须走出新路。要用生态文明的理念来看待环境问题，认识到其本质是经济结构、生产方式和消费模式的问题。要从宏观战略层面切入，进行顶层设计，从生产、流通、分配、消费和再生产全过程入手，制定和完善环境经济政策，形成激励与约束并举的环境保护长效机制，探索走出一条环境保护新路。要深入打好污染防治攻坚战，狠抓生态环境突出问题，严格标准，严把环节，提高生活垃圾和污水处理能力水平，不断改善人居生活环境。要坚持绿色低碳发展，找准保护环境与推动高质量发展的契合点，优化产业结构，合理配置资源，提高资源利用效率，统筹推进高质量发展和高水平保护，促进绿色发展和生态保护不断迈向新台阶。

不久的将来，我们不仅要打造一个环境优美、舒适宜居的生态中国，更要构建一个经济增长、政治完善、文化进步、社会和谐的“美丽中国”，向着全面小康社会，向着富强民主文明和谐美丽的社会主义现代化国家迈进。

三、建设美丽中国需要全民参与

东方白鹳是一种体形非常优雅的大型鸟类，每年三四月份会飞往我国东北部等地区繁殖后代，待秋季又陆续往南迁徙。2019年底，一组关于东方白鹳的视频在网上迅速传播。视频中的东方白鹳疯狂撞击水面上的拦网，只为寻机捕到一些鱼作为食物，看上去极度饥饿。挨饿的东方白鹳牵动了很多人的心。12月21日，中国生物多样性保护与绿色发展基金会（以下简称中国绿发会）紧急发起“5元钱，为它们买条鱼”应援行动。

天津地处华北平原东北部、海河流域下游，素有“九河下梢”“河海要冲”之称，它拥有丰富的湿地资源。这些珍贵的湿地，是全球候鸟迁飞东线（东亚至澳大利亚）上的重要“加油站”，每年为超过10万只候鸟提供关键性能量补给和安全保障，其中就包括国家一级保护动物东方白鹳。但2019年入冬以来，天津滨海新区沿海及河北大清河一带，均出现成批东方白鹳因饥饿而与渔民抢食遭轰赶的情况。东方白鹳进食量较大，每天要吃掉三斤左右的小鱼。这些东方白鹳频繁来私人鱼塘进食，给鱼塘主带来了较大的经济损失。很多渔民知道这是保护物种，不能猎杀，于是只能放鞭炮驱赶。

中国绿发会通过调查，发现了东方白鹳过自然保护区而不入的原因。天津现有三个湿地保护区，包括一个国家级自然保护区（七里海国家级自然保护区）、两个省级自然保护区（北大港湿地自然保护区和大黄堡湿地自然保护区）。相关方面对保护区实行了严格管理，在保护候鸟迁徙的安全性方面做得非常充分，极大地减少了人们对迁飞候鸟的干扰，但是保护区湿地缺乏精细化的科学规划与管理，现湿地保护区范围内普遍水位较高，不适合涉禽类的东方白鹳觅食，客观上使长途迁徙至此的东方白鹳食物匮乏，不得不舍近求远、分散至周边私人鱼塘与人争食。又由于天津北大港湿地自然保护区和附近的七里海国家级自然保护区前些年相继收回了渔民的养殖鱼塘，这些地方便保持了较高的水位而且没有什么鱼，今年大批前来的东方白鹳无处觅食，只得飞往更远处的曹妃甸湿地附近的私人鱼塘觅食，但又遭到了渔民轰赶。长距离的飞行和炮轰惊吓，使得近年的东方白鹳虚弱不少。

可见，虽然天津保护区的保护工作做得很好，政府采取了高标准严要求的保护举措，当地生态环境也得到了很好的恢复与发展，但在科学规划、更好地保障物种迁徙、觅食等方面，还有所欠缺。

在此次东方白鹳挨饿事件中，以中华保护地体系为核心的一线志愿者在发现问题、推动问题解决、呼吁各方关注方面发挥了巨大作用。首先发现东方白鹳觅食异常及挨饿情况的，是长年在一线开展鸟类观察、保护、巡护的一线志愿者。志愿者在发现问题后，第一时间将信息反馈至国家级专业机构中国绿发会，而中国绿发会作为公募基金会，迅速就此发起募捐，给予一线志愿者最快的支持并联合志愿者开展调研。在为期多天的调研中，中国绿发会工作人员和来自中华保护地的环保志愿者一共实地察看了河北、天津两地的大中型四个保护区及周边鱼塘区，积累了丰富、真实的一线资料，为后续问题的解决奠定了坚实基础。为进一步加强对东方白鹳的保护，中国绿发会还在天津、河北现有的中华保护地基础上，紧急成立了中华东方白鹳保护地，进一步将保护行动具体化、精细化。

中国绿发会副理事长兼秘书长周晋峰指出，生态文明是一个哲学范畴，不仅要求我们加强环境保护力度，更为重要的是要求我们转变思想，真正从思想上认识到生态文明建设的重要意义，并以此来指导政府机构、企业团体、公民个人等在工作、生产、生活等各个方面做出改变，比如改变我们不科学的发展理念与工作方式，改变工业文明时代所习惯依赖的高耗能生产方式与生活方式等。

·本章小结·

本章分别梳理了西方国家和我国生态文明思想的渊源和发展，并从生态文明哲学角度阐述了习近平生态文明思想的意义和作用。最后，结合历代党和国家领导人的生态思想，阐释了新时代中国特色社会主义生态文明建设中美丽中国建设的内容和意义，并呼吁全民参与其中。

·教学检测·

思考题：

1. 中国传统文化中蕴含的朴素而丰富的环境伦理观有哪些内容？
2. 请思考当代中国生态文明观的发展成果是什么。

数字资源3-1

思考题参考答案

·生态实践·

数字资源3-2

生态文明建设的重要性

数字资源3-3

美丽中国的样子

第四章 全球生态危机

学习目标：

1. 理解和掌握当前人类面临的三大生态危机的内容及其主要表现形式。

2. 认识到生态环境恶化的严重后果。

3. 思考和探索如何应对生态危机带来的挑战和考验。

生态危机始终伴随着人类社会的发展，在不同的历史时期，人类面临着不同的生态危机。一部人类社会发展史，几乎总是与生态危机并行。

第一节 当代三大生态危机的表现形式及特征

生态危机始终伴随着人类社会发展史，尤其自工业革命开始，人类社会发展速度加快，由此给生态环境带来的冲击更为强烈。经年累月，全球生态环境严重失衡不断加剧，逐步演化为全球范围的生态危机。

罗马俱乐部早在1972年的《增长的极限》中就认为经济增长已临近自然生态极限，单纯注重经济增长将无可回避地导致贫富悬殊、人际失衡和生态无序等“全球性问题”。[①]日益严峻的全球生态危机问题已引起全世界的警觉。德国社会学家乌尔里希·贝克（Ulrich Beck）提出的“风险社会理论”指出，生态危机是现代社会最严重的三大风险之一。这说明全球性生态危机已经严重威胁到了全人类的生存与发展，并且将全人类的命运，即人类的生存与福祉紧紧地捆绑在了一起。而坚持可持续发展、调整发展战略和发展规划，已经成为世界各国应对生态危机的共识。

① 晏路明.人类发展与生存环境[M].北京：中国环境科学出版社，2001.

研究表明，当前人类社会的盲目扩张式发展路线，正在对我们赖以生存的地球施加极端的压力。2021年联合国环境规划署发布了题为“与自然和平相处”的报告，报告指出，人类生存的地球目前正面临着全球性气候变化、生物多样性丧失以及自然环境破坏的三大危机。①

联合国政府间气候变化专门委员会（IPCC）估计，全球变暖可能在2030年至2052年之间使全球气温上升1.5℃。而生物多样性和生态系统完整性的丧失将严重影响联合国可持续发展千年目标的达成。此外，伴随着工业发展而来的污染与废物，每年都会导致全球超过百万人口死亡。

总的来说，这三重危机的共同成因是不可持续的生产和消费方式。人类无休止地从地球上开采资源，片面地追求经济发展，对自然界产生了毁灭性的影响，加剧了气候变化，破坏了自然环境，造成了环境污染。

而2020年暴发的疫情再一次促使人们思考应如何加快人类社会向可持续发展道路转型的问题。科学家认为，气候变化、生态多样性丧失以及环境污染等问题最终会通过多种方式引发公共健康问题。气候变化已经造成干旱、洪水、热浪和其他破坏性影响，严重损害人类健康，甚至导致很多生命丧失。在2021年G20卫生部长会议开幕式上，联合国副秘书长英格·安德森（Inger Andersen）指出，地球的三大危机已经对公众的健康造成深远的负面影响，并且这种影响仍在持续。②IPCC已经发出了红色警报——如果放任全球性的气候变化加剧，全球人民的健康将受到威胁，没有人将是安全的。生态环境破坏对人们健康的影响也不容忽视，26万吨的塑料颗粒已在海洋中积累起来；生物栖息地的破坏显著地增加了人畜共患疾病等公共卫生事件发生的概率，药品和消费品滥用增加了疾病传播和抗菌素抗性增强的风险；全世界有20亿儿童暴露在空气污染中；同时，越来越多的证据表明，环境退化正在导致一系列心理健康问题。只有我们对地球的三大危机采取紧急行动，把地球从“急诊室”里拉出来，才能减少医疗系统的负担，拯救更多的生命。

一、全球性气候变化危机

近年来，世界各国都出现了有记录以来的最高气温和极端天气，厄尔尼诺现象频繁发生，全球气候变暖加剧。

全球气候变暖是一种与自然有关的现象，在温室效应的作用下，地气系统吸收与发射的能量不平衡，能量不断在地气系统累积，从而导致温度上升。所谓温室效应，就是

① 重磅报告“与自然和平相处”[EB/OL].（2021-04-29）[2022-02-11]. https：//weibo. com/1821907411/Kdb0fzsyY?mod=weibotime.

② The triple planetary crisis and public health[EB/OL].（2021-09-05）[2022-02-11]. https：//www.unep.org/news-and-stories/speech/triple-planetary-crisis-and-public-health.

太阳短波辐射透过大气射入地面，地面增暖后放出的长波辐射却被大气层中的二氧化碳等物质所吸收，从而产生大气变暖的效应。因该结构类似于栽培农作物的温室，故称其为“温室效应”。二氧化碳（约占75%）、氯氟代烷（占15%～20%），以及甲烷、一氧化氮等30多种气体是形成温室效应的主要气体。[①]

自工业革命以来，人口数量急剧增加，工业快速发展，国与国之间的竞争日趋激烈，使得大多数社会工业化程度日趋成熟，人类排放二氧化碳、氯氟代烷、甲烷、一氧化氮等吸热性强的物质越来越多；工业利用木材的速度加快，恶性砍伐森林，以及各种原因诱发的森林大火，使森林大面积减少，森林吸收二氧化碳的量也随之减少……这使得温室效应不断增强。有科学家预测，如果二氧化碳在大气中的含量增加一倍，全球平均气温将升高1.5℃～4.5℃，两极地区气温可能升高10℃。全球温度上升，极地冰层将不可避免地融解，这会直接引起海平面的上升。如果海平面升高1米，直接受影响的土地约为$5×10^6$平方千米，人口约为10亿，直接受影响的耕地约占世界耕地总量的三分之一。[②]如果温室效应加剧问题不能真正解决，全球气温将持续升高，给人类带来无法估计的灾难。

解决全球气候变暖问题需要所有国家共同努力，因为一国的生态环境恶化，必然影响到其邻国甚至全球大部分地区。

2020年11月4日，美国正式退出《巴黎协定》，引起全世界哗然。2016年4月正式生效的《巴黎协定》的长期目标是将全球平均气温较前工业化时期上升幅度控制在2℃以内，并努力将温度上升幅度限制在1.5℃以内。美国退出《巴黎协定》，意味着占全球10%的温室气体排放得不到控制，这对于应对气候变化而言是个非常不利的消息。

全球气温升高导致气候变化加剧，各种极端天气频现，加重了气象灾害。极端天气会造成全球降水量的分布变化，可能给森林覆盖率低的国家和地区带来旱灾，而沿海地区等容易形成洪涝灾害。旱灾不但影响农业生产，而且会加重荒漠化的形成，继续减少森林覆盖面积。森林面积大量减少，水的蒸发速度将进一步加快，海平面进一步上升，从而形成恶性循环，气候将更加恶劣，人类生存将更加艰难。

极端天气必然影响工农业生产，造成自然生态系统失衡。粮食生产离不开良好的气候条件，极端天气频现必然减少农业收成。如果粮食生产不能满足人类的生存需要，必将造成严重的后果。极端天气也容易引起病菌和细菌滋生，造成疫情泛滥，对人类的身体健康影响很大。

二、人口快速增长对生物多样性的影响

（一）生物多样性危机

生物多样性是指一定范围内各种各样的有机体（动物、植物、微生物）有规律地结

① 马越.太阳能驱动CO_2/H_2O制烃理论与电解系统构建研究[D].大庆：东北石油大学，2015.

② 杜启洪.低碳重新定义我们的生活[J].走向世界，2014（1）：22-25.

合所构成的稳定的生态综合体。

生物多样性的内涵十分丰富，它既包括湿地、森林、草原、海洋等生物栖息地与生物之间相互作用形成的生态系统的多样性，也涵盖野生动植物的物种多样性。近年来，生物的基因多样性作为生物多样性的重要组成部分也逐渐被人们认识到。[①]生物多样性保护对建设生态文明至关重要，可以说，生物多样性是生态文明的根本。

生物多样性是维系整个地球生态圈的重要因素，它为包括人类在内的所有生物提供了赖以生存的各种资源。比如，湿地生态系统可以净化水，有助于防止洪涝与干旱灾害；森林是地球之肺，可以净化空气，并且为动物提供栖息地与优美的自然环境；现代医学所使用的药物中有25%来自雨林植物，而70%的抗癌药物是直接提取自野生植物或受其启发合成的药物。随着人类对野生动植物天然生存地的破坏与过度开发，生态系统的多样性遭到破坏。动物与动物、动物与人类之间的接触更加密切，这为人畜共患疾病的传播创造了理想的条件。据统计，70%新出现的传染病来自野生动物。[②]所以，保护生物多样性就是保护人类自己。

生物多样性是地球维持生态平衡的重要标志，然而，由于各种主客观因素，生物多样性正在逐渐减少。据统计，66%的陆生脊椎动物已经成为濒危物种和渐危物种，海洋和淡水生态系统中的生物多样性也在不断减少和退化，处于相对封闭环境中的淡水生态系统的变化尤为明显[③]。现阶段全球每天约有75个物种灭绝，每小时约有3个物种灭绝。由于食物链的作用，每消失一种植物，往往有10～30种依附于这种植物的动物和微生物也随之消失[④]。

生物多样性减少的原因有很多，主要有以下三个方面。

一是野生生物栖息地被破坏。比如草场沙漠化导致某些生物物种被迫迁移，人们为了争夺更多的土地肆意侵占湿地（如填埋湿地搞基建），为追求经济增长而牺牲生态环境（如开发旅游资源时破坏生态环境，开发矿产资源时破坏森林）等。野生生物栖息地被破坏，最终将危害人类自身健康和安全。据报道，马来西亚暴发的尼帕病毒（Nipah Virus）与蝙蝠丧失栖息地紧密相关。从1998年9月到1999年4月，仅仅半年时间，马来西亚出现了260多例感染尼帕病毒的流行病学异常脑炎病人，其中100多人死亡，病死率高达48%，病愈者康复后也有后遗症。[⑤]

① 周晋峰.生态文明时代的生物多样性保护理念变革[J].人民论坛·学术前沿，2022（4）：16-23.

② 构筑同一健康，加强野生动物疫病防控，周晋峰与病毒学家召开讨论会[EB/OL].（2022-02-07）[2022-04-25]. https：//www.sohu.com/a/521160980_100001695.

③ 崔达.全球环境问题与当代国际政治[D].苏州：苏州大学，2008.

④ 郭小燕，丁丽.全球变化对自然环境和人类社会的挑战[J].北方环境，2012（4）：1-5.

⑤ 来自果蝠病死率48%的尼帕病毒离我们还有多远？[EB/OL].（2020-04-29）[2022-01-16].https：//www.thepaper.cn/newsDetail_forward_7192932.

二是人类对于野生动物的肆意捕杀和贩卖。一些人在经济利益驱使下对大量野生动物进行捕杀和贩卖，使得珍稀野生动物的数量越来越少，这种行为带来的生物多样性危机，已经将人类自身置身于“第六次生物大灭绝”的危险之中。

三是抗凝血灭鼠药及其他相关农药的过量使用。抗凝血灭鼠药及其他相关农药过量使用使得环境污染加剧，直接影响生态系统各个层次的结构、功能和动态，进而导致生态系统退化，生物多样性减少。①

每一个物种都是生物链的组成部分，生物链的残缺或断裂将影响整个生态环境的正常运行。而物种的丧失，在很大程度上减少了自然和人类适应变化的选择空间。生物多样性的减少，必将使人类生存环境趋于恶化，限制人类生存发展机会的选择。②

在“绿水青山就是金山银山”的理念指导下，我国政府提出了一系列战略措施，以建设中国特色生态文明。在国家总体发展规划和专项生态规划中都明确了生物多样性保护的总体目标。我国于1992年签署《生物多样性公约》。1994年6月，原国家环境保护局和其他有关部门提出了“中国生物多样性保护行动计划”。2010年，原环境保护部与20多个部委联合制定了《中国生物多样性保护战略与行动计划（2011—2030年）》。2016年，我国“十三五”规划纲要将生物多样性保护作为重要内容。我国在具体的生态多样性保护行动中也做出了突出的贡献，例如，建立了多个国家自然保护区，加大了濒危物种保护力度。

维护生物多样性必须在全球范围内采取共同行动。1992年6月，超过150个国家签署了《生物多样性公约》，以实现保护和可持续利用生物多样性的共同目标。我国一直高度重视生态文明建设，积极推动全球生物多样性治理进程，是签署《生物多样性公约》的首批缔约国之一。《生物多样性公约》缔约方大会第十五次会议第一阶段于2021年10月11日至15日在中国昆明召开。习近平主席出席大会并致辞。大会上国内外嘉宾围绕“应对气候变化与保护生物多样性”等议题进行讨论，并发布了共建全球生态文明、保护全球生物多样性的倡议。地球上的生态危机问题，不是哪个国家能够独立解决的，必须国际社会共同发力、共同担当，齐抓共管、齐心协力。③

（二）人口快速增长的现状

西方学者曾提出人口快速增长必然会造成全球资源快速枯竭的论断。该论断提出后，得到了世界上很多学者的认同。事实上，如果人口快速增长，以发展经济为目的无限制地开发各种资源，同时在使用资源过程中铺张浪费，自然会造成资源的快速枯竭。

18世纪60年代第一次产业革命爆发，人类发明了各种机器，步入了工业社会，人口数量剧增。世界人口在17世纪约为4亿，到1990年约为52亿，预计到2050年将达到近

① 生物多样性被破坏的原因[EB/OL].（2010-06-01）[2022-1-16]. https：//gongyi.qq.com/a/20100601/000044.htm.

② 宋晓东. 反全球化运动剖析[D]. 北京：外交学院，2008.

③ 周晋峰. 生态文明时代的生物多样性保护理念变革[J]. 人民论坛·学术前沿，2022（4）：16-23.

100亿，特别是亚洲、非洲、南美洲等发展中国家人口会急剧增多。[①]而且人口翻番的时间越来越短，世界人口从5亿增加到10亿用了200余年，从10亿到20亿用了100多年，从20亿到40亿用了不到70年，估计人口再翻一番仅需要35年。[②]

人口快速增长有以下几种原因。

第一，人类生活条件逐渐变好，饮食营养搭配更加合理，锻炼身体的意识逐渐增强，对待生活的信心也增强了。

第二，随着医疗科技不断创新、医疗条件不断改善、医疗环境不断优化，人口死亡率日趋下降，人类平均寿命不断提高，这在增加人口的同时也产生了人口老龄化的问题。

第三，一些发展中国家经济不够发达，对于人口爆炸的危害认识不够，没有优生优育的认识，更没有对资源加速枯竭的担忧，“愁生不愁养”的思维严重，这也是人口快速增长的原因。

人口快速增长会带来一系列问题。首先，人口快速增长会加剧环境污染。环境污染不仅会降低人们生活的幸福指数，还会使一些动植物以及微生物的生存受到威胁。

第四，人口快速增长，农业生产压力必然加大。一方面，我们需要更多的粮食来满足快速增长的人口需要；另一方面，全球粮食生产与气象条件直接挂钩，而人口快速增长带来的全球气候变暖、温室效应、臭氧层变薄（空洞）等环境问题又加重了自然灾害的形成，造成粮食减产。

第五，为了满足人类生产生活的需要，提升人类的物质及精神水平，人口快速增长后，工农业生产必然加速运行，也就意味着各种矿产资源、能源资源快速耗损，资源危机迫在眉睫。甚至有学者认为，现代世界人口的增长已经超出了土地和自然资源的负载力，如果人口增长不能得到有效控制，人类将面临毁灭性的灾难。

三、自然环境破坏危机

（一）水资源危机

1. 淡水资源危机及其原因

世界上任何一种生物都离不开水，人们贴切地把水比作“生命的源泉”。随着地球人口的剧增，社会经济的迅速发展，淡水资源变得尤为珍贵。据报道，2011年世界上有100多个国家和地区缺水，其中28个国家严重缺水；专家预测再过20到30年，严重缺水的国家和地区将有46～52个，缺水人口将为28亿～33亿。[③]我国600多座城市中，有300多座城市缺水，每年缺水量达58亿立方米，这些缺水城市主要集中在华北、沿海和省会

---

① 人口增多的危害[EB/OL].（2017-12-15）［2022-01-26］.https：//wenda.so.com/q/1458737784721761.

② 王凯，杨绍陇.基于哲学角度对生态平衡的思考[J].黑河学刊，2013（5）：20-21+45.

③ 王邓红.生物接触氧化——超滤膜小区中水回用应用研究[D].杭州：浙江工业大学，2011.

城市、工业型城市。[①]我国北方和沿海大部分地区水资源严重不足，据统计，我国北方缺水区域总面积达58万平方千米。[②]

第47届联合国大会确定每年3月22日为"世界水日"，号召世界各国高度重视全球普遍存在的淡水资源紧缺问题。据联合国统计，20世纪末，全球淡水消耗量比20世纪初增加了六七倍，是人口增长速度的3倍。[③]

我国被联合国认定为世界上13个最贫水国家之一，且我国淡水资源分布不均匀，淡水资源已经成为制约华北、东北、西北和沿海地区经济发展的瓶颈。有专家估计，到2030年，我国缺水量将达到600亿立方米。[④]

世界上的淡水资源是有限的。地球表面虽然有三分之二被水覆盖，但只有不到1%是可以食用的淡水。在这仅有的1%淡水中，25%为工业用水，70%为农业用水，只有约5%的淡水可供饮用和其他生活用途。[⑤]随着全球人口的迅速增加和人均收入水平的提高，全球淡水资源紧缺的局面正在逐渐显现。[⑥]世界气象组织警告称，在过去的20年时间里，地球的地下水水面一直在以每年1厘米的速度下降，预计到2050年全球将有50亿人面临水资源短缺问题。如果不能阻止地下水水位下降，全球水资源的短缺将会对人类的生产和生活带来严重的影响。

淡水资源减少和淡水资源危机形成的原因主要有以下几点。

一是全球气候变暖。全球气候变暖，地表温度升高，冰川融化，大量水资源不能及时沉降到地下，使得海水增多，海平面上升，淡水和咸水融合，变成了难以利用的海水。

二是人类对水资源的污染和破坏。人类没有合理使用淡水资源，大量水资源被污染。比如，采矿企业直接利用地下水进行作业，环保不达标的企业非法排污，环保达标企业排污过程中为节省成本，将没有达标的污水与达标的污水同时排放。水被污染后不可利用，只能随江河流入大海。还有很多地方直接利用地下水灌溉农田，造成地下水水位下降。

三是人口增加。世界人口不断增加，对水的消耗需求也随之加大，于是地下水抽取量越来越大，这势必造成地下水水位降低，淡水资源紧缺。除了居民对直接饮用水的需求加大之外，相关行业对饮用水的需求也越来越大，比如乳制品、肉类及其制品等水资源密集型食物的生产需要消耗大量的饮用水。

四是乱砍滥伐。生态环境的不规范、不科学开发中经常出现乱砍滥伐现象，乱砍滥伐极易破坏植被，导致水土流失，而且会影响局部气候，造成干旱少雨、旱涝不均。没

---

① 洪翩翩.工业化与环境危机[J].环境教育，2013（4）：24-26.

② 蒸馏法海水淡化实验报告[EB/OL].（2017-04-10）[2022-01-26].https：//www.docin.com/p-1890925151.html.

③ 詹红菱.反渗透（SWRO）海水淡化高压泵的选型方法[J].中国建设信息（水工业市场），2009（10）：23-26.

④ 吴鸣.海水淡化技术的发展与应用[J].节能与环保，2015（6）：54-57.

⑤ 学工动态.资环院学风建设推进会顺利举行[EB/OL].（2019-11-9）[2022-1-16].https：//zhxy.hunau.edu.cn/xsgz/ xgdt/201911/t20191114_274337.html.

⑥ 彼得•罗杰斯.决战淡水危机[EB/OL].（2008-09-19）[2022-01-16].http：//www.chinacitywater.org/hyfx/hyzs/65558.shtm.

有植被的保护，地面水的蒸发量增加，水资源的正常循环也遭到破坏，地下水水位因而下降。

五是海水侵夺。海平面上升的直接表现是海水侵入海岸周围的土地，淡水变成海水，造成沿海土地盐渍化，进而影响海岸、入海口自然生态环境，影响生态物种的变化，减少人类的生存空间。

淡水资源短缺不仅影响农业灌溉，使农作物减产，影响粮食供应，还会造成生态环境恶化，动植物和微生物灭绝或减少，进而影响人类的生产生活。淡水资源短缺还会使部分城市地下水枯竭，难以满足饮水需求，且严重影响工业生产，进而影响经济发展。淡水资源危机也会对世界和平构成威胁，对水资源的争夺，很可能会成为地区或全球性冲突的潜在根源和导火索。①

2. 海洋资源破坏

海洋资源一般指海洋中的生产资料和生活资料的天然来源。海洋资源包括海洋矿物资源（如石油、天然气、可燃冰、煤及其他矿石资源等）、海水化学资源（已经发现的海水化学物质有80多种）、海洋生物资源（主要是水产品，如鱼类和藻类等）和海洋动力资源（如潮汐能、波浪能、海流能等）。②世界水产品约85%来自海洋，主要是鱼类，还有部分是藻类。

海水污染是海洋资源遭受破坏的主要原因。海水污染类型主要包括石油及其产品污染、金属和酸碱类物质污染、农药污染、放射性物质污染、有机废弃物和生活污水排放污染、热污染和固体废弃物污染等。

海洋资源遭受破坏带来的危害非常严重。海洋微生物被污染后，有害物质将在生物链（食物链）中沉积，最终通过水产品进入人体，进而损害人类身体健康；海水严重污染还会造成生物多样性降低，死亡和变异率上升，甚至濒临绝境。

（二）有毒化学品污染以及垃圾成灾

1. 有毒化学品污染

有毒化学品是指进入环境后可以通过环境蓄积、生物蓄积、生物转化或化学反应等方式损害机体健康和环境，或通过接触的方式对人体产生严重危害的化学品。③

造成有毒化学品污染的情况主要有以下几种：一是有毒化学品管理不善，在生产、运输、使用、丢弃过程中造成泄露、挥发、爆炸等，使有毒化学品进入环境；二是工业生产

① 徐明华.严格水资源管理保障可持续发展[EB/OL].（2010-03-23）[2022-01-16].https：//hnrb.voc.com.cn/hnrb_epaper/html/2010-03/23/content_186998.htm.

② 郭建科，董梦如，郑苗壮,等.海洋命运共同体视域下国际海洋资源战略价值评估理论与方法[J].自然资源学报，2022（4）：985-998.

③ 张景.我国水产品行业风险因素分析[J].食品安全导刊，2017（3）：73.

的环保措施不到位（不达标或损坏），致使有毒化学品进入环境；三是自然环境中的放射性物质造成环境污染；四是食源性有毒物质污染（如农药残留、兽药残留、霉菌毒素滋生等）、食品加工过程中形成的某些致癌物和致突变物（如亚硝胺等）进入食品造成污染；五是电气类的工业污染物（如二噁英）等造成污染①；六是荷尔蒙类化学品物质对人类造成危害。美、日、欧等20多个国家和地区近50年的调查表明，荷尔蒙类化学品物质进入人体后会干扰雄性激素的分泌，长期接触这类化学品的男子很可能出现雄性激素退化。

2. 垃圾成灾

垃圾是指人们不需要的或无用的固体或流体物质。世界上无害化处理垃圾的成本太高，因此很多国家通常采用的垃圾处理方式是填埋、堆肥和焚烧三种。如果因为设备设施以及成本问题，不能及时进行垃圾处理，或者处理方式不当，就会造成垃圾成灾。

填埋的处理方式简单快捷，但是要占用大量的土地，且垃圾中的有害成分无法消除，可能散入空气中污染环境；填埋的难以溶解的塑料类废品和其他不挥发的有害物质在雨水的作用下，会渗透到地下水中，对周围的土壤及地下水源造成严重污染，农作物吸取了有毒的重金属类物质，被人食用后也会严重影响人类的身体健康。

堆肥的处理方式要求对垃圾进行分类分拣，要求垃圾的有机物含量较高。同时，分拣出来的有害垃圾还要进行填埋或焚烧处理，其处理成本相对填埋方式要高很多。②

焚烧的处理方式是将垃圾放在高温及供氧充足的条件下，使垃圾经过热分解、燃烧、熔融等反应进行减容，成为残渣或者熔融固体物质。采用焚烧的处理方式要避免垃圾中的重金属、有机类污染物等再次被排入环境。③由于现阶段的技术局限，焚烧垃圾时，还是有少量有毒气体被排入大气中。

不少地方垃圾过多，焚烧设备不够，焚烧不及时，垃圾堆积时间长，对环境带来了很多消极的影响。首先，垃圾危害人类生活环境。露天堆放的垃圾得不到及时处理的话，其中大量的有毒物质会随雨水横流，有毒气体将肆意挥发，垃圾场周围臭气冲天，严重污染人们的生活环境。

其次，垃圾污染土壤。工业垃圾（特别是废弃的矿渣）如果填埋处理不当，会严重污染周边的森林植被和农田，造成农作物减产，严重时甚至会导致粮食类产品因受到污染而不能食用。

再次，垃圾严重污染水源。垃圾在腐败的过程中，会产生大量的酸性和碱性有机污染物以及病原微生物，垃圾中的有害重金属也会（溶解）析出④，在雨水的作用下，这些

① 别让病从口入[EB/OL].（2020-01-23）[2022-01-23].http：//jwb.enorth.com.cn/system/2020/01/23/037946330.html.

② 农村环境保护现状及治理措施[EB/OL].（2020-01-23[2022-01-23]https：//www.360kuai.com/pc/94f3784990e21bc86?cota=4&tj_url=so_rec&sign=360_57c3bbd1&refer_scene=so_1.

③ 垃圾焚烧活性炭[EB/OL].（2022-01-23）[2022-01-23].https：//www.shjp-tf.com/product-70598-97367-211698.html.

④ 文昊深.城市生活垃圾高温好氧堆肥工艺优化研究[D].重庆：重庆大学，2004.

有害物质沉入地下、进入河流，严重污染地下水；有的污染水、漂流物品（如塑料类废品）、重金属分子（离子）、酸碱类物质会随江河流入海中，对海水造成污染，海水被污染后，海产品（如藻类和鱼类）也会被污染，食用污染了的海产品将直接影响人类的身体健康。

又次，垃圾占用大量的土地。据相关数据统计，北京市日产垃圾1.84万吨，如果用装载量为2.5吨的卡车首尾相接来运输，长度接近50千米，能够排满三环路一圈。并且北京每年垃圾量以8%的速度增长。上海市每天生活垃圾清运量高达2万吨，每16天的生活垃圾就可以堆出一幢金茂大厦。广州市每天产生的生活垃圾也多达1.8万吨。[①]

最后，垃圾传播疾病。生活垃圾是细菌、病毒、寄生虫等的滋生地和繁殖地，蚊蝇、飞鸟、老鼠在垃圾场（垃圾填埋场）出没，会将垃圾中的病原体带到其他地方，严重危害人类身体健康和生命安全。[②]

（三）资源枯竭危机

地球上矿产资源和能源资源是有限的。人类社会的发展要消耗大量的矿产资源和能源资源。如果全球矿产资源和能源资源持续不断地被消耗，它们终将慢慢枯竭。

矿产资源和能源资源枯竭的根本原因在于地球上矿产资源和能源资源的储量是有限的，而人类开采利用的消耗量是持续累加的。随着科技的发展，矿探技术不断进步，新的矿产和能源不断被发现并开采出来，全球已探明的矿种储量和能源储量持续增加。但是，这种增加是暂时的、表面的，矿产资源和能源资源不可再生，如果不加节制地开采，人类终将耗尽所有的矿产资源和能源资源。

过度开采矿产资源和能源资源的危害不容小觑。一是人们在利用和消耗矿产资源和能源资源的过程中，会排放大量废气、废水和废渣，许多难以处理的废弃物对环境造成了一定程度的影响，如汽车尾气对大气的污染、氟利昂等对臭氧层的破坏等。同时，废弃物对人类及其他生物也会产生一定程度的直接危害。随着有害废弃物不断累加，生态平衡遭到破坏，一些珍稀动植物遭到灭绝或濒临灭绝。此外，废气、废水、废渣的排放还会损毁、污染周围大量的土地，有毒有害物质被农作物吸收后，其中残留的有毒矿物元素会直接危及人类身体健康。核泄漏污染和石油泄漏污染等，也会使环境遭受严重污染。二是矿产资源和能源资源减少，必然限制某些工业产品的生产，对国家的经济产生影响，引发企业（集团）之间、地区之间、国家之间的残酷竞争；矿产资源和能源资源的枯竭，也必然会影响人类现有的生产生活。

---

① 超三分之一城市遭垃圾围城 侵占土地75万亩[EB/OL].（2013-07-19）[2022-02-04].http：//www.scio.gov.cn/37236/37262/Document/1600612/1600612.htm.

② 生活垃圾对环境的危害有哪些[EB/OL].（2020-04-21）[2022-01-23].https：//zt.pchouse.com.cn/279/2794597.html.

第二节 生态危机的成因及对策——以“崖沙燕栖息地危机”为例分析

随着生产力的发展、科学技术的进步，以及经济全球化进程的开展，人类对自然界的干预程度不断加深，全球范围内生态危机的严重程度也在急剧加重。生态危机已经成为严重制约人类社会进一步发展的重要因素。日趋复杂和严峻的生态危机问题是全世界共同面临的严峻挑战。不论是从理论还是和现实层面，人类都不得不积极探寻破解生态危机的有效对策。本节将以“崖沙燕栖息地危机”为例，阐释并分析生态危机问题的成因及对策。

案例思考

崖沙燕栖息地危机：年年上演，如何破局？[①]

崖沙燕不同于普通的小燕子，“旧时王谢堂前燕”说的是喜欢在檐前屋后筑巢、与人类毗邻而居的小燕子，而崖沙燕比较特殊，它们喜欢在远离人居环境，距离水源地不远的陡峭土崖上筑巢，因此它们被称为“崖壁建筑师”。靠近水源，可以保障它们有较为充足的食物来源，陡峭崖壁能够让它们最大限度地避开黄鼠狼、野猫等天敌，安心地抚育后代。

本来人燕各自为居，互不干扰，但近年来，却频繁发生崖沙燕栖息地危机。

一、崖沙燕繁殖地频遭“开发”困局

2020年3月下旬，中国绿发会志愿者举报称，当地河道附近的崖沙燕栖息地正在遭受破坏，起因为当地政府正在进行河道硬化整治工作。

志愿者在河堤附近进行了巡查和走访，通过询问施工工人和查阅网络资料发现，槐河河道整治从2012年就已经开始。基于1996年大洪水安全警示，在河北省级水利部门的大力支持下，元氏、赞皇两县的槐河河道整治工程相继立项并开工建设。整个槐河元氏段、赞皇段河道整治工程总投资约5435万元。2019年，有关部门认为未经整治的河道仍可能受到洪水威胁，于是决定再次发起槐河元氏段治理工程（后续），通过岸坡防护、坡脚沙坑回填等措施来固化河道。工程从河下游开始施工，逐步延伸到河上游（也就是现在崖沙燕的筑巢点）。虽然对河道进行了固化，但也因此对崖沙燕河堤上原有的栖息地造

① 刘慧雯，王静，唐玲，等.崖沙燕栖息地危机：年年上演，如何破局？[EB/OL].（2020-04-28）[2022-03-26]. https：//www.sohu.com/a/386474685_772593.

成了破坏。在调查中，崖沙燕专家组发现元氏县槐河河段的两处沙洲是附近唯一适合崖沙燕筑巢的地点，一旦遭到破坏，崖沙燕将无法进行筑巢繁衍。

石家庄元氏县是2020年中国绿发会首次收到的类似反馈的地点。但近年来，可以发现这种情况几乎每年都会发生。

2014年，《华商报》曾大幅报道陕西沣东新城高桥街办严家渠沣河桥下有百余个崖沙燕窝，希望它们得到保护，最终结果却是相关单位一边答应保护，一边偷偷将其毁掉，这样的结果让人们唏嘘不已。

2017年，在同样时节，一群崖沙燕在渭河北岸马家湾米家崖附近一处工地上落户，它们在工地施工形成的一处沙土崖壁上筑起巢穴。据《华商报》报道，崖沙燕筑巢地原本是一小土山，但当时已被天然气公司征用，计划建设一天然气加压站。施工过程中，小土山顶部被推平，南部也被施工机械挖成崖壁。当地人介绍，这些燕子一到春天就会飞来，然后在渭河边筑巢，2016年渭河治理，河道内这种沙土崖壁少了，燕子没有了筑巢的地方。刚好该工地施工时在小土山上挖出了一道崖壁，又赶上停工，急于寻找合适地方安家繁育后代的燕子们便在工地上筑起了巢。而一旦开始施工，在此筑巢的崖沙燕们将面临家毁巢亡的局面。

同样的事情，也发生在我国其他地方。2013年河南新郑，上万只崖沙燕在河南新郑某工地基坑断面上打洞筑巢，而工地需要赶进度，挖掘机时刻威胁着燕子的家园。

2019年5月，在郑州市某建筑地有大量崖沙燕的巢穴被大网盖住，外出觅食的燕子爸妈出门后却回不了“家”，只能眼巴巴地看着嗷嗷待哺的燕宝宝饿肚子，着急地在崖壁前盘旋。

看似孤立的一个个问题，其背后有着共性，即人类建设活动正在与崖沙燕栖息地发生着越来越多的冲突，且这种冲突可能会对崖沙燕族群带来毁灭性的灾难。

二、住“窑洞”的崖沙燕，何去何从？

崖沙燕是迁徙鸟类，喜群居，每年四五月份，它们会从南方飞回北方，在河北、河南、陕西等地筑巢。它们筑巢的方式很独特，主要是在土崖上挖一个微型小窑洞，在里面产卵、孵化，幼小的崖沙燕宝宝破壳而出后，会在洞里长到能飞翔为止。曾有2000多只崖沙燕在河南开封县一家砖厂的大土方上筑巢生儿育女，巢穴有1000个左右。据相关研究，崖沙燕对筑巢的地点具有很高的要求，巢多筑于水边沙质硬土悬壁的沙土与黄壤交错的沙土层，且主要选择沙土顶部与黄壤交界的部位，并避开人为扰动过的土层，尤其是回填的垃圾。

郑州师范学院教授李长看对河南地区崖沙燕进行了多年的研究和观察。他经考察发现，郑州地区有10处崖沙燕巢区，其中7处位于施工工地，除1处外基本不具备繁殖的条件，另3处则是近乎天然的环境。他还发现喜欢集群生活的崖沙燕选择栖息地的基本条件有以下几点：一是沙质断崖，利于打洞为巢；二是周边约2000米内有水源地，便于捕食水生昆虫及小型水生动物；三是附近有大面积的农田、草地、林地，有较为充足的植食性食物及昆虫。

让我们再回到最近发生在河北石家庄元氏县槐河某河段的崖沙燕栖息地困局。相关调查显示，崖沙燕每年4月份飞到这里挖洞筑巢，5月份产卵孵化，5月底小鸟出生，之后还需要一个月的时间育雏，6月底小燕子出巢。此河段有着较为安逸的自然环境，因此一直是崖沙燕、黑鹳和白鹭的繁殖地，但由于槐河河道整治，加上周边景观建设，河道进行了硬化，崖沙燕面临着生存危机。保护好这一栖息地，对于这些物种来说，具有非常重要的意义。

一边是出于人类自身利益而开展的防洪堤坝建设和景观设计开发，另一边是崖沙燕赖以生存繁衍的自然栖息地环境，这是一例典型的开发建设与野生动物环境保护相冲突的案例。

三、解决措施

（一）召开专家研讨会

针对上述问题，2020年4月1日，中国绿发会主持召开了“元氏县崖沙燕保护专家研讨会”。针对河北石家庄元氏县崖沙燕繁殖地因河道工程建设遭受破坏的问题，20余位专家学者、保护工作者、志愿者、社会组织代表和其他有关人员进行了讨论。这也是我国首次就基础设施建设工程对崖沙燕这一迁徙物种的栖息地造成的影响而召开的环境影响评估会议。

结合志愿者在施工现场发回的视频资料，专家们进行了详细分析，并一致认为崖沙燕所栖息的河道内沙洲不影响防洪和排水，应保留原状，避免因施工开发遭受破坏。同时专家建议，保留崖沙燕栖息沙洲的工作可以和当地开展的景观建设有效结合，因为崖沙燕巢穴本身就是非常独特的景观资源，可对已遭受局部破坏的沙洲进行重新规划，将其建设成科普教育、生态文明展示和生态旅游基地。

（二）当地政府相关机构积极做好崖沙燕保护工作

有效的推动总能带来积极的改变。4月3日，元氏县水利局发布通知表示：本着河道安全行洪、保护生态、保护野生动物的原则，将充分尊重专家和社会意见，吸纳合理化建议，力争将槐河湿地打造成人与自然和谐共生的新景观。

4月4日，在中国绿发会崖沙燕工作组考察结束第二天，元氏有关部门与中国绿发会黑鹳保护地、中国绿发会崖沙燕保护地迅速在崖沙燕巢穴所在的两块沙洲设立了保护牌，并用铁护栏进行围圈，避免施工人员或其他群众对此块区域进行破坏。这种为崖沙燕划定生态“红线”的举措，凸显了当地做好崖沙燕保护工作的力度和决心。

当然，光划定“红线”还不够，为合理规划两块沙洲，真正为崖沙燕留下适宜的居住环境，元氏县有关部门领导与中国绿发会位于石家庄的两位中华保护地主任，不顾大风蓝色预警，前往现场确定了第二个沙洲南北保留界限，为即将迁徙而来的崖沙燕留下了它们熟悉的繁殖家园，同时对沙洲进行细微调整，增加沙洲断面和陡峭度，使其更适合崖沙燕生存。

社会各界对此事后续发展亦充满期待，期待崖沙燕的再次到来，期待在这里诞生更多的新生命，期待这里成为鸟类的天堂！

案例启示

“生态文明”建设为崖沙燕提供落脚点

在中国绿发会崖沙燕工作组为崖沙燕的事情不断呼吁期间，习近平总书记抵达了浙江余村，提出“绿水青山就是金山银山”。“生态环境优势转化为生态农业、生态工业、生态旅游等生态经济的优势，那么绿水青山也就变成了金山银山。”

崖沙燕面临的生存困境，折射出一些地方在生态文明建设上存在的误区，这些误区集中体现在建设工程对环境影响评估不足，甚至将造假、不规范的环境评估报告作为一些项目实施的“敲门砖”和“铺路石”。而一些小项目施工往往说干就干，没有考虑生态与环境因素。这也就导致诸多人与自然发展不和谐的情况出现。

对于崖沙燕的保护应实现绿水青山和金山银山的兼顾。保护好鸟类等野生动物，亦是各地推进生态文明建设的重要方面。

4月3日，中国绿发会崖沙燕保护工作组收到元氏县林业部门负责人的邀请，赴元氏县参加调研活动，希望能够通过有效沟通，扫除障碍，推进崖沙燕保护工作。中国绿发会秘书长周晋峰博士作为专家组代表参与了此次调研，并强调：环境影响评价是生态环境治理体系的基础性制度，也是生态工程建设的有力抓手；要以习近平生态文明思想为指导，加强生态文明建设，划定生态保护“红线”，为可持续发展留足空间，为子孙后代留下天蓝地绿水清的家园。

保护好崖沙燕，就是在守护绿水青山，而且是把绿水青山建设放在首位、切实践行生态文明的做法。新时代要体现新观念，比如，将景观建设与生态旅游观念充分结合，以最小的自然资源代价，最大限度地满足人类需求，同时促进生态资源的开发。人类适度适量参与自然，不仅不会破坏自然，还会对自然产生积极作用。在这个过程中，亦会产生良好的社会经济价值，给当地社区带来福利与可持续发展的动力。

在守住保护底线的前提下，保护和发展是可以并行不悖的，秉持“保护就是发展，发展就是保护”的思想，才能使两者真正实现有机统一。

第三节 公共健康危机及其治理

公共卫生管理是一项非常重要的社会管理内容。公共卫生管理的主体是国家行政管理机构，客体是公民、法人或其他组织等。[①]公共卫生管理是政府的行政行为，具有组织性、互动性、开放性、强制性和适应性的特点。公共卫生事关人民健康和公共安全，是民生问题，更是社会政治问题。

突发公共卫生事件会给公众的身体健康、经济利益与社会稳定带来严重的影响，因此成了人们关注的重要内容。[②]2020年疫情暴发，我国在应对公共突发事件方面取得了丰硕成果，积累了宝贵经验。同时也不断提醒我们，在进一步完善重大疫情防控体制机制、健全国家公共卫生应急管理体系的同时，还应加强大学生的公共危机意识教育。

一、公共卫生管理危机的表现

近年来，公共卫生管理危机主要包括以下几方面。

（一）资源储备与前瞻性意识不足

公共卫生管理危机的表现之一就是资源储备与前瞻性意识不足，应对突发事件时捉襟见肘。比如，新冠疫情初期，各种医疗资源，包括口罩、防护手套等，面临短缺，为疫情的进一步传播提供了一定条件。而呼吸机等医疗资源的短缺对危重病人的治疗更是影响极大。

（二）传染性疾病的防控

传染性疾病是导致人类死亡的重要病种，它在历史上曾多次造成世界性的灾难。当前，传染性疾病的发病率及死亡率稳居世界第一，对人类健康构成严重威胁。比如，一些传染性疾病如结核病、疟疾等从未真正被控制，而一系列新的传染病相继出现。两次世界大战期间和二战后，某些国家人为研制传染性细菌和病菌并将其用于战争，更是严重违背人道主义精神，给人类带来了极大的危害。对于传染性疾病的防控，需要全世界所有国家联合起来。

（三）我国国内公共环境卫生等方面存在的问题

我国作为发展中国家，在公共环境卫生等方面还存在不少问题。

---

① 肖颖.公共卫生管理体制的改革分析[J].中国卫生产业，2017（6）：172-173.

② 朱丽德孜·哈依那尔.公共危机的协同治理——以突发公共卫生事件为例[J].国际公关，2022（21）：22-24.

一是我国国内的医疗保障体系不平衡。这种不平衡主要存在于城市与城市之间、城市与农村之间，且差距较大。经济发达的城市如北京、上海等城市医疗资源好、医疗水平较高，三四线城市医疗资源差、医疗水平较低，大部分农村医疗条件都还十分简陋。

二是我国公共环境卫生管理水平参差不齐。有的城市达到了全国卫生城市的要求，有的城市在环境卫生方面还有很多不足。不仅城乡差距大，不同地区的农村与农村之间的卫生管理水平也差距极大。

三是大部分城市在医疗卫生方面财政资金投入不足。很多城市的环境卫生设施（如公共卫生间、环卫站等）建设不足，比如环卫站的建设数量不能达到及时处理垃圾的程度，许多公共场所成为环境污染的场地，未得到及时处理的垃圾场成了霉菌、病毒繁殖的场所。

四是存在食品安全问题。现行的管理存在不到位的问题导致食品安全事故时有发生。比如在食品生产过程中使用过期劣质食材，超标使用致癌类防腐剂，使用非环保塑料包装食品。

五是全民素质亟待提高。在公共场所（如小区电梯内、公园无人的角落等）应避免做出抽烟、随地吐痰、乱丢垃圾等不文明行为；带宠物出门时，要及时处理宠物的便溺等。这需要在社会上普及环境保护意识，引导民众自律自爱、遵纪守法，让环境保护理念入眼入脑入心。

二、公共健康与政府治理

世界卫生组织在其宪章中明确提出，健康不仅仅是没有疾病和衰弱的表现，而且是生理上、心理上和社会适应方面的一种完好状态。公共健康是人类社会存在与发展的重要财富，也是提高国民素质、加速经济增长的基本条件。中国经济近年来处在高速增长期，但并没有真正解决公共健康问题，公共不健康和健康不公平的现状实际上已成为制约社会发展的突出矛盾，为此政府必须坚持低收入人口优先受益原则，承担起加大公共卫生投资力度，加强公共卫生体系建设和进行全民公共健康道德教育的责任。

公共健康事业是一项代表所有公民利益的基本公共服务，要保障公共健康，需要社会制度的支持。也就是说，公共健康的维护依赖于公共政策，公共政策是对全社会的价值做权威的分配。①

政府的公共职能之一就是依据一定时期内的健康资源状况，建立起公平的公共健康服务体系、制定有效可行的公共健康政策，将公共健康服务放在优先发展的地位并平等地落实到每个公民身上，使其在常态的工作与生活中身心能够处在最佳状态并实现和谐

① 陈振明.政策科学[M].北京：中国人民大学出版社，1998.

发展；在各种威胁人类健康的流行疾病到来之前能够利用公共的健康机能储备“防患于未然”，或使公众的健康受到最低水平的伤害；在面临传染病突然大面积发生时能够及时启动突发公共卫生事件专项应急预案，有效控制和消除危机以恢复正常的社会生活秩序。

政府在公共卫生医疗与服务上的定位应当是以人民健康至上的理念为出发点，推进以疾控为重点的公共卫生治理体系的变革。通过制定和实施旨在投资于人民健康的基本公共卫生服务政策，在公共卫生领域实现新的政府治理模式，使有限的卫生资源得到充分利用，缩小因贫富不均形成的公共健康差距和社会成员享受基本公共卫生服务水平的差距，进而提高全体人民的健康水平。

《“健康中国2030”规划纲要》提出了我国的公共卫生体系建设目标。该纲要提出，到2020年，建立覆盖城乡居民的中国特色基本医疗卫生制度，健康素养水平持续提高，健康服务体系完善高效，人人享有基本医疗卫生服务和基本体育健身服务，基本形成内涵丰富、结构合理的健康产业体系，主要健康指标居于中高收入国家前列。到2030年，主要健康指标进入高收入国家行列，建立起覆盖全国、较为完善的紧急医学救援网络，突发事件卫生应急处置能力和紧急医学救援能力达到发达国家水平。比照这一目标要求，目前我国政府的公共健康治理效能还有很大的进步和完善空间。

要实现高质量发展，就必须以人民健康至上为前提。政府在公共健康治理上强化“大卫生、大健康”的管理体制设计，以适应全生命周期健康管理服务的要求。国家要实施“健康中国2030”战略，就要把以疾病防控体系为重点的公共卫生体系变革摆在突出位置，实现政府履行公共卫生职责法定化，完善政府购买公共卫生服务的机制，充分发挥社会力量的作用。同时加大卫生经费投入，扩大公共卫生领域的财政投入，公共卫生支出适当向农村和落后地区倾斜。加快建立全周期健康管理制度，建立健全健康教育体系，普及健康科学知识，教育引导群众树立正确的健康观。

·本章小结·

人类生存的地球目前正面临着全球性气候变化、生物多样性丧失以及自然环境破坏的三大危机。生态危机成为严重制约人类社会进一步发展的重要因素。在“崖沙燕栖息地危机”案例中，阐释并分析生态危机问题的成因及对策，试图以点带面回应这一困扰全世界的困境难题。本章还结合当前社会的热点话题“公共健康安全”展开讨论，认为公共卫生管理是当今社会发展中的一项重要内容，是实现高质量发展的重要一环，它对我们的政府治理能力提出了时代的考验。

· 教学检测 ·

思考题：

1. 当前世界正面临的危机有哪些？
2. 生物多样性减少的原因有哪些？

数字资源 4-1
思考题答案

· 生态实践 ·

数字资源 4-2
探索生态优先的
高质量发展新路

数字资源 4-3
谁让世界不安全？

第五章 生态文明建设的参与主体

学习目标：

1. 掌握生态文明建设的三大主体：政府、企业、公众。

2. 能够结合现实分析、解读三大主体在生态文明建设中的地位与作用。

3. 掌握本章出现的专业词汇：政府生态责任、绿色清洁生产、生态公民、公民生态文明意识。

生态文明建设不是某个政府机构的事，也不是某个企业组织的事，更不是某个个体的事，而是政府、企业、公众共同参与的事。在生态文明建设过程中，政府、企业、公民共同构成了社会生态文明建设的三大参与主体。本章通过理论结合现实，分析、解读三大主体在生态文明建设中的地位与作用，明确各主体如何做才能履行主体责任。

导入案例

国家生态文明建设示范区：湖北省十堰市竹溪县[①]

为深入践行习近平生态文明思想，落实全国生态环境保护大会精神，2020年11月，生态环境部命名表彰了第四批87个国家生态文明建设示范区和35个“绿水青山就是金山银山”实践创新基地。竹溪县被生态环境部命名为国家生态文明建设示范县。

竹溪县地处鄂、渝、陕三省市交界的秦巴山腹地，位于中国雄鸡版图心脏的位置，素有“朝秦暮楚地，自然中国心”之称。

① 中华人民共和国生态环境部.绿色发展示范案例（72）｜国家生态文明建设示范区——湖北省十堰市竹溪县[EB/OL].（2021-03-18）[2023-01-22].https://www.mee.gov.cn/ywgz/zrstbh/stwmsfcj/202103/t20210318_825147.shtml.

作为南水北调中线工程重要水源区和国家深度贫困县，竹溪认真贯彻落实习近平生态文明思想，积极对接湖北省“一芯两带三区”、十堰市“一心两翼三高地”区域和产业发展布局，扎实推进“两山”理念实践创新，用系统思维、底线思维、法治思维、改革思维积极开展国家生态文明建设示范县创建工作，以生态文明为引领、以生态规划为先导、以生态工程为抓手、以生态产业为核心，深化“文化+”“旅游+”“生态+”，实施“五大工程”，全域“六城联创”，举生态旗、打生态牌、走生态路、创生态业，探索出一条生态立县、生态富民、转型跨越的山区发展新路径。目前，竹溪县森林覆盖率达79.6%，植被覆盖率达84.3%，空气环境质量优良天数达标率为90%以上，水域监控断面水质达标率为100%。图5-1和图5-2分别展示了竹溪·安家沟和竹溪·茶园的优良自然风光。

图5-1　竹溪·安家沟

图5-2　竹溪·茶园

竹溪县先后获得“全国绿化模范示范县”“全国造林绿化百佳县”“全国珍贵树种培育示范县”“全国生态建设突出贡献先进集体”“全国电子商务进农村综合示范县”“中国茶业百强县”“中国生态自然景观旅游最佳目的地”“中国自然水域垂钓基地”“中国候鸟旅居小城”“中国最美乡村休闲旅游名县”“全国森林旅游示范县”“全国森林康养基地试点建设县”“国家卫生县城”“国家园林县城”等荣誉称号。

思考

竹溪县生态文明建设如此成功，政府、当地企业、民众分别起了什么作用？

党的二十大报告全面系统地总结了十八大以来我国生态文明建设取得的瞩目成就、重大变革，深刻阐述了人与自然和谐共生是中国式现代化的本质要求，对推动绿色发展、促进人与自然和谐共生作出重大战略部署。[①]到2035年，我国发展的总体目标包括广泛形成绿色生产生活方式，碳排放达峰后稳中有降，生态环境根本好转，美丽中国目标基本实现。[②]

早在党的十九大报告中，习近平总书记就把“坚持人与自然和谐共生”[③]列为新时代坚持和发展中国特色社会主义的十四条基本方略之一。报告第四部分把全面建设社会主义现代化国家新征程分为两个阶段：第一个阶段，从2020年到2035年，在全面建成小康社会的基础上，再奋斗15年，基本实现社会主义现代化，在这一阶段，生态环境根本好转，美丽中国目标基本实现；第二个阶段，从2035年到本世纪中叶，在基本实现现代化的基础上，再奋斗15年，把我国建成富强民主文明和谐美丽的社会主义现代化强国。到那时，我国物质文明、政治文明、精神文明、社会文明、生态文明将全面提升。[④]报告第九部分还专门论述了“加快生态文明体制改革，建设美丽中国”[⑤]。

习近平指出，要构建政府为主导、企业为主体、社会组织和公众共同参与的环境治理体系。[⑥]他明确指出政府、企业、社会组织和公众是维系社会正常运转的核心，是社会实践的主体，各主体必须担负起自己在生态文明建设中的责任。

① 党的二十大报告辅导读本[M].北京：人民出版社，2022：456.

② 习近平：高举中国特色社会主义伟大旗帜 为全面建设社会主义现代化国家而团结奋斗——在中国共产党第二十次全国代表大会上的报告[EB/OL].（2022-10-25）[2023-03-24]. http：//www. gov. cn/xinwen/2022-10/25/content_5721685.htm.

③ 习近平谈治国理政（第三卷）[M].北京：外文出版社，2020：19.

④ 习近平谈治国理政（第三卷）[M].北京：外文出版社，2020：22-23.

⑤ 习近平谈治国理政（第三卷）[M].北京：外文出版社，2020：39.

⑥ 习近平：决胜全面建成小康社会 夺取新时代中国特色社会主义伟大胜利——在中国共产党第十九次全国代表大会上的报告[EB/OL].（2017-10-27）[2023-03-01].http：//www.gov.cn/zhuanti/2017-10/27/content_5234876.htm.

第一节　政府在生态文明建设中的作用

当今的环境问题，不单纯是技术层面要解决的问题，也是急需解决的政治问题。在生态文明建设中，政府占据着不可替代的主导地位，生态行政建设在生态文明建设过程中起着关键性的作用。[①]《环境保护法》明确规定，各级地方政府对辖区环境保护负有主体责任。政府是国家权力机关的执行机关，是国家政权机构中的行政机关，是一个国家政权体系中依法享有行政权力的组织体系。它是国家公共行政权力的象征、承载体和实际行为体。政府发布的行政命令、行政政策、行政法规、行政裁决、行政惩处等，都应符合宪法和有关法律的原则和精神，都对所适用对象具有法律效力，并以国家强制力为后盾保证实施。

一、政府在生态文明建设中的作用

（一）完善法律法规，保障行政执法权

政府所履行的管理社会的任务艰巨而复杂，而生态文明建设工作具有高技术性特点，所以政府在处理环境问题时难以事无巨细。只有依法行事，才能克服行政执法行为的随意性、盲目性。因此，只有通过法律手段来强化政府的环境保护责任，用法律武器震慑环境违法行为，才能真正改善人民群众的生活环境，切实构建人与自然和谐发展的生态环境。

1949年以来，我国以环境保护为对象制定、颁布和修订了多项环境保护专门法以及与环境保护相关的资源法，逐渐建立了由适应市场经济体系的综合法、污染防治法、资源和生态保护法、防灾减灾法等法律组成的法律体系，为环境保护领域实现“有法可依”奠定了基础，使我国的环境保护立法工作实现了从无到有、从少到多、逐步完善的转变。

（二）运用行政手段推进中国生态文明建设

行政手段具有直接性、强制性和高效性，在生态文明建设过程中，有利于相关举措的贯彻执行。随着经济社会的快速发展，生态文明建设逐渐暴露出高成本、欠激励、短期效益不明显等局限性，导致国家意愿很难转化为地方和企业的自觉行动，且相关法律法规还存在一些不完善的地方。因此，要注重丰富与完善环境保护法律体系，优化行政手段，为政府在环境保护工作中提高行政水平与工作实效提供有力保障。

---

① 卢风.生态文明：文明的超越[M].北京：中国科学技术出版社，2019：220.

二、政府生态责任

（一）政府生态责任的内涵分析

根据《现代汉语词典》，“责任”一词有两种含义：一是指分内应做的事，即角色的职责和义务，例如教师责任、法官责任等；二是指没有做好分内应做的事情而应承担的过失，例如渎职责任。政府责任属于第一种含义范畴。政府责任是政府依据宪法和组织法在国家社会生活中取得特殊角色所形成的地位和职权，在性质上属于一种角色责任。法律赋予政府一定地位和职权以实现行政管理的目标，同时又赋予其通过活动为他人谋取福利的特殊职责。

生态环境问题一旦发生，其影响具有广泛性、长期性和不可逆转性，对当代人以及后代人都会产生巨大的影响。为了避免这种情况的发生，人们在追求现实生活的舒适和维护后代人的利益的同时，形成了保护生态环境的实际需求。为此，政府以公众利益维护者、代表者的身份，以满足公众需求为目的承担起了推动环境保护的责任。在环境污染和环境破坏问题日益严重的时期，西方国家率先通过立法确立了政府在环境保护中的地位，保护环境成为政府的一项重要职责，为解决生态环境问题提供了极大助力。因此，强化政府环境保护的责任是贯彻落实习近平生态文明思想的迫切需要，是根除环境顽疾的关键点和突破口，是建立、规范和约束政府行为长效机制的应有之义。

由此可见，政府生态责任是指政府作为生态文明建设的主体，在科学评估生态环境现状，保证促进经济、社会和人的全面发展的同时，承担起环境保护与治理的责任，形成政府、企业、公众和非政府组织多方参与的环境治理体系，保证生态平衡与社会的协调发展。

（二）政府生态责任的特征

随着经济高速发展，生态环境问题日益凸显。政府是国家行政管理的主体，具有保护环境的责任。各级政府在环境保护问题上，应从有利于环境保护的角度出发，积极行政，展现出政府生态责任的政治行政性和义务性。

1. 政治行政性

政府的一切权力是人民赋予的，为人民服务是政府始终如一的宗旨。人民将管理国家、管理社会的权力交付政府，政府必须对人民负责，为人民提供公共产品与公共服务。在生态文明建设中，政府的决策、协调、组织、监督等权力，也都是人民赋予的，因此，政府使用这些权力也一定要从人民的利益出发，为人民服务。所以说政府的生态责任具有政治行政性。

2. 义务性

社会中权利与义务一般是对应存在的，政府在发展经济、促进社会进步的同时，也要对所处的生态环境负责。不论是发展什么，政府必须站在人与自然和谐相处的角度，走可持续发展的道路，这是政府应尽的义务。一方面，政府要牵头主导生态文明建设；另一方面，政府要积极承担因失职失策带来的不良生态影响。所以说政府生态责任具有义务性。

三、政府的生态转型[①]

在当代中国，政府在生态文明建设中起着主导性作用。政府的生态转型是指政府树立起尊重自然、顺应自然、保护自然这一生态文明基本理念，并将这种理念渗透、贯穿于政策制定与实施的诸多方面，积极探索人与自然和谐共生的基本方式及实现路径。[②]其具体表现在以下几个方面。

（一）行政理念转型创新

党的十八大报告明确提出了未来政府在生态文明建设方面的工作方向。政府要积极转变行政理念，树立人与自然和谐共生、生态优先的理念。而要实现这一理念的转变，不仅要从生产方式和生活方式上做出根本性的变革，还要从思想观念上做出重大调整，这涉及利益格局的深刻调整和发展模式的转变。长久以来形成的以民为本的理念，也要在生态文明的指导下，进行适度调整，从而更好地实现人民的根本利益与共同利益。政府在推进社会发展过程中，要做到人与自然和谐相处，用科学的理念建立绿色、循环、低碳的发展模式，真正实现造福于民。

（二）生态职能得以凸显

传统的政府职能包括政治职能、经济职能、社会职能、文化职能四大方面，而生态职能蕴含在社会职能当中，在之前它并没有引起人们足够的重视。党的十八大报告将生态文明建设同政治、经济、文化与社会建设摆在同等重要的位置，说明生态职能成为政府的基本职能，这增强了政府的生态使命感、生态行政力。

（三）政绩考核明确生态指标

2016年，中共中央办公厅、国务院办公厅印发了《生态文明建设目标评价考核办法》，并下发通知要求各地区各部门结合实际认真贯彻执行。这一办法的出台，为推进生态文明建设、规范生态文明建设目标评价考核工作提供了具体的执行办法。其年度评价按照绿色发展指标体系实施，形成了各地区绿色发展指数，定期考核，并向社会公布，

① 贾卫列，杨永岗，朱明双，等.生态文明建设概论[M].北京：中央编译出版社，2013：126.
② 贾卫列，杨永岗，朱明双，等.生态文明建设概论[M].北京：中央编译出版社，2013：126.

使生态文明建设成为各地区各部门工作的评价指标，生态文明建设的重要性可想而知。政绩考核明确生态指标，有助于人们摒弃传统的盲目追求增长的政绩观，也将成为政府生态转型的一个基本标志和历史拐点。

（四）制度建设是政府转型的关键

作为中国梦的一个重要组成部分，“美丽中国”的生态文明建设目标在党的十八大第一次被写进了报告。习近平在主持中共十八届中央政治局第四十一次集体学习时谈到，要“推动形成绿色发展方式和生活方式”[①]。其中明确提出要完善生态文明制度体系。推动绿色发展、开展生态文明建设的关键在于建章立制，严格的制度、严密的法治、健全的资源资产管理体制，是推进环境保护督察、落实生态环境保护、提升公众参与度的关键。因此，制度建设是新时期政府转型的关键。

（五）加强环境监管是政府的重要责任

党的十八大报告指出：“要加强环境监管，健全生态环境保护责任追究制度和环境损害赔偿制度。”[②]各地区各级政府应加强对环境法律法规与环境保护规划实施情况的监督管理，优化环境行政执法方式。法律的生命在于实施，环境损害赔偿制度的有效落实取决于生态文明建设中法治理念的形成、物质基础的具备、司法能力的建设。因此，政府要引导社会形成用法律去理解和解决生态环境问题的良好意识与氛围；建设完善的环境损害鉴定机构、审判调解机构、在线监测系统；创新环境司法技术，保证法律的正确适用。

（六）加强生态文明宣传教育是政府转型的有效手段

习近平总书记指出，要加强生态文明宣传教育，增强全民节约意识、环保意识、生态意识，营造爱护生态环境的良好风气。这一重要论述指出了生态文明宣传教育的重要意义、重点内容和目标要求，为加强生态文明宣传教育、推进生态文明建设指明了方向。[③]

要着力增强“三个意识”：一是节约自然资源意识；二是保护环境意识；三是改善生态意识。通过生态文明宣传教育，引导人们理解人与自然间的相互关系，形成人与自然和谐相处的生态价值观。只有加强生态文明宣传教育，让公众具备良好的生态文明意识，才能保证生态环境保护目标的有效实现。

---

① 习近平谈治国理政（第二卷）[M].北京：外文出版社，2018：394.

② 十八大以来重要文献选编（上）[M].北京：中央文献出版社，2021：30.

③ 丁金光.进一步加强生态文明宣传教育[N].人民日报，2014-11-24.

第二节　企业在生态文明建设中的作用

党的十八大报告提出“大力推进生态文明建设”[①]。政府是生态文明建设的领导者，公民是生态文明建设的实践者，社会是生态文明建设的监督者，企业是生态文明建设的建设者，可见公民和企业是生态文明建设的实施主体。本节主要阐述企业在生态文明建设中的建设者地位。企业在履行生态文明建设责任时，需要树立生态文明意识，明确自身的生态文明责任，规范自身的生态文明行为，创新生态文明建设模式，这对建设生态文明、建设“美丽中国”有重要作用。

企业的生态文明建设，就是企业在追求自身利益的同时，维护自然生态平衡，处理好人与自然（包括资源与环境）的关系，为子孙后代留下继续发展的余地。如果某些企业为了眼前的利益，对资源进行掠夺式的开采开发，以破坏环境和损害公众健康为代价，那么这样的企业行为就是非生态文明行为。[②]

企业的经营范围十分广泛，包括生产、运输、销售、服务等各个领域。本节所说的企业主要是从事生产性活动的企业。企业是生态文明建设的主体之一，但在某些情况下，它又是生态文明建设的对象。企业在可持续发展中的作用十分重要。

一、企业在生态文明建设中的作用

企业对国家的经济社会发展影响很大，在国家的生态文明建设中也起着非常重要的作用。

（一）企业是资源、能源的主要消耗者

我国虽然资源丰富，但是人口众多，人均资源拥有量相对较低。目前，我国经济增长速度较快，资源消耗量大以及资源的过度开采，使资源短缺成为制约我国经济可持续发展的瓶颈。

（二）企业是社会财富的创造者、先进技术的应用者

企业消耗大量的资源、能源，通过生产过程把这些资源、能源转变为社会需要的产品和服务，为社会创造并积累了大量的财富，极大地改善了人民群众的生活条件，同时支持着社会的进步和发展。企业还缴纳了大量的税收，增强了国家的综合经济实力，国家因此有能力来促进教育发展、提升社会福利、开展减灾防灾和生态环境建设等，从而促进社会可持续发展。从这点来看，企业对国家的建设发展功不可没。

① 十八大以来重要文献选编（上）[M].北京：中央文献出版社，2021：30.

② 王舒.生态文明建设概论[M].北京：清华大学出版社，2019：91.

（三）企业是环境污染的主要责任者和生态环境的保护者

企业与生态环境间的关系有两方面。一方面，企业的生产行为可能会造成生态环境的破坏和污染。工业革命以来，各类工业企业的生产活动成为环境的主要污染源，其在生产活动中消耗大量的资源、能源，并向大气、水体和土壤排放大量的污染物，威胁着公众的身体健康和社会的稳定，制约了社会经济的可持续发展。另一方面，企业也可以促进生态环境的恢复和保护。党的十八大以来，国家进一步健全环境保护法律体系，促使企业管理者增强生态环境保护意识，激励和约束企业更多地关注环境保护，使企业向生态环境的恢复者和保护者方面转化。

二、企业在生态文明建设中的行为方式

企业在生态文明建设中的行为方式可以概括为消费、生产和环境保护三种。

（一）企业的消费行为

企业是一个消费单位，其消费的对象可以是初级产品即能源和矿产品等，也可以是次级产品，即由其他企业加工生产出来的产品。一般来说，一个企业生产的产品往往会成为另一个企业的消费对象，企业的消费行为对促进社会经济发展起到了积极的作用。可以说，消费刺激着生产，促进产品数量的增加和产品质量的提升，适度消费和节约资源是资源有限社会的必然要求。激进的超前的消费可能导致资源枯竭、环境恶化以及生态破坏。

（二）企业的生产行为

企业的生产行为是为社会创造财富的过程，是将自然资源或能源转化为社会所需产品的过程。但在生产过程的每一个环节，都有可能产生废水、废渣、废气等污染元素或污染物质。一方面，企业的生产行为增加了社会财富的积累，为社会和公众提供了各种可用的产品，带动了科学和技术的发展；另一方面，如果不注意自然资源的节约和综合利用，不开展清洁生产及污染的防治，生产行为将造成严重的环境污染和生态破坏，导致社会和企业自身的不可持续。

（三）企业的环境保护行为

随着经济、社会发展，当前企业的生产、消费行为对生态环境造成的压力越来越大，政府和公众对企业行为的要求和监督也越来越严格，这就迫使企业自觉或不自觉地实施一种新的行为——环境保护行为。企业采取保护环境的行为，无论是对社会的可持续发展，还是对企业自身的发展，其实都是有利的。

不少企业管理者已主动打出环保牌，积极地治理污染，但仍存在一些无视环境保护、无视污染治理的企业，它们这样做最终只会使企业自身失去生存机会。整体来看，环境保护已成为大部分企业的迫切要求。

三、绿色清洁生产

绿色清洁生产是指通过不断改进设计、使用清洁的能源和原料、采用先进的工艺技术与设备、改善管理流程和机制等措施，将环境保护策略贯彻于产品生产过程和使用过程，以期减少对人类和环境的风险。[①]绿色清洁生产需要对生产全过程和产品全周期进行控制。对生产全过程的控制，包括节约能源和原材料，淘汰有毒有害的原材料，尽可能降低生产过程中排放物和废弃物的排放量和毒性。对产品全周期的控制，就是降低产品从原材料采购到产品最终处置过程中对人与自然环境的影响。我们在环境保护问题上习惯把注意力放在末端治理，这是在问题产生后再去解决问题的方式，而现在绿色清洁生产则要求把环境保护、环境治理的考虑放在污染物产生之前，即在产品利用率最高的前提下，使产品消耗的物料最少。

（一）绿色清洁生产与末端治理

绿色清洁生产是关于产品生产过程的一种全新的、创造性的思维，是指对产品及其生产过程持续运用整体预防的环境保护战略，以期增加生态效率并降低人类和环境的风险。绿色清洁生产是全社会积极主动地将工业产品生产、使用的全过程中的污染物的产生量、资源的流失量、环境的治理量降到最低的一种方式。

而末端治理是一种将环境治理责任归于环保部门来负责的一种被动、消极的态度，若把环境治理、保护责任只放在环保研究、管理等部门或人员身上，则仅仅是“治”，而没有体现“防”的作用，难以最大化地实现减少资源浪费、保护环境的目标。

现阶段，末端治理的主要问题表现在以下三个方面。

第一，没有切实实现生产过程中的污染控制。生产过程中的资源和能源如果不能充分利用，就还要消耗其他的资源和能源来处理这些未充分利用的剩余物、污染物，造成资源和能源的浪费。末端的环境保护管理总是处于被动治理的局面。

第二，污染物处理设施投资大，运行费用高，生产企业难以承受。对于大部分生产企业而言，废水、废渣、废气的处理与处置只有环境效益，而基本没有经济效益，大量的污染物处理设施建设投资费用高，给企业带来了沉重的经济负担。所以，这种经济负担沉重的事后治理处置方式影响了生产企业治理环境污染的积极性。

第三，现有的污染治理技术还没有达到完全保护环境的效果。如废水处理会产生含重金属的污泥及活性污泥对土壤造成污染、废渣堆可能引起地下水质的污染、废物焚烧会产生有害气体，这些都会对环境造成二次污染。

由于工业生产即使实现生产全过程控制，也无法完全避免污染的产生，末端治理与清洁生产并非互不相容，也就是说，推行清洁生产的同时依然需要末端治理。只有

① 王舒.生态文明建设概论[M].北京：清华大学出版社，2019：94.

二者相互结合，实施生产全过程和污染治理过程的双控制才能保证环境保护最终目标的实现。

（二）绿色清洁生产与企业管理

绿色清洁生产作为企业管理的一项重要工作，是提高企业管理水平的重要措施，而有效的企业管理是企业推行绿色清洁生产的基本保证。科学的企业管理可以减少原材料的浪费，降低废弃物、污染物的产生，从而在降低生产成本和提高产品质量的同时，减少废弃物、污染物的排放，降低对环境的危害，二者是相辅相成的。

一方面，绿色清洁生产有效地克服了企业管理中生产与环境保护分离的弊端。企业管理对企业的生存和发展至关重要。通过绿色清洁生产，企业可以实现节能、降耗、减污、增效的目标，可以减少废弃物量，降低资源和能源的耗费量，控制成本上升；也能减少处理和处置费用，控制外部环境经济费用的增加；还能减少污染危害，控制外部环境经济损失，造福社会；同时可以促进生产操作条件改善，提高生产效率以及资源能源的利用率。

另一方面，绿色清洁生产丰富和完善了企业管理。通过绿色清洁生产过程，企业可以提高自身的管理水平，提高生产过程中原材料、辅料、水、能源的使用效率，降低生产成本。绿色清洁生产还可以促进企业技术进步和技术创新，提高企业职工的整体素质，降低污染物的产生率和排放率，减少污染物处理费用，改善操作环境，提高劳动生产率，同时可以扩大企业的社会知名度和影响力，进而提高市场竞争力。绿色清洁生产最终可以体现为企业管理水平的提高。

实践充分证明，绿色清洁生产是实现环境与经济可持续发展的最佳选择，也是在市场经济条件下，企业控制污染和降低经济损失风险的必然选择。

第三节　公众在生态文明建设中的作用

在我国生态环境保护与治理进程中，政府处于绝对的主导地位，多元主体参与治理的机制尚未完全形成。生态治理是一项复杂而艰巨的任务，政府单一主体的治理模式存在诸多限制，会出现政府治理成效打折扣、治理成本增加等问题。所以，生态治理需要政府运用手中掌握的公共资源，自上而下地把相关利益体纳入生态治理的过程，实现生态治理资源的全方位整合，形成一个多元主体参与、治理结构合理的生态治理体系。

生态文明是继工业文明后，人类文明发展的又一个新阶段，其最重要的特征就是强调人与自然的协调发展。它需要生态公民的自觉追求和积极参与，生态公民是建设生态文明的主体基础，是生态文明建设的实践者。

生态文明建设的三大主体（政府、企业、公众）都是由个体的人组成的。[①]生态文明建设中每一个具体角色，都有着不同的社会角色。这些个体在扮演不同的社会角色时，会采取不同的社会行为，追求不同的利益或价值。比如，每个个体都是公众的一员，同时又可能是企业中的管理者、决策者或操作者，或者政府中的工作人员等。作为公众，他要求较高的物质、精神生活水平，以及较好的环境质量；作为企业的一员，他要保护企业的最大利益和企业在市场中的有利竞争地位，考虑企业在环境保护方面的投入；而作为政府中的工作人员，他会对一些影响环境的企业进行制裁从而使这些企业的利益受到影响，会因公众对环境质量的不满而增加对环境保护工作的投入。可见，公众不仅是生态文明建设的实践者，还是生态文明建设主体存在与发展的基础，只有增强公众的环保意识，让公众成为生态公民，保护生态环境，促进生态文明建设，才能建成美丽中国。

用长远的眼光来看，从根本上解决当今世界面临的生态危机，离不开每一个行为主体的努力。中国绿发会副理事长兼秘书长周晋峰提出，人本解决方案HbS（human-based solution）是人类解决一切问题的唯一方案。[②]我们要引导每一位生态公民改变消费习惯，形成健康环保的生活方式，倒逼供给侧改变过去高消耗、高污染、高排放的生产方式，在全社会形成低碳环保、绿色生活生产的共识与风尚。

一、生态公民是生态文明建设主体的基础

加拿大学者金里卡和诺曼曾指出，20世纪90年代政治理论的焦点是公民和公民身份。很多学者以环境保护为切入点，探讨“生态公民”理论。[③]英国学者多布森教授在《公民与环境》一书中提出，“生态公民”更像是“后世界主义公民”。这里的“后世界主义公民”更强调责任而非权利，强调不论是在私人领域还是在公共领域，公民都应该遵守自然界的规则。由于生态公民是由陌生人组成的公民群体，因此生态公民具有世界性。

（一）生态公民的概念与特征

生态公民是指积极维护人与自然的和谐、维护社会发展与生态整体平衡的生态文明建设者。他们具有建设生态文明的义务与权利，并积极地参与生态文明的建设。狭义的生态公民仅指低碳公民，而广义的生态公民还包括那些环境保护行动参与者，以及政府与企业的环境保护行为的监督者。

① 王舒.生态文明建设概论[M].北京：清华大学出版社，2019：97.

② 人本解决方案是解决人类面临挑战的不二法门[EB/OL].（2022-02-21）[2022-04-10]. https：//baijiahao.baidu.com/s?id=1725350389226984602&wfr=spider&for=pc.

③ 梁香竹，刘利.论生态公民与公民生态意识[J].赤峰学院学报（哲学社会科学版），2015（5）：57-59.

1. 生态公民强调环境权的重要性

公民是拥有某些基本权利的群体，这些基本权利又被称为人权。在当代，环境权也是人权的重要内容之一。生态公民是具有现代公民意识，强调环境权的重要性的群体。

2. 生态公民具有良好生态道德和责任意识

生态环境问题归根结底是人的问题，只有从根本上提高人的素质，才能彻底解决生态环境问题。从个人的角度来看，节俭消费也是对生态环境的保护。过度消费等行为虽然不违法，但是会对生态环境造成一定程度的间接危害。现阶段，对于这些行为，尚无法在法律上做出有效的约束，只能靠个人的道德来进行调节。因此，生态公民不仅需要具备传统公民理论所倡导的守法、正直、相互尊重、独立、勇敢等基本道德，还需要具备生态公民理论所倡导的同情、团结、忠诚、节俭、自省等生态道德，从自身做起，努力构建人与自然和谐共生的生命共同体。

3. 生态公民能合理协调人与自然之间的权利和义务

生态文明建设要破除人类中心主义的价值观，同时摒弃以经济利益为唯一发展追求的理念，树立全新的人与自然和谐发展的理念，追求经济、政治、文化、社会、生态文明建设的协调发展。生态文明建设还要求人们尊重自然的利益需求，积极承担人对自然的非契约式责任与义务。

4. 生态公民具有世界性

生态环境问题是一个全球性的问题，而全球问题的解决必须采取全球治理的模式。因此，生态文明建设必须在全球范围内同步展开。生态公民应自觉地履行作为世界公民的责任和义务，积极地维护环境人权，推动各国政府参与全球范围的环境保护，并亲身力行参与环境保护活动，为全球生态文明建设出力。

（二）公民生态文明意识①

1. 公民与公民意识的内涵

在我国，宪法规定了公民的基本权利，赋予公民平等权、政治权利和自由、宗教信仰自由、人身自由权、监督权、取得国家赔偿权、社会经济权、文化教育权、特定主体权利等。公民拥有这些权利，也应该具有公民意识。公民意识能够让公民主动认可公民身份角色，直接引导公民个人参与社会关系的行为，因此，具备公民意识是公民个体真正实现社会化的标志之一。

从历史发展进程来看，“公民”一词源于古希腊，是随着城邦的形成而形成的概念，

① 农春仕.公民生态道德的内涵、养成及其培育路径[J].江苏大学学报（社会科学版），2020（6）：41-49.

指当时社会所有参与城邦政治生活的人。在古希腊罗马时代，由于时代环境限制，公民被限定于固定的人群。但不可否认的是，公民从一开始就与政治生活、城邦领域联系在一起，且在城邦发展过程中发挥了重要的作用。漫长的中世纪后，近代文艺复兴、启蒙运动所引发的资产阶级革命重新阐释了“公民”的概念。洛克、卢梭等著名的政治思想家在论及公民时，不仅说明公民的一些义务，还指明公民所拥有的平等自由、主权在民、社会契约等权利。现代意义上的公民主要是从法律层面上界定的——拥有一国国籍、享有权利的同时履行相应义务的人就是该国公民。

在我国，直到近代才引进“公民”理念。我国在宪法中明确规定：凡具有中华人民共和国国籍的人就是中华人民共和国公民。由此可见，从社会主义现代化建设和发展的层面而言，拥有我国国籍并积极投身于社会主义建设的参与者，是我国公民，也是我国不断发展的主体与动力。

公民意识是指公民个人对自己在国家中地位的认识，即公民自觉地以宪法和法律规定的基本权利和义务为核心内容，以自己在国家政治生活和社会生活中的主体地位为思想来源，把国家主人的责任感、使命感和权利义务观融为一体的自我认识。公民意识围绕着公民的权利义务关系展开，反映着公民对待个人与国家、个人与社会，以及个人与他人之间的道德观念、价值取向、行为规范等。它强调的是个人在社会生活中的责任意识、道德意识与民主意识等基本内容。

2. 公民意识与生态文明建设的关系

（1）公民意识是生态文明建设的基础

只有使生态文明建设思想根植于公民意识之中，才能使公民产生落实生态文明建设的自觉，这也是生态文明建设的根本之道。比如，政府已经对环境保护和生态文明建设做出了宏观的规划与决策，但一些企业在国家明令禁止的情况下，为了追逐自身的经济利益，仍然将废水废渣等污染物排入江河湖泊。从根本上说，这是公民意识缺失的表现。因此，公民意识是长期稳定开展生态文明建设的保障，只有唤醒大众的公民意识，才能建立一个长期有效的环境保护模式，使公众切实践行良好的环境保护习惯，真正落实生态保护和可持续发展理念。

（2）生态文明是公民意识的新内涵

生态文明的提出赋予了公民意识新的内涵，成为公民意识的重要内容。21世纪是建设生态文明的世纪，科技的发展一方面推动了社会的高速进步，另一方面则在一定程度上破坏了我们生存的社会环境，造成了环境的严重污染，危及人类的生存与发展。我国作为发展中国家，在建设社会主义的过程中，人与自然的关系失衡、经济发展与资源供求的矛盾、公众环境保护意识与国家环境保护举措相违背的问题较为突出，在一定程度上阻碍了生态文明的发展和环境友好型社会的建设。通过开展生态文明教育，促进全社会形成生态文明观，提升全民整体素质，对于建设资源节约型、环境友好型社会，最终建成美丽中国具有重要的意义。[①]

3. 公民生态文明意识的内容

生态文明意识是人类努力与自然达成一致与和谐的一种思想观念，它引导人们科学认识人和自然的关系，正确处理人与人之间的关系，确立了人在生物圈的合宜地位。公民生态文明意识关注的是人们在进行经济建设和社会活动的过程中，能否把有利于生态文明建设作为一切问题的根本出发点和落脚点，从而预先考虑生态环境的影响和正确对待生态问题，是人们关于环境和环境保护的思想、观点、知识、态度、价值和心理的总称。[②]公民生态文明意识具体包含以下内容。

（1）生态忧患意识

生态忧患意识是公民生态文明意识中最基础的部分，它产生于人们对生态环境现状的认识。进入20世纪以来，人类所面临的生态危机日益严重，能源耗尽、水源枯竭、森林滥伐、人口膨胀和环境污染等生态危机不断发生。在我国，能源的枯竭、土壤的酸化、农药和化肥对土壤的污染等形势不容乐观，不仅严重威胁人类的健康生活，还严重地阻碍了社会发展的脚步。因此，生态公民要有忧患意识，增强保护环境的紧迫感。

（2）生态道德意识

20世纪90年代初，加拿大不列颠哥伦比亚大学的里斯（William E.Rees）教授提出了“生态足迹”的概念，这一概念也被称为“生态占用”。他认为，人类的衣食住行等生活和生产活动都需要消耗地球上的资源，并且产生大量的废物。人类既然占用了生态资源，产生了一定的破坏，就应该负起相应的道德义务，努力修复和维护生态平衡。

生态道德意识包括尊重自然、珍惜自然资源、善待生命、理性消费四个方面。在当代社会，理性消费意识是生态道德意识的重要表现。超前消费行为看似没有危害，但最终必然带来相应的环境问题。我们要加强公民的生态道德教育，有目的、有计划、有组织地对人们施加系统的生态道德影响，引导公民崇尚自然、热爱自然、关爱动物、善待生命，使人们自觉接受和遵循道德规范的要求，培育良好的生态品德，做有道德良知的生态公民。

（3）生态价值意识

生态价值意识又叫作生态价值观念，是人们在实践活动中形成的对待环境的价值标

① 王舒.生态文明建设概论[M].北京：清华大学出版社，2019：102.

② 周国文，孙叶林.国家公园、环境伦理与生态公民[J].北京林业大学学报（社会科学版），2020（3）：12-16.

准与价值取向。生态价值意识是生态文明意识的灵魂与核心。在长期认识自然与改造自然的过程中，人们形成了有关生态环境好坏、美丑、善恶的相关看法及观点。

尊重自然是生态价值意识的核心内容。马克思主义认为，从本体论来讲，一方面，人是直接的自然存在物，人是不能离开自然界而存在的，是站在牢固稳定的地球上吸入并呼出自然力的、现实的、有形体的人；另一方面，人的生存方式是实践，离开自然，人就无法完成和实现人与自然之间的能量、动力、信息的交换。从能动性方面讲，坚持主体性原则是生态价值意识的重要内容。人是自然最精致的产物，人类在利用自然活动的同时，将自己从自然中提升出来，能动地改造自然，从而使自然的巨大价值被充分发掘。

（4）生态文明法治意识

生态文明法治建设是生态文明建设强有力的保障。公民的法治观念和法治意识直接影响着法治建设的进程。我国环境保护立法工作从无到有、从少到多的过程，见证了国家对生态文明建设的认识在不断深化。目前，我国已经拥有比较完善的环境保护法律体系，基本做到了有法可依，但政府依然需要以多种形式推动公民知法、懂法、守法、用法，使生态文明观念深入人心，自觉维护环境保护法律法规的尊严，进而引领生态行业文明的健康发展。

4. 公民生态文明意识的特征

公民生态文明意识的实质是用道德去引导人们保护自然，维护生态系统平衡，促进人与自然和谐发展，使人类社会的发展具有可持续性。公民生态文明意识的特征主要表现在以下几方面。

（1）核心理念是人与自然和谐发展

公民生态文明意识倡导运用整体性思维思考对自然环境的开发利用，强调人与自然的平等地位、协调发展，打破了人类向自然无限索取的传统思维。因此，人在利用和改造自然时要有节制，要在自然可以承受的范围内进行自然资源的再生利用，从而实现人类的可持续发展。

（2）倡导全面协调可持续发展

公民生态文明意识强调人类社会的发展要做到全面、协调、可持续。全面发展就是要避免仅凭GDP（国内生产总值）这一经济指标来衡量社会进步，倡导用增加社会总产品、提高人民生活水平和改善生态环境质量这三项指标作为衡量社会发展水平的客观标准。公民生态文明意识强调人类的明天与今天同等重要，因此人类在本代利用资源要适度，以使将来的人类依然可以拥有足够的资源，在良好的生态环境中生存发展。

（3）具有多学科综合的结构体系

公民生态文明意识是综合多种学科价值而形成的整合意识。从所涉及的学科来看，其包含生态学、生物学、物理学、化学、伦理学、政治学、社会学与人类学等内容。世界本身就是一个复杂多变的整体，我们需要对引起环境问题的各种影响因素进行分析和思考，要突显生态文明意识的综合性，以找出解决环境问题的办法。

5. 培育公民生态文明意识的意义

只有加强公民生态文明意识的教育，才能培养出具有环境责任感的生态公民，才能使人们关注环境问题，参与到问题的解决过程中，才能促使人们积极贯彻和执行国家既定的生态文明建设战略计划。

（1）培养具有环境责任感的生态公民

要加强生态文明意识教育，改善部分公民生态文明意识缺失的现状，促进人的全面进步与发展，引导公民正确处理好人与自然、人与社会、人与他人及人与自身的关系，使多方关系和谐发展，最终促进人的全面发展。

（2）巩固已有的生态文明建设成果

生态文明社会是以未来人类社会可持续发展为目标的社会。它以尊重和维护生态环境为主旨，是人类社会发展到高级阶段才出现的社会形式。这一社会形式为社会物质文明、政治文明、精神文明的持续发展提供了基础，是人类共同努力的目标。要想实现这一目标，必须发扬教育的先导性、基础性作用，以更好地实现社会主义生态文明建设目标，促进生态文明社会的快速发展。

（3）推动我国社会主义现代化建设，提升教育现代化水平

通过教育让全体公民更清醒地认识到目前我国所面临的生态危机和资源环境压力，培养公民的节能环保意识，更加合理地利用资源、保护生态环境，同时促进教育现代化。

二、碳达峰碳中和以及绿色生活方式

（一）碳达峰碳中和

2021年10月，国务院印发《2030年前碳达峰行动方案》（以下简称《方案》）。《方案》围绕贯彻落实党中央、国务院关于碳达峰碳中和的重大战略决策，按照《中共中央 国务院关于完整准确全面贯彻新发展理念 做好碳达峰碳中和工作的意见》要求，聚焦2030年前碳达峰目标，对推进碳达峰工作作出总体部署。[①]

① 国务院印发《2030年前碳达峰行动方案》[EB/OL].（2021-10-26）[2023-03-23].https：//www.mee.gov.cn/ywdt/szyw/202110/t20211026_957881.shtml.

《方案》以习近平新时代中国特色社会主义思想为指导，深入贯彻习近平生态文明思想。《方案》提出，到2025年，非化石能源消费比重达20%左右，单位国内生产总值能源消耗比2020年下降13.5%，单位国内生产总值二氧化碳排放比2020年下降18%，为实现碳达峰奠定坚实基础。《方案》要求立足新发展阶段，完整、准确、全面地贯彻新发展理念，构建新发展格局，坚持系统观念，将碳达峰贯穿于经济社会发展全过程各方面，并在重点任务中明确列出“碳达峰十大行动”，在推动经济社会发展的基础上，实现资源高效利用和绿色低碳发展，确保如期实现2030年前碳达峰目标。

那么什么是碳达峰碳中和呢？碳达峰是指全球、国家、城市、企业等主体的碳排放达到最高点，实现由升转降。而碳中和是指人为的碳排放与通过植树造林、碳捕集与封存技术等对排放碳的人为吸收达到平衡。我国是发展中国家，目前碳排放量仍呈增长态势，尚未达到峰值。

2015年巴黎气候变化大会前，中国承诺2030年左右实现碳达峰，到2020年单位国内生产总值二氧化碳排放比2005年下降40%—45%，非化石能源占一次能源消费比重达到15%左右，森林面积比2005年增加13亿立方米。2020年9月22日，习近平主席在联合国大会一般性辩论上宣布中国2030年前实现碳达峰，2060年前实现碳中和。

现在，世界各国的人们都从不同的角度、不同的层次关注环境问题，人们甚至开始像关心和平一样关心环境问题。人类正慢慢地将环境问题提升为人类社会发展的核心问题，绿色浪潮席卷全球，绿色经济、绿色消费、绿色出行等方式在人们的生活中越来越普遍，人们正在以崭新的方式来处理人与环境之间的关系。

（二）绿色消费

“绿色”的含义是保护人民群众的身体健康，改善人民群众生活的环境，提高人民群众生活的舒适度。绿色消费是保护“绿色”，而不是消费“绿色”，即消费行为要尽可能减少对环境的负面影响。

马克思认为，消费是生产的终点，也是生产的起点；消费拉动生产的同时，也影响交换和分配。消费是需求，消费的重要地位决定了人类必须通过改变消耗生存环境的消费模式来摆脱消耗所带来的资源枯竭的危机。“绿色消费”的概念由此应运而生。

绿色消费也称为可持续消费，是一种以适度节制消费、避免或减少对环境的破坏、崇尚自然和保护生态等为特征的新型消费行为和过程。绿色消费从满足生态需要出发，以有益健康和保护生态环境为基本内涵，是符合人的健康和环境保护标准的各种消费行为和消费方式的统称，它是一种具有生态意识的、高层次的理性消费行为。绿色消费不仅倡导消费时选择绿色产品，还倡导消费过程中注重环保，注重节约资源和能源，同时倡导消费结束后对垃圾进行妥善处置，不污染环境。可以说，绿色消费涵盖生产行为、消费行为的方方面面。我国的环保活动家唐锡阳先生把绿色消费概括为“3R”和

“3E”。[①] “3R”是指reduce、reuse和recycle。reduce即减少非必要的消费，如一次性的餐具和毫无益处的色素、添加剂等；reuse指回收再利用废品；recycle指提倡使用玻璃、纸、铝等属于可再生原料的产品。“3E”是指economic、ecological和equitable。economic强调经济实惠，如少用能源，少用包装，加工比较简单的产品；ecological强调生态效益，如使用较少污染环境、很少破坏自然和伤害野生动植物的产品；equitable强调平等、人道的原则，不侵犯原住民生存权，不进行非道德的推销，不开展非人道动物实验。对于符合“3E”和“3R”原则的，就推荐消费；对于不符合上述原则的，就坚决抵制，拒绝购买。形成这样的消费共识也会在某种程度上打击破坏生态环境的企业，对自然资源和能源形成一定程度的保护。

（三）绿色生活方式

关心环境的人在选择利于环境的生活方式时，也会考虑自身健康。如果自然环境被污染破坏，它就会通过呼吸、饮水、饮食等人类维持生命的方式威胁人类自身的健康。环境公害引发的人类健康受损问题受到越来越多人的关注。

1.节约适度的生活方式

唐朝诗人李商隐在《咏史》一诗中写道：“历览前贤国与家，成由勤俭破由奢。”勤俭节约是中华民族的传统美德。我国的人口基数大，人均资源占有量相对较低，这要求我们坚持节俭，反对浪费。但我们现在所说的节俭并不是从前“缝缝补补又三年”的过度克制的生活状态，我们追求的是节约适度的生活方式。习近平指出，生态文明建设同每个人息息相关，每个人都应该做生态文明建设过程中的践行者、推动者。要加强生态文明宣传教育，强化公民环境意识，推动形成节约适度、绿色低碳、文明健康的生活方式和消费模式，形成全社会共同参与的良好风尚。[②]

2.绿色低碳的生活方式

绿色低碳的生活方式是指尽量减少生活中所消耗的能量，减少含碳物质的燃烧，减少二氧化碳的排放量，减少对大气的污染，进而降低温室效应，防止生态环境恶化。党的十八大以来，在习近平总书记的倡导和引领下，绿色发展观和绿色低碳生活方式日渐深入人心。“共享经济”“绿色出行”“光盘行动”等绿色低碳的生活方式在我国随处可见，绿色低碳生活的理念正在全方位地渗入人们生活的方方面面。

对于大众来说，绿色低碳是一种生活态度，只要有意愿，每个人都可以做到。绿色低碳的核心内容是多节约、低消耗、低污染和低排放。只要我们具有生态环境保护意识，践行绿色生态观，从自己做起，从生活中的点滴做起，就可以切实践行绿色低碳理念。我们可以在生活中有意识地培养自己的绿色低碳生活习惯，如出行多乘坐公

① 王舒.生态文明建设概论[M].北京：清华大学出版社，2019：105.

② 习近平谈治国理政（第二卷）[M].北京：外文出版社，2018：396.

共交通工具，用可重复使用的筷子、碗等，养成随手关闭电器电源的习惯，重复利用快递的包装盒或减少包装等。只要有低碳意识，我们随时随地都可以为保护生态环境作贡献。

·本章小结·

本章介绍了生态文明建设的参与主体——政府、企业和公众。

首先介绍了政府在生态文明建设中的不可替代的主导地位。由于政府的立法、行政手段等具有直接性、强制性、高效性及易监督性，政府在我国生态文明建设工作中发挥着重要作用。政府在生态文明建设中负有重要责任，且主导着生态文明建设，所以政府应首先进行生态转型。

其次介绍了企业是生态文明建设的建设者。企业是资源、能源的主要消耗者，也是社会财富的创造者、先进技术的应用者，更是环境污染的主要责任者和生态环境的保护者。企业在生态文明建设中的行为方式可以概括为消费、生产和环境保护三种。绿色清洁生产、保护环境也是企业生产经营活动中的迫切要求。

最后介绍了公众不仅是生态文明建设的实践者，还是生态文明建设主体存在与发展的基础，介绍了生态公民、公民生态文明意识、公民意识与生态文明建设的关系、绿色生活方式、碳达峰碳中和等相关知识。

·教学检测·

思考题：

1. 请思考建设人与自然和谐共生的美丽中国有哪些可行举措。
2. 请思考并举例说明你的身边有哪些绿色低碳生活方式。

数字资源 5-1
思考题答案

·生态实践·

数字资源5-2

保护生态是我们的骄傲

第六章 生态文明建设的重要内容

学习目标：

1. 了解我国生态文明与农业发展、工业发展、服务业发展的关系；

2. 能说出3个以上关于我国生态环境建设和保护的法律法规；

3. 理解生态文明建设和个人生活的关系，养成“绿色生活”“绿色出行”的生活习惯，珍惜自然的馈赠，爱惜公共资源。

第一节 生态文明与经济发展建设

高质量发展是全面建设社会主义现代化国家的首要任务。发展是党执政兴国的第一要务。没有坚实的物质技术基础，就不可能全面建成社会主义现代化强国。我们要坚持以推动高质量发展为主题，把实施扩大内需战略同深化供给侧结构性改革有机结合起来，加快建设现代化经济体系，着力提高全要素生产率，着力推进城乡融合和区域协调发展，推动经济实现质的有效提升和量的合理增长。

我们要构建高水平社会主义市场经济体制，坚持把发展经济的着力点放在实体经济上，推进新型工业化、服务业改革；要全面推进乡村振兴，坚持农业农村优先发展，巩固拓展脱贫攻坚成果，加快建设农业强国，扎实推动乡村产业、人才、文化、生态、组织振兴，全方位夯实粮食安全根基，确保中国人的饭碗牢牢端在自己手中；要推进高水平“美丽中国”建设，稳步扩大规则、规制、管理、标准等制度型革命和创新，推动绿色发展，促进人与自然和谐共生。

一、环境与经济

可持续发展理念的普及使人类认识到自身活动对自然环境和生态系

统已经造成了巨大影响，当前的生产生活方式是不可持续的，全球生态系统正在因为人类不加节制的开发、利用和破坏而趋于恶化，人类文明的存续因而面临威胁。可持续发展不仅指人类经济的持续发展，而且强调当代人类内部以及当代和未来世代人类之间的公平性原则，强调人类社会的可持续发展。因此，不论在国外还是国内，不论在学术界还是联合国机构、政府部门、社会团体中，可持续发展已经成为应对日益严重的全球环境问题和生态危机的重要途径。[①]绿色发展概念与可持续发展概念在内涵上有很多重叠的部分。在一般的学术和政策讨论中，绿色发展往往偏向于强调绿色经济发展，特别强调在衡量经济发展水平时应该考虑自然和生态的成本。因此绿色发展特别关注在生产上通过技术革新降低污染、降低能耗，在政策上如何扶持与环境保护相关的行业、企业，以及在经济发展评价上如何体现环境和生态成本等问题。

循环经济实际上是对如何进行绿色发展或可持续发展的一种具体回答，它强调在社会生产和生活的各个环节减少各类副产品和废弃物的产生，并尽可能地将这些副产品和废弃物转化为下一个生产环节的原料，实现资源的循环利用。

总的来说，可持续发展、绿色发展和循环经济三种观念是当前国内外社会应对环境问题的较有影响力的方案。这三种方案涉及的外延是逐渐缩小的，可持续发展涉及的领域最广泛，绿色发展和循环经济涉及的领域则相对较小。然而，即使是可持续发展理论，也并未涉及全球性环境问题和生态危机的全部内容和深层本质，特别是没有反思造成问题的根本性原因。在这个意义上，不论是可持续发展还是绿色发展、循环经济，都是综合性和概括性较低的理念。

走出环境问题和生态危机，必须实现工业文明各个维度的联动变革。从表面上看，大量生产、大量消费、大量排放的生产和生活方式是造成全球性生态环境危机的直接原因，但实际上，这种危机是工业文明的根本制度、社会环境和文化价值的后果，这意味着解决生态环境问题不能仅仅从技术和制度方面着力，而要求整个文明形态进行深刻转变。事实上，技术的变动性最大，制度的变动性次之，而观念或者意识形态则惰性较大，但观念的转变才是根本的转变。如果人们继续把自然看作纯粹供人类使用的资源储备库和供人类排放污染的垃圾场，那么如何可能在人类和自然之间建立起一种协调发展的关系呢？如果人类不把自己看作山水林田湖草沙生命共同体中的普通一员，如何可能发自内心地限制自身的物质欲望和征服性力量？党的十九大报告明确指出，人与自然是生命共同体，人类必须尊重自然、顺应自然、保护自然。人类只有遵循自然规律才能有效防止在开发利用自然上走弯路。人类对大自然的伤害最终会伤及人类自身，这是无法抗拒的规律。同时，在推动构建人类命运共同体的过程中要构筑尊崇自然、绿色发展的生态体系。

把可持续发展、绿色发展和循环经济概念置入生态文明理念框架内，能充分发挥各

① 钱易.生态文明建设理论研究[M].北京：科学出版社，2020：41.

自的启发作用。全球性的环境问题和生态危机揭示出工业文明整体的深层次的危机，只有当工业文明转变为生态文明时，人类才能够真正地从环境问题和生态危机中走出来；只有在生态文明中，人类社会才能从根本上克服大量生产、大量消费、大量排放的生产生活方式的弊端；也只有当人类建成生态文明时，才可能真正达到经济、社会、自然环境的和谐发展及可持续发展。

文明必然是发展的，但发展并不等同于物质财富的增长，也不等同于经济增长。推动可持续发展是生态文明建设的根本目的。绿色发展和循环经济主要指引人们在技术和经济领域谋求可持续发展。但现代工业文明的症候是整体性的，有了生态文明的思维框架，我们才能诊断工业文明不同层次的病症，发现走出全球性生态危机的出路，进而实现真正的可持续发展。

二、生态文明与工业发展

1. 大力发展清洁能源，推动能源生产和消费革命

我国能源供应紧张，且能源消耗过程中产生了大量环境问题。改善能源结构，提高能源使用效率，是解除国内资源环境对发展的限制的根本思路。同时，就国际环境而言，推进能源结构变革也可以助力我国应对全球气候变化形势，体现大国担当。

党的十八大提出，要推动能源生产和消费革命。“十二五”以来，国家在政策层面提出了控制煤炭消费总量的要求。2014年3月，国家发展改革委、国家能源局、原环境保护部联合发布《能源行业加强大气污染防治工作方案》，提出逐步降低煤炭消费比重，制定全国煤炭消费总量中长期控制目标。同年11月，国务院办公厅发布《能源发展战略行动计划（2014—2020年）》，明确提出2020年中国煤炭消费总量控制目标。

煤炭减少和替代是控制煤炭消费总量增长的重要措施，也是一项重要的工作。《能源发展战略行动计划（2014—2020年）》提出实施煤炭消费减量替代，降低煤炭消费比重，明确削减京津冀鲁、长三角和珠三角等区域煤炭消费总量。2014年12月，国家发展改革委会同工业和信息化部、财政部、原环境保护部、国家统计局、国家能源局等部门发布《重点地区煤炭消费减量替代管理暂行办法》，提出了北京、天津、河北、山东、上海、江苏、浙江和广东珠三角地区煤炭消费减少和替代的目标和计划。2015年，国家发展改革委、原环境保护部、国家能源局发布《加强大气污染治理重点城市煤炭消费总量控制工作方案》，其中明确指出，空气质量较差的前10个城市的煤炭总消费量应较上年有所下降。

除了煤炭消费总量控制和替代外，中国还大力推动煤炭的清洁高效利用。2014年9月，国家发展改革委等6部门出台了《商品煤质量管理暂行办法》，明确了商品煤质量标准，促进了煤炭质量和利用效率的提高。同年10月，国家发展改革委、原环境保护部、

国家质量监督管理局以及检验检疫等部门联合发布《燃煤钢炉节能环保综合提升工程实施方案》。2015年4月，国家能源局发布《煤炭清洁高效利用行动计划（2015—2020年）》，提出加快煤炭清洁高效利用的明确目标任务。

除了控制煤炭总量之外，还需要大力节能，提高能效，抑制不合理的能源需求。“十一五”规划纲要首次将2010年单位国内生产总值能源消耗比2005年降低20%左右作为国民经济和社会发展的约束性指标，“十二五”规划纲要继续提出单位国内生产总值能源消耗降低16%的约束性指标。

为实现五年规划提出的发展目标，2007年国务院印发了《节能减排综合工作方案》，2011年印发了《“十二五”节能减排综合性工作方案》，2012年出台《“十二五”节能减排规划》。它们分别成为“十一五”和“十二五”期间指导中国节能和提高能效的总行动计划，分别提出了“十一五”和“十二五”期间中国节能和提高能效的主要目标和任务。国务院《关于“十一五”期间各地区单位生产总值能源消耗降低指标计划的批复》和《“十二五”节能减排综合性工作方案》还分别制定了“十一五”和“十二五”时期国内各地区的节能目标。在五年规划的目标基础上，到2015年，全国万元国内生产总值能耗比2005年下降32%；“十二五”期间，累计节约能源6.7亿元标准煤；完成了强化节能目标、调整优化产业结构、实施重点工程、加强节能管理、发展循环经济、加快节能技术的开发和应用、完善经济政策、加强节能监督检查、推广节能市场机制、加强节能基地建设和工作能力建设、动员全社会参与节能工作等重点任务。

大力发展新能源和可再生能源，安全高效地发展核电，是我国能源结构改革的关键举措。“十二五”期间，我国加大对风电、太阳能、地热能、生物质能等新型可再生能源发展的支持力度。有关政府部门先后发布了《可再生能源发展“十二五”规划》《风力发电科技发展“十二五”专项规划》《太阳能发电科技发展“十二五”规划》《生物质能发展“十二 五”规划》《关于促进地热能开发利用的指导意见》《国务院关于促进光伏产业健康发展的若干意见》《可再生能源发展专项资金管理暂行办法》《可再生能源电价附加补助资金管理暂行办法》《可再生能源发电全额保障性收购管理办法》《分布式发电管理暂行办法》和《关于进一步推进可再生能源建筑应用的通知》等几十项政策文件，明确了“十二五”期间我国可再生能源的发展目标、规划布局和建设重点，制定和完善了可再生能源优先上电网、全额收购、价格优惠及社会分摊的政策。

此外，为鼓励天然气开发利用，我国制定了“油气并举”的战略。2014年，国家发展改革委发布了《关于建立保障天然气稳定供应长效机制的若干意见》，提出了保障天然气长期稳定供应的任务及措施。国家能源局发布了《关于规范煤制油、煤制天然气产业科学有序发展的通知》，规范煤制油、煤制天然气项目建设，对能源转换效率、能耗、用水量等可认定指标进行规范，尤其对二氧化碳排放和污染物排放作出明确规定。

2. 运用高新技术发展再制造，深化循环经济发展

在整个生产制造过程中，再制造环节充分体现了生态工业发展的特征。再制造是一种重要的再利用途径，也是产品生命周期的一个重要环节。再制造是利用特殊的生产工艺将废弃机电产品中部分被淘汰更换的零部件转换为新产品的制造过程。

再制造并不是对原有产品的简单维修，而是对其进行产业化修复，从而使再制造产品的质量达到甚至高于新品。再制造对技术要求较高，需要专门的修复技术。同时，实现再制造也需要具备一定的条件，即必须是可以进行标准化生产的产品，并且有足够大的市场，能够实现规模化生产。

再制造适用于性能失效的旧机器设备等剩余附加值较高的耐用产品，如报废汽车、废旧工程机械等。以报废汽车为例，经拆卸、分类、清洗、翻新、替换磨损及有缺陷零件、再装配之后可生产出新产品。发动机、变速线、发电机等重要零部件都可以实现再制造，对这些零部件可以实行强化修复，使其符合新产品的性能要求。

3. 全过程开展生态设计，从源头实施污染防治

同生产环节相比，消费环节同样也会产生废物，其在规模上甚至可以超过生产环节，因此单纯在生产环节实施清洁生产并不能完全解决环境问题。从20世纪80年代起，荷兰、德国、瑞典等欧洲国家开始制定新的环境政策，以产品生态设计为导向，把污染预防的努力推到最前端。

生态设计观将产品以及产品所处环境看作地球整个生态链中的一个有机组成环节。相对于传统设计观，生态设计观遵循“5R”（revalue、renew、reuse、recycle和reduce）原则，以可持续发展为指导思想对设计进行“再认识”，注重对旧物品进行更新改造、重新利用。对于旧材料、旧配件、旧产品等，要尽可能全部利用；对于不能全部利用的，把产品中稀有资源、不能自然降解的物质加以回收利用，尽最大可能减少其对人和环境的不利影响。

生态文明建设是中国特色社会主义事业的重要组成部分，直接关系到人民福祉和民族前途，关系到能否实现“两个一百年”奋斗目标和中华民族伟大复兴的中国梦。生态文明建设既不是回到原始的生产生活方式，也不是回到工业文明的发展模式去追求利润最大化，而是要实现经济、生态（包括生态价值和社会价值）的最大化，要求人们践行遵循自然、尊重自然、顺应自然、保护自然的行动准则，在资源环境承载能力的基础上，建设生产发展迅速、人民生活富裕、环境生态良好的文明社会。

党中央、国务院高度重视生态文明建设，作出了一系列重大决策部署。党的十八大以来，习近平总书记多次就生态文明建设发表重要讲话，多次强调绿水青山就是金山银山。“绿水青山就是金山银山”的“两山”理论已成为新时代习近平生态文明思想的核心内涵。从发展的角度看，绿水青山就是金山银山的精神实质是大力建设社会主义生态文

明，实现国家可持续发展，实现经济生态化和生态经济化。贫困不是生态，发展不能毁坏自然。一方面，为了保护生态、恢复环境，经济增长不能再以大量消耗资源和破坏环境为代价，要发展生态驱动和生态友好型产业，即实现经济生态化。另一方面，要把优质的生态环境转化为居民的货币收入，根据资源的稀缺性给予其合理的市场价格，尊重和体现环境的生态价值，进行有价有补的交易和使用，即生态经济化。发展绿色发展方式是作为复杂系统的生态文明建设的必然要求。

绿色发展是一种以效率、和谐、可持续为目标的经济增长和社会发展方式。习近平总书记指出，绿色发展是构建高质量现代经济体系的内在要求，也是治理污染的根本之策。绿色发展意味着以下两点：一是经济增长不以资源环境为代价，即经济增长不会增加资源环境负担，而是提高可持续性发展的现实性和可能性；二是把可持续转化为生产力，把绿色效益和生态效益转化为效益，把生态优势转化为经济优势，把绿水青山转化为金山银山。绿色发展既是一种理念，也是生态文明建设的根本出路。

三、生态文明与农业发展

1. 生态农业

在绿色发展理念下，农业生产不再单纯是为了生产粮食，满足人们生存需求，还是为了人类的健康、社会发展和环境友好。生态农业的发展，一方面通过系统利用生物学原理及方法来改造农作物品种、提升农产品产量；另一方面通过生物循环来保持土地生产力，利用生物学方法来控制有害生物，并尽量减少人工合成化学品的使用。绿色发展形成了众多与农业生产相关的概念，如工业化农业、石化农业、机械化农业、基因农业、智慧农业、精准农业、绿色农业、信息农业等。

生态农业的内涵远远比植物栽培学及相邻学科广泛，生态农业是需要生物学、生态学、系统工程学、化学工程学、环境工程学、物理学、电子信息学、机械学、工程管理经济学等多学科交叉、共同推进的大领域。从产业分类上讲，生态农业已经成为第一产业（农业）、第二产业（工业）和第三产业（服务业）共同支撑的产业。

生态农业是根据土地形态制定的适宜土地的设计、组装、调整和管理农业生产和农村经济的系统工程体系。生态农业在生产粮食和其他经济作物的同时发展林业、牧业和渔业，同时把农业生产和第二产业、第三产业相结合。生态农业利用传统农业发展经验和现代科技，协调资源合理利用、环境保护以及经济发展之间的关系，实现经济、生态和社会效益的统一。生态农业可以被看作一个全新的综合产业，发展生态农业可以获得重大的经济、社会和环境效益，并创造大量就业机会。

2. 农业机械化

进入生态农业时代，农机化的进程也在不断加快，并且从粗放机械化向自动化、信息化的精确农业化发展。此外，大数据分析技术也成为生态农业的必要组成部分。通过监控农业生产进程和获取、分析大量数据，可以及时把生产数据和销售数据对接起来，并及时调整产品结构、质量、安全和物流配送信息，从而实现农业全供应链管理，通过以销定产有效缓解产销不平衡引起的产业周期性波动。另外，大数据的数据处理和判别技术，也可以在土壤施肥、害虫杀消、墒情监控、种子培育、化肥销售等方面提供重要信息。其与农业物联网体系相结合，综合运用感知技术、遥控技术、地理信息系统技术、无线网络技术等，可以对农作物生长的墒情、苗情、灾情等作出分析、判断、总结，从而提出可行性处理方案。

3. 生态渔业

生态渔业是根据鱼类和其他生物的共生互补特性，采取相应的技术和管理措施，建立水生区域生态平衡，从而实现资源能源的节约利用，并有效提高养殖效益。

在养殖区域方面，要对水域的自然生态实行有效保护，科学划定江河湖海禁捕、限捕区域。同时，通过修复水域的生态环境，实现提质减量和渔业养殖区域的结构调整。在人工养殖方面，要推广稻渔综合种养、盐碱水养殖、循环水养殖等示范技术。还要加强现代渔港和渔港经济区建设，使渔业资源开发与生态环境保护实现有机统一。

4. 生态畜牧业

畜牧业是现代农业的重要组成部分，是农村经济的重要支柱。生态畜牧业是规模化畜牧业未来的发展方向，也是摆脱畜产品药残留的困扰、提升畜产品附加值、解决畜禽排泄物污染等多种问题的根本方法。

第一，加强对饲料基地、饲料质量及饲料消费的管控，开展绿色发展示范。优化布局，尽量在粮食主产区和环境容量大的地区布局生猪规模化养殖场，在苜蓿种植基地布局奶源基地。同时，做好作物种植和畜禽养殖的配套循环发展举措，保证畜禽养殖饲料有良好的种植基础。

第二，加强畜牧产品的质量管理，严格控制药物的使用。加强兽用抗菌药物的管理，不批准人用抗菌药物作为兽用药来生产和使用。加强规模化养殖场的净化工作，开展动物疫病净化，从源头上减少动物疫情的传播风险。同时在产品的生产过程中加强管理，加大资格审核力度。

第三，加强畜牧废弃物综合利用及畜禽粪便循环应用，推进种养结合、农牧循环发展。支持在生猪、奶牛、肉牛养殖集中区推进畜禽粪污的资源化利用，推进无废弃物或少废弃物生产，实施沼气发电互联、生物天然气联网等政策，推广沼气渣、沼液有机肥的利用。

四、生态文明与服务业发展

生态服务业是遵循生态学原理，以系统论为方法，倡导绿色生产和绿色消费的现代服务业发展模式，其主要特征是节能资源共享、产业关联度高、产品和服务绿色化。为了促进生态服务业快速发展，必须以经济社会可持续发展为指导思想，促进生态与社会、生态与经济、生态与文化的协调发展，加快传统服务业改造升级，支持现代服务业快速发展。现代服务业主要包括金融、电信等生产性服务业，物流和商业等流动性服务业，以及旅游、餐饮等消费性服务业。生产性服务业、流动性服务业、消费性服务业都要遵循生态可持续发展理念，把生态、资源、环境友好放在首位。①

在服务业中贯彻绿色消费理念具有十分重要的意义。绿色消费理念不仅可以鼓励人们在消费中形成正确的消费习惯、合理的消费模式、科学的消费理念，引导服务业逐渐向生态、绿色、低碳、环保发展，同时有助于带动传统粗放的工业、农业转型升级。无论是工业产品还是农产品都要经过服务环节才能进入消费领域，但是传统服务业资源消耗多、环境代价大，因此我国目前的产业生态化重点是利用现代科学技术对传统服务业生态化进行升级，从而打造低消耗、低污染的服务业，并使其与生态环境相协调。②

第二节 生态文明与政治法治建设

一、加强生态文明法治建设

党的十八大以来，我国全面深化生态文明改革，加快生态文明顶层设计和制度建设，出台了《关于加快推进生态文明建设的意见》《生态文明体制改革总体方案》，制定了40多项生态文明体制改革方案，从总体目标、基本理念、主要原则、重点任务、制度保障等方面，全面系统部署生态文明建设。与此同时，《土壤污染防治法》《长江保护法》等法律先后制定施行，《环境保护法》《大气污染防治法》《森林法》等法律进一步修订完善，为生态文明建设提供了法律保障。③

虽然“生态文明建设”一词近些年才出现在我国政府的官方话语中，但我国政府长期以来一直致力于建立生态环境保护体系。新中国成立之初，各项事业百废待兴，《中国人民政治协商会议共同纲领》作为新中国第一份宪法性文件，就写入了保护森林，有步骤地发展林业的战略。与之相应，中央人民政府下设林业部，负责全国林业工作。1950年2月，第一次全国林业工作会议在北京召开，确定了“普遍护林、重点造林、合理采

① 钱易.生态文明建设理论研究[M].北京：科学出版社，2020：81.

② 钱易.生态文明建设理论研究[M].北京：科学出版社，2020：81.

③ 努力建设人与自然和谐共生的现代化[EB/OL].（2021-11-06）［2021-12-14］. https：//www.xuexi.cn/lgpage/detail/index.html?id=2433296894191093245&item_id=2433296894191093245.

伐与利用”的林业建设总方针。1963年5月27日，国务院颁布了《森林保护条例》，以应对经济建设中过度砍伐的不利局面。这是中华人民共和国成立以来颁布的第一部也是最全面的森林保护条例。1972年，联合国人类环境大会召开后，我国政府在人均经济产值不到300美元的情况下开始了污染防治和生态保护工作。在1973年8月召开的第一次全国环境保护工作会议上，我国政府正式确立了“全面规划，合理布局，综合利用，化害为利，依靠群众，大家动手，保护环境，造福人民”的方针。改革开放以来，我国生态保护制度建设进一步加快，相关政策演变趋势如下：第一，从基本国策向可持续发展战略转变；第二，重点由污染控制向污染控制和生态保护转变；第三，从手术治疗向源头控制转变；第四，从点源治理向流域、区域环境治理转变；第五，从行政命令为主向法律经济手段为主转变。

随着中国特色社会主义生态文明建设不断推进，相关法律法规也在不断完善，逐步形成了由宪法、专门法、行政法规、地方性法规、规章、法律解释、环境标准和国际惯例和国际法等组成的生态环境保护法律体系。

1. 宪法

宪法是国家的根本大法，具有最高的法律权威与效力，其他任何法律都不能与之相抵触。

宪法第9条规定：“矿藏、水流、森林、山岭、草原、荒地、滩涂等自然资源，都属于国家所有，即全民所有；由法律规定属于集体所有的森林和山岭、草原、荒地、滩涂除外。国家保障自然资源的合理利用，保护珍贵的动物和植物。禁止任何组织或者个人用任何手段侵占或者破坏自然资源。”第26条规定：“国家保护和改善生活环境和生态环境，防治污染和其他公害。国家组织和鼓励植树造林，保护林木。”宪法中这些关于环境保护的规定，是环境立法的基础和指导性原则。2018年3月11日，第十三届全国人民代表大会第一次会议通过宪法修正案，其第32条规定：宪法序言第七自然段中“在马克思列宁主义、毛泽东思想、邓小平理论和‘三个代表’重要思想指引下”修改为“在马克思列宁主义、毛泽东思想、邓小平理论、‘三个代表’重要思想、科学发展观、习近平新时代中国特色社会主义思想指引下”；“健全社会主义法制”修改为“健全社会主义法治”；在“自力更生，艰苦奋斗”前增写 “贯彻新发展理念”；“推动物质文明、政治文明和精神文明协调发展，把我国建设成为富强、民主、文明的社会主义国家”修改为“推动物质文明、政治文明、精神文明、社会文明、生态文明协调发展，把我国建设成为富强民主文明和谐美丽的社会主义现代化强国，实现中华民族伟大复兴”。这一自然段相应修改为：“中国新民主主义革命的胜利和社会主义事业的成就，是中国共产党领导中国各族人民，在马克思列宁主义、毛泽东思想的指引下，坚持真理，修正错误，战胜许多艰难险阻而取得的。我国将长期处于社会主义初级阶段。国家的根本任务是，沿着中国特色社会主义道路，集中力量进行社会主义现代化建设。中国各族人民将继续在中国共产党领导下，在马克思列宁主义、毛泽东思想、邓小平理论、‘三个代表’重要思想、科学发展观、习近平新时代中国特色社会主义思想指引下，坚持人民民主专政，坚持社会主义道路，坚持改革开放，不断完善社会主义的各项制度，发展社会主义市场经济，发展社会主义民主，健全社会主义法治，贯彻新发展理念，自力更生，艰苦奋斗，逐步实现工业、农业、国防和科学技术的现代化，推动物质文明、政治文明、精神文明、社会文明、生态文明协调发展，把我国建设成为富强民主文明和谐美丽的社会主义现代化强国，实现中华民族伟大复兴。”

2. 专门法

专门法是专门性法律，指由全国人民代表大会及其常务委员会依照法定程序制定的，具有普遍约束力，并可以重复适用的法律规范体系。

《环境保护法》是一部专门保护环境的基本法，对环境保护的基本任务、基本原则、管理体制、组织结构、主要措施和法律责任作了原则性规定。环境保护坚持保护优先、预防为主、综合治理、公众参与、损害担责的原则，规定了环境标准制度、环境质测制度、环境规划制度、环境影响评估制度、清洁生产制度等。另外，《循环经济法》《大气污染防治法》《水污染防治法》《固体废物污染环境防治法》《草原法》《森林法》《水法》《清洁生产促进法》等专门法，也为生态文明建设提供了法律保障。

3. 行政法规

行政法规，是指由国务院依照法律程序制定的，具有普遍约束力，并可以重复适用的行政法律规范体系。

据统计，国务院已经制定了一百多部环境保护方面的法规和法规性文件，比如《建设项目环境保护管理条例》《排污费征收使用管理条例》等。在生态建设方面，国务院先后制定并发布了《森林法实施细则》《陆生野生动物保护实施条例》《关于大力开展植树造林的指示》《关于保护森林、发展林业若干问题的决定》《水土保持工作条例》《森林防火条例》《森林病虫害防治条例》《关于进一步加强造林绿化工作的通知》《退耕还林条例》《关于加快林业发展的决定》《关于全面推进集体林权制度改革的意见》等法规政策。

4. 地方性法规

省、自治区、直辖市及较大城市的人大及其常务委员会，根据行政区域的具体情况和实际需要，在不与宪法、法律、行政法规相抵触的前提下，可以制定地方性法规。

目前，我国已有多个地区制定了保护环境的相关法规。如《河北省环境保护条例》《云南省陆生野生动物保护条例》等。《贵阳市建设生态文明城市条例》是第一个以法律形式规定生态文明建设的地方性法规。据统计，从1987年我国开展地方立法工作，至2009年年底，贵阳市已制定并施行的涉及环境保护与自然资源管理的地方性法规共18

部，占贵阳市地方立法总数的25.4%。而在2007年之后颁布实施的12部法规中，“绿色法规”就有6部。2014年厦门市政府印发《厦门经济特区生态文明建设条例》，后在2019年、2021年两次修订，修订后的条例有许多亮点：其一，目标是实现碳达峰和碳中和；其二，适应中央深化生态保护补偿机制改革的需要，在“完善生态保护补偿机制”专章中，首次对整体制度进行了探索设计；其三，配合野生动物保护法的修改，增加相关规定。云南省人民政府于2021年颁布了《云南省创建生态文明建设排头兵促进条例实施细则》，该细则的实施以努力成为生态文明建设的先锋队为目标，以建设西南生态安全屏障、改善环境质量、推进绿色低碳发展、提高资源利用效率为重点，在法规的基础上，对各项工作进行规划控制、保护治理，促进绿色发展，促进社会参与，进一步细化、具体化保障监督工作，制定重点工作清单。

5. 规章

规章是国务院职能部门和享有规章制定权的地方人民政府，为了实施国家法律、法规，或者为了加强行政管理而依法制定的具有普遍约束力的规范性文件。

比如，国家环境行政主管部门制定的《环境监理工作暂行办法》《环境保护行政处罚办法》等，国家林业主管部门制定的《森林公园管理办法》《林木种质资源管理办法》等。

6. 法律解释

法律解释是科学阐明法律规范的内容和含义，让人们准确理解法律规范的意愿和立法目的，以保证法律规范的正确适用的文件。

环境保护法律的正式解释包括以下四类：一是立法解释；二是最高人民法院和最高人民检察院的法律解释；三是行政机关的解释；四是国务院环境保护部门就环境保护适用中的具体问题所作的解释。截至目前，国家生态环境管理部门就环境保护法律、法规和规章适用中的具体问题，作了大量的解释。这类法律解释也是有权解释，是全国各级生态环境管理部门进行环境行政管理的法律依据。

7. 环境标准

环境标准是为了执行各种环境法律法规而制定的技术规范。环境标准是进行环境管理的技术基础。

我国的环境标准包括国家环境标准、部门环境标准、地方环境标准等。其中，国家环境标准包括环境质量标准、污染物排放标准、基础标准、方法标准、样品标准等。

8. 国际惯例和国际法

目前，我国已加入了《联合国气候变化框架公约》《京都议定书》《关于消耗臭氧层物质的蒙特利尔议定书》《关于在国际贸易中对某些危险化学品和农药采用事先知情同意程序的鹿特丹公约》《关于持久性有机污染物的斯德哥尔摩公约》《生物多样性公约》《联合国防治荒漠化公约》等50多项涉及环境保护的国际条约，并依法履行相关义务。

值得一提的是，我国于2021年10月8日发布《中国的生物多样性保护》白皮书，这是我国政府发布的第一份生物多样性保护白皮书。白皮书以习近平生态文明思想为指导，介绍了我国在生物多样性保护领域的政策理念、重大举措和成果，以及我国践行多边主义、深化全球生物多样性合作的倡议和行动，展现了我国对世界的贡献。

二、完善生态文明制度建设

1. “五位一体”总体布局的提出

党的十八大报告指出，建设中国特色社会主义，总依据是社会主义初级阶段，总布局是五位一体，总任务是实现社会主义现代化和中华民族伟大复兴。报告提出，要坚持以经济建设为中心，以科学发展为主题，全面推进经济建设、政治建设、文化建设、社会建设、生态文明建设，实现以人为本、全面协调可持续的科学发展。2012年11月17日，习近平总书记在中共十八届中央政治局第一次集体学习中指出，党的十八大把生态文明建设纳入中国特色社会主义事业总体布局，使生态文明建设的战略地位更加明确，有利于把生态文明建设融入经济建设、政治建设、文化建设、社会建设各方面和全过程。党的十九大制定了新的战略计划，在对中国社会主义现代化建设的经验和综合评估的基础上，深入分析过去情况和经验，并明确表示五个方面的总体规划将用于推进中国特色社会主义事业。国家将从经济、政治、文化、社会、生态文明五个方面统筹推进新时期“五位一体”总体布局的战略目标，它是新时代推进中国特色社会主义事业的路线图，是促进人的全面发展、社会进步的签字书。

“五位一体”总体布局形成了一个有机整体。其中，经济建设是根本，政治建设是保证，文化建设是灵魂，社会建设是条件，生态文明建设是基础，共同致力于提高整体民族的物质文明、政治文明、精神文明、社会文明、生态文明。“五位一体”的最终目标是建成富强民主文明和谐美丽的社会主义现代化强国。

生态文明建设是关乎中华民族永续发展的千年大计。党的十八大以来，习近平总书记深刻回答了为什么要建设生态文明、建设什么样的生态文明以及如何建设生态文明等重大问题，提出了一系列具有里程碑意义的、创新性的、战略性的思想，形成了习近平生态文明思想。党的十九届四中全会以习近平生态文明思想为指导，提出坚持和完善生态文明制度体系的重大命题，推出一系列重大举措，为实现人与自然和谐共生、建设美丽中国筑牢绿色屏障。①

① 家在青山绿水间——生态文明制度体系如何为美丽中国保驾护航[EB/OL].（2020-08-13）[2021-12-14].https：//www.xuexi.cn/lgpage/detail/index.html?id=15416180227315859788&item_id=15416180227315859788.

2. 生态文明建设的重大意义

生态文明建设是一项关系中华民族永续发展的基础性工程。我们要从法治的内在本质、制度体系建设等方面深化对坚持和完善生态文明制度体系、“五位一体”总体布局和“四个全面”战略布局的重要内容的总体认识。

法治和制度是国家发展的重要保障，是党领导人民治国理政的根本途径，是生态文明建设的可靠保障。中国共产党是生态文明建设的领导核心。习近平总书记指出，环境保护必须靠制度、靠法治。要通过法律程序，把党和人民对生态文明建设的意见提升为国家意志和法律体系，形成对全社会的普遍约束力，把建议和决策呼吁转变为强制性制度，从而实现生态文明建设的根本制度保障。

生态文明建设是“五位一体”总体布局和“四个全面”战略布局的重要组成部分，必须有制度支撑。“五位一体”总体布局是中国特色社会主义事业的总体战略部署。它不仅关系到中国特色社会主义社会的全面发展和进步，也关系到社会主义与生态文明的高度一致性。当前我国社会主要矛盾已经转变为人民日益增长的美好生活需要和不平衡不充分的发展之间的矛盾，把生态文明建设纳入中国特色社会主义建设总体布局，是解决这一矛盾的战略考量。“四个全面”战略布局，是在新的历史条件下党治国理政的总体战略布局。生态文明建设是关系党和国家长远发展的全局战略，是生态文明建设的战略指导和根本引领。为了更好地领导人民实施生态文明建设伟大工程，推进中国特色社会主义“五位一体”伟大事业，实现“四个全面”战略布局的伟大梦想，建设人与自然和谐相处的美丽国家，必须加快推进国家治理体系和治理能力现代化，努力形成更加成熟稳定的中国特色社会主义体系。

生态文明建设是“两个一百年”奋斗目标的重大战略任务，必须有制度保障。全面建成小康社会，是全党全国各族人民共同追求的第一个百年梦想。习近平总书记多次指出，全面小康还不全面，生态环境质量是关键。习近平总书记在党的十九大上提出的第二个百年奋斗目标，就是把我国建设成为富强民主文明和谐美丽的社会主义现代化强国。其中的“美丽”是社会主义现代化建设的绿色属性，是背景色。生态文明建设是实现“两个一百年”奋斗目标的重大战略任务，要坚持和完善生态文明体系：其一，生态文明、美丽中国、天人合一是实现中华民族伟大复兴中国梦的历史和必然；其二，要坚持和完善中国特色社会主义制度，推进国家治理体系和治理能力现代化，从制度上明确生态文明建设的方向，坚持方向不变、道路不偏、力量不减，推动新时代生态文明建设稳步前进。

3. 生态文明建设的主要成果

党的十八大以来，以习近平同志为核心的党中央蹄疾步稳推进全面深化改革，改革全面发力、多点突破、纵深推进，生态文明建设系统性、整体性、协同性得到增强，重要领域和关键环节改革取得突破性进展，构建了产权清晰、多元参与、激励约束并重、系统完整的生态文明制度体系，推动我国生态文明建设发生历史性、根本性和转折性变化。[①]

（1）完善自然资源资产产权制度

逐步建立统一的权利确认和登记制度，实现水流、森林、山岭、草原、荒地、滩地等所有自然生态空间的统一权利登记。国家自然资源资产管理体制逐步完善，自然资源部正式成立。水权确权、湿地产权确权试点稳步推进，水生态空间确权试点取得进展。

（2）建立国土空间开发和保护制度

主体功能区体系、国土空间使用控制体系、以主体功能区为基础的区域政策逐步完善；覆盖全国国土空间的监测体系不断完善，国土空间监测实现了动态化；国家公园制度建立，自然资源监管制度不断完善。

（3）建立空间规划体系

全面编制空间规划，实现规划空间全覆盖，市县多规划合一，市县蓝图工作不断推进。空间规划编制方法不断创新，规划科学化、透明化程度不断提高。

（4）完善资源全面管理和全面节约制度

实施最严格的耕地保护制度、土地节约集约利用制度、水资源管理制度、总能耗管理与节约制度、天然林保护制度、草地保护制度、湿地保护制度，同时逐步完善荒漠化土地保护体系、海洋资源开发与保护体系、矿产资源开发与利用管理体系以及卫生资源回收利用体系等，这体现了全面性、立体性、全流域、全流程推进资源全面管理和综合节约的系统机制。

（5）完善资源有偿使用制度和生态补偿制度

自然资源及其产品价格改革有序推进，逐步建立了价格决策程序和信息公开制度。土地有偿使用制度不断完善，矿产、海域、海岛有偿使用制度不断健全，资源环境税费和生态补偿机制改革继续推进，生态补偿试点取得积极进展。生态保护修复资金使用机制不断完善，国家生态安全屏障保护修复资金投入力度不断加大。退耕还草、河湖休养制度从无到有，加强了退耕还林还草、退牧还草成果巩固长效机制建设。

（6）建立健全环境治理体系

实施排污许可证制度和区域污染防治联动机制，逐步建立农村环境治理体制机制，完善环境信息公开制度、环境新闻发言人制度、环境保护网络报道平台和报道制度。严

① 生态文明建设的重大制度创新[EB/OL].（2020-01-09）[2021-12-14]. https：//www.xuexi.cn/lgpage/detail/index.html?id=16413563524892876029.

格落实生态环境损害赔偿制度，完善环境保护管理体制，进一步畅通行政执法与环境司法联动机制。

（7）完善环境治理和生态保护市场体系

逐步培育环境治理和生态保护的市场主体，实施能源使用权和碳排放权交易制度、水权交易制度等。不断探索和完善绿色金融体系和统一的绿色产品体系。

（8）完善生态文明建设绩效考核和责任追究制度

生态文明建设目标体系日趋清晰，生态文明建设目标评价方法逐步建立。资源环境承载能力监测预警机制不断完善，自然资源资产负债表得到梳理。自然资源资产离任审计试点逐步展开，生态环境损害终身责任追究制度和国家环境保护监督管理制度持续推进。

4. 生态文明建设的主要措施

（1）实行最严格的生态环境保护制度

为了解决企业生产造成的生态破坏和环境污染问题，以及个人不健康的生活方式造成的资源浪费问题，需要完善源头预防、过程控制、损害赔偿和责任追究等生态环境保护制度。一是加强生态环境全过程保护，从生产源头、生活源头、生态源头进行综合防治，建立预防为主、过程监督、责任追究的生态保护机制。二是完善跨区域污染防治机制和陆海一体化生态环境治理体系。在尊重自然生态环境独立的基础上，科学把握山水林田湖草沙共生、各种污染物与土壤水分相互作用等客观规律，发挥海洋与陆地之间和区域与部门之间的联动效应，解决生态环境治理过程中存在的不统一、不协调、不一致的问题。三是完善绿色生产和消费的法律体系和政策制度，全面废除不符合绿色发展要求的法律法规，及时调整新时代不符合生态文明建设要求的规定，完善地方环境保护法律法规。四是完善支持绿色产业发展政策，引导社会资本发展绿色产业。

（2）全面建立资源高效利用体系

一是完善自然资源产权制度。推进自然资源所有权和使用权分离，明确自然资源使用者的具体责任和权利、各种自然资源使用权，建立和完善权责明确、监督有效的基本生态文明制度。二是完善资源节约和循环利用政策体系，实行资源全面管理和综合保护制度。三是在资源利用过程中，树立资源节约化、集约化、循环利用的观念，提高人们节约资源和保护生态环境的意识。四是实行自然资源有偿使用制度，促进自然资源合理配置，防止浪费。

（3）完善生态保护和修复制度

中国绿发会副理事长兼秘书长周晋峰结合团队实际工作经验提出了生态修复“四原

则”，即节约原则、自然原则、有限原则和系统原则。[①]节约原则强调生态修复工程须坚持节约优先，每一度电、每一滴水背后都有对应的资源环境代价，对生态已经被破坏的相关区域应以自然恢复为主，尽量采用基于自然的解决方案来开展修复，以降低对自然资源和能源的耗费，并减少二次污染。[②]自然原则讲究一个“宜”字，强调从当地实际情况出发，因地制宜进行修复，如对遗留废弃地进行植被恢复时，首先要充分考虑适合本地环境的乡土物种，保障生物多样性，比如在沙漠地区就不宜大规模种植高大乔木，以避免超量采用地下水资源。有限原则强调避免过度修复，因为过度修复往往意味着高昂的治理费用。系统原则强调从整体视角来考虑生态保护和修复问题。急于求成、做表面文章的修复工程常功亏一篑，成功的修复并非几年之功，需要十年甚至更长时间才能看到效果。因此生态保护和修复需要树立大局观、全局观，须坚持山水林田湖草沙是生命共同体的原则，着眼于更为宏观的时空尺度来考量整个工程，坚持系统治理与整体把握相结合，进行生态修复时应充分考虑周边环境的实际情况，再确定治理、修复的强度和标准。四大原则浑然一体，皆在强调自然修复须按照自然规律，尊重环境本身特征和客观情况，在尊重自然的同时积极参与自然保护，将自然原则置于首位，再进行人为干预，为自然留出喘息空间。[③]

（4）强化生态环境保护责任制

严格执行生态环境保护的检查责任、履行责任和责任追究的制度链，是生态文明建设过程中的关键环节。严格执行生态环境保护责任制需要从以下方面入手。一是建立生态文明评价体系，领导干部要树立科学的政绩观，将环境破坏成本、生态资源消耗等一系列反映生态效益的指标纳入评价体系，建立体现生态文明要求的指标体系、考核方法和奖惩机制，按履行生态环境责任标准加强监督。二是落实中央生态环境保护监督制度，设立专职监察机构，对各省、自治区、直辖市党委、政府和中央企业进行日常监察，必要时进行“回访”。三是落实生态补偿制度和生态环境损害赔偿制度，建立多元生态补偿机制，逐步增加对重点生态功能区的转移支付，完善生态保护效果与资金投入挂钩的激励约束机制，制定以地方为主体、中央财政提供支持的横向生态补偿机制和措施，严格落实生态环境损害赔偿制度，健全环境损害赔偿法律制度、评价方法和执行机制，强化生产者环境保护法律责任，大幅度提高违法成本。

① 推动生态文明建设，实现人与自然和谐发展——周晋峰研究团队2020年重点工作报告[EB/OL].（2021-01-09）[2022-04-13]. http：//www.cbcgdf.org/NewsShow/4854/15031.html.

② 遵循生态保护原则修复矿山（新时代新步伐）[EB/OL].（2020-09-29）［2022-04-13］. https：//baijiahao.baidu.com/s?id=1679113012841805762&wfr=spider&for=pc.

③ 推动生态文明建设，实现人与自然和谐发展——周晋峰研究团队2020年重点工作报告[EB/OL].（2021-01-09）［2022-04-13］.http：//www.cbcgdf.org/NewsShow/4854/15031.html.

三、强化GDP与GEP双考核体系

生态系统生产总值（Gross Ecosystem Product， GEP）是特定地域单元自然生态系统提供的所有生态产品的价值。生态系统生产总值可以测算自然生态系统对于人类福祉的贡献以及地区生态产品供给水平，是生态文明建设的重要评价指标。[①]生态系统生产总值核算对象涉及陆地生态系统、湿地生态系统、草地生态系统、森林生态系统、荒漠生态系统、农田生态系统、城市生态系统等，核算内容包括生态系统服务、物质产品供给、调节服务、文化服务等。

生态系统生产总值核算的主要工作程序如下：根据核算目的，确定生态系统生产总值核算区域范围，明确生态系统类型以及生态系统服务的清单，确定核算模型方法与适用技术参数，开展生态系统生产总值实物量与价值量核算。[②]

1. 生态系统生产总值核算的目的

生态系统生产总值核算是评价生态效益的具体指标，是将生态效益纳入经济社会发展评价体系的切入点和突破口，也是国际生态学和生态经济学研究的前沿领域。生态系统生产总值核算机制的建立，可以为将生态效益纳入经济社会发展评价体系、完善发展成果和政治成果评价体系提供重要支撑，还可为自然资源资产负债表的编制提供生态资产评估的基础与依据。生态系统生产总值核算的目的包括以下五个方面。

（1）描绘生态系统运行的总体状况

生态系统在维持自身结构与功能过程中，向人类提供了各种各样的产品和服务。生态系统生产总值核算以生态系统提供产品和服务的功能量与价值量为基础，通过核算生态系统生产总值，借助生态系统生产总值大小及其变化趋势，定量描绘生态系统运行的总体状况。

（2）评估生态保护成效

生态系统服务能力的损害和削弱会导致水土流失、沙尘暴、洪涝灾害和生物多样性丧失等一系列生态问题，生态保护的主要目标就是维持和改善区域生态系统，增强区域可持续发展能力。生态系统生产总值核算基于对生态系统提供的产品和服务的评价，可以作为定量评价生态保护效果的有效方法。

---

① 董俐.基于生态系统生产总值的区域生态补偿空间选择研究[D].杭州：浙江大学，2021.

② 陆地生态系统生产总值（GEP）核算技术指南（试用）[EB/OL].（2021-01-22）［2021-12-14］.http：//www.caep.org.cn/zclm/sthjyjjhszx/zxdt_21932/202101/t20210122_818324.shtml.

（3）评估生态系统对人类福祉的贡献

生态系统与人类福祉的关系是国际生态学研究的难点和前沿，其焦点是如何刻画人类对生态系统的依赖作用以及生态系统对人类福祉的贡献。生态系统生产总值通过对生态系统提供的产品和服务的定量评估，可以评估生态系统对人类福祉的贡献。

（4）评估生态系统对经济社会发展的支撑作用

良好的生态系统是经济社会可持续发展的基础，它既为经济社会发展提供了所需的物质产品，也提供了经济社会发展所需的环境条件。生态系统生产总值核算可以明确生态系统所提供的产品和服务在经济社会发展中的支撑作用。

（5）认识区域之间的生态关联

生态系统生产总值核算可以定量描述区域之间的生态依赖性或生态支撑作用。

2．生态系统生产总值核算的意义

从政府角度来看，生态系统生产总值核算体系为区域生态环境对人类社会与经济的贡献与影响提供了一个可量化、可执行、可公开、可评估的方式，是推进生态文明建设、实现全社会生产方式和生活方式绿色转型的抓手，在区域规划、政策评估、项目决策等领域为政府提供了更系统科学、可横向比较的数据基础。

对企业而言，生态系统生产总值核算体系的引入有利于企业明确自身发展与生态保护的关系，向社会各界更好地展示其对于生态保护所付出的努力和所做出的贡献，从而获得品牌价值与社会影响力的提升。企业还可以捕捉在生态文明建设中蕴含的发展机遇，与政府、公众达成多赢的合作机制。

对于个人而言，生态系统生产总值的核算体系使普通民众可以更直观地理解生态环境为自身生活带来的影响，以及政府在生态环境保护与治理中的表现等。

生态系统生产总值核算的推广和应用离不开体系化建设。系统化、规范化、科学化的生态系统生产总值核算体系是充分发挥生态产品价值的数据基础。我国幅员辽阔，生态环境多样，各地应依托当地自然资源、产业基础和人文环境，特色化建立生态系统生产总值核算的指标体系和政策体系，在试点中探索、总结适合自身的绿色发展路径，实现从“绿水青山”到“金山银山”的转化。[①]

① 卫滨，朱凌云，余泠.生态系统生产总值（GEP）的概念与核算试点[J].中国资产评估，2021（10）：66-70.

经典案例6-1

普洱市率先进行GDP和GEP双核算[①]

云南省普洱市是全国首个绿色经济试验示范区。近年来，为了进一步合理利用区内生态资源，保护生态环境，推动绿色发展的常态化、长效化、制度化，普洱市人民政府联合中科院生态环境研究中心、中国绿发会共同开展了普洱市生态系统生产总值（GEP）的核算工作。《普洱国家绿色经济试验示范区白皮书》是普洱市委市政府、人民论坛杂志社、人民智库联合发布的普洱市GEP核算指导意见。白皮书对GEP核算的详细指标做出了说明，考核指标包括资源利用效率、环境与生态效率、绿色经济发展、工作开展与评价4项一级指标，以及29项二级指标。在4项一级指标中，各县（区）绿色经济发展占据了55%的权重；资源利用效率指标主要考核资源节约与循环利用占GEP考评权重的20%；环境与生态效率指标主要核算生态环境保护与污染物排放的控制与治理，权重为20%；工作开展与评价主要考核推动绿色经济的工作体系建设与完善、政策落实与创新、公众意识与理念三方面内容，权重占5%。

普洱市将GEP考评结果作为干部人事任免、职务调整和奖惩晋级的重要指标，以及下年度调整和优化财政转移支付、项目资金安排的参考。

在GEP与GDP双轨考核制度下，2017年，普洱市实现绿色GDP 588.29亿元，占GDP比重达94%，绿色产业收入占农民收入和财政税收的比例均达到50%以上。

第三节　生态文明与文化环境建设

大自然是人类赖以生存发展的基本条件。尊重自然、顺应自然、保护自然，是全面建设社会主义现代化国家的内在要求，我们必须牢固树立和践行绿水青山就是金山银山的理念，站在人与自然和谐共生的高度谋划发展。

一、生态文明建设须扭转发展观念

中国绿发会副理事长兼秘书长周晋峰博士多次提到，人类在发展历程中，已经经历原始文明和农业文明，当下正处于工业文明后期。当然全球各个地区的发展是不平衡的，

① 云南普洱率先探索推行GDP与GEP双核算[EB/OL].（2018-10-20）[2022-04-10]. https：//difang.gmw.cn/yn/2018-10/20/content_31790277.htm.

并不是都处于同一个发展阶段，但不可否认的是，随着工业文明的产生与发展，人与自然的冲突日益加剧，当下人类需要进入新的生态文明时期。2020年疫情的暴发，让人类更加深刻地认识到，人对动植物的栖息地和自然环境的过度侵占，使得人与自然之间全新的冲突不断发生。我国自古以来就重视对自然的保护，在《道德经》中，老子提出“道法自然”的观点，此观点指导着我国几千年来艺术、生活、文学等各领域的发展，其对于当今社会生态保护的启示意义也不容小觑。周晋峰在第二届中国自然科普教育发展高峰论坛开幕式上致辞表示：“人类保护生物多样性的实践，其本质就是人类对大自然进行理解和保护的过程。与自然的和谐共处，其中一个很重要的方面就是帮助自然生态客观、自主地进行演进，而不是人为作出干扰的、甚至破坏性的反向作用，只有这样，才能实现生态环境的动态平衡和人类可持续发展”，“大家必须做出改变，而这一切都应该首先从自然教育开始，让孩子们参与其中，理解和传播生态观念，共同保护山、水、林、田、湖、草、沙这些我们赖以生存的条件，创造人与自然更和谐的共处空间！”[①]

生态文化是生态文明建设的重要内容和支撑。那么，我们是否有相应的文化基础，能否构建符合生态文明建设和发展需要的文化呢？对此，我们可以从以下几个方面来理解。

第一，党的十八大以来，党中央将生态文明建设作为一柄利刃，促进“五位一体”总体布局和“四个全面”战略布局的协调推进，并开展了一系列基础性、长期性工作，在前期实践过程中提炼出了一系列新概念、新思想、新战略，形成了习近平生态文明思想。习近平生态文明思想为我国生态文明建设提供了基本方向和指导准则，促使我国为建设一个美丽的人与自然和谐共处的现代化国家而不断奋斗。科学的生态价值观是生态文明建设的重要指导。党的十九大报告指出，人与自然是生命共同体，人类必须尊重自然、顺应自然、保护自然。习近平总书记指出，山水林田湖草沙是生命共同体，要统筹兼顾、整体施策、多措并举，全方位、全地域、全过程开展生态文明建设。这些科学判断反映了以习近平同志为核心的党中央对人与自然关系的科学认识，是中国共产党生态价值观的鲜明体现。同时，这些论断也将人与自然的关系提升到哲学的高度，对我们认识自然、建设生态文明具有重要的指导意义。价值观是人类文化的核心要素，这些科学的论断也就成为生态文明建设的文化基础。把人与自然视为生命共同体，并指出它们之间的内在关系，这体现了中国特色文化底蕴，是我国对全人类的贡献，将展示在越来越多的来自世界各地的人们面前。

第二，我国有几千年的悠久文明，中华民族的历史发展过程也是一个人与自然不断互动的过程。在这一过程中，中华民族构建了关于人与自然的精神系统、制度系统、自然环境利用和治理系统。在我国，天人合一的观念，崇尚自然、尊崇自然的传统信仰，

① 周晋峰：改变人与自然冲突，首先应该从自然教育开始[EB/OL].（2020-05-24）[2022-04-13]. https://mp.weixin.qq.com/s/m18HafaGJn5CWvvVPsUhWA.

关爱自然环境的行为模式，享受自然的生活方式，都是中华民族传统文化的重要组成部分。今天，我国各族人民仍然保持着丰富的生态文化，特别是尊崇自然的观念根深蒂固，文化习俗依然丰富多彩。在这样的文化传统和基础上，我们应有建设生态文明的文化自信，同时可以从丰富而优秀的传统文化中源源不断地汲取关于生态文明建设的深厚且多样的历史资源。

目前，我国在生态文明建设方面已经取得了辉煌的发展成就，与生态文明相适应的文化建设已经具备了坚实的经济基础、可靠的制度保障和先进的科学技术支撑。值得一提的是，我们拥有强大的宣传体系，在该体系的传播引导下，公众会更加理解、认同并支持生态文明教育，从而进一步提升公众的生态文明素养，帮助人们建立并实践适合生态文明建设的生活方式，最终形成良好的文化氛围。

二、生态文明建设须筑牢文化根基

我国助推生态文明建设的文化力量主要体现在社会层面有科学的生态价值观的指导，民众有较好的生态环境素养，有环境友好型的社会习俗、生活方式、生产方式。[①]为建设高标准的环境友好型社会，使人与环境的关系成为一种友好的文化关系，我们应该从以下几个方面着手。

第一，进一步增强全社会对建设美丽中国的共识和认同。我们需要维护人与自然之间的和谐，毫不动摇地坚持生态发展新理念：森林、水域和郁郁葱葱的山脉是无价的资产。要动员社会各界促进生态发展，构建一个美丽的中国，让我国居民享受大自然的美，生活在碧水青山之间。我们要走生产发展、生活改善、生态良好的文明发展道路，要使每个公民都有建设美好家园的强烈愿望，形成生态文明建设的广泛共识，自觉、主动地与党中央生态文明建设战略保持高度一致，自觉落实党的生态文明建设要求。在这种强大驱动力的影响下，引导人们主动选择走生态发展之路并身体力行。

第二，要进一步推进生态文明建设价值体系建设。生态文明建设必须以科学完整的价值体系为支撑，生态文明建设的价值体系必须建立在人和自然是生命共同体的理念之上，使人们具有强烈的敬畏、尊重和关爱自然的意识。科学的生态文明建设价值体系，有利于平衡人类的发展需要和环境的保护需求，体现保护自然、回归自然的先进理念。

第三，提高公民的环境素质。生态环境问题是关系党的使命宗旨的重大政治问题，是关系人民生活的重大社会问题。生态文明建设涉及每位公民，涉及每个人的衣食住行，因此每个人都要为生态文明建设贡献力量。公民的环境素质是生态文明建设能否取得实效的关键，因此应着力提高公民的环境素质。公民的环境素质提升的具体表现包括公众

① 用文化的力量助推生态文明建设[EB/OL].（2018-10-29）［2021-12-14］. http：//theory.people.com.cn/n1/2018/1029/c40531-30367783.html.

环境意识的提升、环境知识的增长、环境友好行为的形成、绿色生活方式的形成、关心和保护环境的自觉性的增强、参与能力的提高，等等。要加强生态文明宣传教育，倡导节俭适度、绿色低碳、文明健康的生活方式和消费方式，推动全社会成员共同参与生态文明建设。

第四，推进与当代生态文明建设相适应的文化建设。要在全社会营造良好的生态文明价值氛围，把生态文明建设融入社会生活的方方面面，让人们有机会共享生态文明建设的美好成果。要加快生态文明科学研究和知识普及，加强生态文明新闻舆论宣传，加强生态文明群众文化建设，营造良好的生态文明价值氛围。同时结合传统文化，创设与生态文明建设相关的各种节日、仪式，营造具有时代意义的生态文化氛围。着力打造一批示范点，让社区、家庭、政府成为生态文明实践的排头兵，在社会上发挥引领示范作用。

三、生态文明建设须形成社会风尚

提高全民生态文明意识，是建设良好社会风尚的前提条件，生态文明建设关乎千家万户，关系各行各业。我们要积极培育人们的生态道德和生态文化，充分发挥人们的创造力、积极性和主动性，使生态文明成为社会的主流价值观念，真正实践绿色生活方式，最终形成良好的社会风尚，从而促进生态文明建设。

第一，树立生态责任意识。不仅国家和企业对生态保护负有责任，每个公民也对生态保护负有责任。树立生态责任意识，是公民的世界观、人生观、价值观在生态文明建设中的具体体现，是公民在社会发展过程中逐步承担的义务。生态环境问题事关每一个人、每一个家庭，事关中华民族的世世代代。人类生活在地球上，文明在一定程度上是以自然资源的损耗为代价实现的。地球的资源储备原本是一笔巨大的财富，但是随着人类生产技术的不断进步，资源的生成及储存速度已经远远无法跟上人类需求增长的速度，原有的平衡关系逐渐被打破，以子孙后代应享有的自然资源为代价创造现代社会的进步，是极不公平的。我们不仅有保护生态环境的义务，更有为后代保留一个美丽富饶的地球的义务。随着生态环境问题日益突出，如何培养和提高公民的生态责任意识，已成为当前生态文明建设中不可忽视的课题。公民的生态责任意识不仅体现为自觉抵制各种破坏生态环境的行为，还体现为自觉参与各种有利于生态环境的活动。生态文明建设能否取得成功，关键在于广大公民是否意识到自己对生态保护的责任，以及参与生态环境保护的程度。

第二，树立生态文明意识。具体包括以下措施：组织开展生态文明宣传活动，普及生态文明知识，引导公众树立生态文明意识，培养公众的生态文明行为；开展生态文明试点示范活动，建设生态文明宣传教育和示范基地；在政府机关、社区、企业、学校、医院、家庭等场合开展生态文明建设活动，提高人民素质；鼓励国家机关、企事业单位和社会团体编写具有当地特色的生态文明读物和宣传材料，定期组织生态文明学习和培训活动；推进生态文化建设，培育生态文化载体，发展体现生态文化要求的文化事业和文化产业；加大生态文明宣传力度，在主流媒体重点版面和重要时段开设专题栏目，发布生态文明建设公益广告；开展世界环境日、国际生物多样性日、国家节能宣传周、国家低碳日等活动，提高全民素质，推动全民参与生态文明建设。

第三，推广绿色生活方式。首先，必须坚持走绿色发展道路，坚持可持续发展战略，坚持节约资源和保护环境的基本国策，走生态良好、生产富裕、生活舒适的文明发展道路。坚持人与自然和谐发展的原则，加快建设中国特色资源节约型、环境友好型社会。其次，要培育绿色生活方式，加快生产方式的绿色转型。要想使绿色消费成为主流，就必须研究消费者的需求，引导企业转变生产方式，从源头上进行绿色生产，为消费者提供多元化、人性化、高科技的绿色产品。最后，在全社会开展绿色生活宣传活动。坚决反对各种形式的浪费和奢侈消费，加快推进绿色、低碳、健康、节约的生活方式。在推广绿色生活方式时，并不是要求人们不消费，而是要引导人们用更负责任的态度去消费，每次消费行为都以追求低碳为准则。

第四，将生态文明教育纳入国民教育体系。首先，我们要开展基本的生态文明教育。引导人们树立生态文明观念、培养人们的生态意识，主要靠教育。基础生态文明教育作为个体在初始阶段接受的生态文明教育，对培养人们的生态危机意识、生态科学意识、生态价值意识、生态美学意识和生态责任意识具有基础性作用。我们要把生态文明教育纳入国民教育体系，将生态文明内容编入义务教育地方课程系列教材，融入日常教学。大、中、小学应当结合环境教育工作，定期组织开展生态文明主题活动，加强生态文明宣传教育。其次，开展专业的生态文明教育。大学生是生态文明建设的最佳宣传者和生力军，专业性的生态文明教育应以大学生为主要对象，实践中应针对大学生的生态素质和生态意识情况，制定公共课与专业课兼具的教育模式，有先后、有深浅、有层次地推进大学生态文明教育。再次，开展生态文明职业教育。生态文明职业教育主要是通过开设不同层次、不同规格的学术班、专题班、研讨会、通俗班等形式开展生态文明教育。在教学方面，在职生态文明教育应根据不同的培养对象和要求制订不同的教学计划。更新、补充、拓展和提高成人的生态知识能力是一种高层次教育，也越来越受到人们的重视。它在生态文明建设和以全民学习、终身学习为特征的学习型社会的形成中发挥着越来越突出的作用。最后，开展生态文明社会教育。生态文明社会教育是我国整个生态文明教育体系中最薄弱的环节，需要利用广播、电视、报纸、网络等手段，全面、广泛、深入地开展生态文明教育，提高公民的生态文明素质。

· 本章小结 ·

习近平总书记在2019年中国北京世界园艺博览会开幕式上的讲话中指出：要倡导环保意识、生态意识，构建全社会共同参与的环境治理体系，让生态环保思想成为社会生活中的主流文化。党的二十大报告强调，倡导绿色消费，推动形成绿色低碳的生产方式和生活方式。为加快构建以生态价值观念为准则的生态文化体系，需要从全民宣传教育、法治建设、文化传承与创新等方面综合推进。本章希望学生能够理解生态文明建设和个人之间的关系，深刻领悟只有个人的所思所行与国家方针战略高度一致，生态文明建设才会拥有生生不息的力量。

· 教学检测 ·

思考题：

1. 为什么说每个人都要为生态文明建设贡献力量？
2. 生态系统生产总值核算的意义有哪些？

数字资源6-1
思考题答案

· 生态实践 ·

数字资源6-2
武汉商学院2022年
“劳动教育活动月”

第七章 生态文明建设的主要路径

学习目标：

1. 能够指出我国生态文明理念建设的主要途径；

2. 了解生态技术的概念、特征、发展及其应用；

3. 能够结合实际案例分析政府在进行企业生态管理过程中的主要原则与方法。

第一节 树立生态文明建设理念

生态文明建设是中国共产党在十七大报告中提出的一项重要战略，在十八大报告中将其纳入中国特色社会主义事业总体布局，使生态文明建设的战略地位更加明确。生态文明是我国在社会主义建设新时期，遵循自然规律、服务人民根本利益、顺应时代潮流的伟大发展战略。

建设生态文明需要理念先行。2015年9月，中共中央政治局会议审议通过的《生态文明体制改革总体方案》明确了生态文明建设的六大理念，即尊重自然、顺应自然、保护自然的理念，发展和保护相统一的理念，绿水青山就是金山银山的理念，自然价值和自然资本的理念，空间均衡的理念，山水田林湖是一个生命共同体的理念。[①]综合来看，生态文明建设的六大理念无不体现出一种新的生态发展观，既强调对自然环境与生态系统的尊重与保护，也重视满足人类自身的发展需求，以达到生态与发展和谐统一的目标。树立生态文明建设理念，就是要树立对自然环境、生态系统以及自然资源的保护意识，转变发展观念与发展模

① 中央政治局会议审议《生态文明体制改革总体方案》等[EB/OL].（2015-09-11）[2022-10-11］.http：//www.gov.cn/xinwen/2015-09/11/content_2929735.htm.

式，同时通过持续的生态文明教育与宣传，营造崇尚生态文明的文化氛围，培养具有生态素养、价值观、责任感以及行为习惯的新时代大学生。

一、践行绿色发展观

（一）树立绿色发展观

人类的发展史就是一部人与自然的关系史。人类开发利用自然资源进而改造自然，同时自然也反作用于人类，影响着人类的存续与发展。人类文明经历了原始文明、农业文明、工业文明等发展阶段，每一次文明的转型都伴随着人类与自然之间的激烈冲突。原始文明与农业文明时期，人类的生产活动需要顺应自然，此时人类与自然的关系是以自然为中心的。自工业文明诞生以来，人类改造自然的能力大幅提升，同时也带来了盲目的自信情绪。妄自尊大的人类试图征服自然、改造自然为己所用。然而，随之而来的是日益严峻的生态危机，造成人与自然关系的高度紧张。绿色发展战略的提出体现了中国共产党对新的发展模式的探索，它源于中国共产党人对人类发展历史的理性思考、对当代国际环境与国内形势的深刻洞悉、对实现人民群众美好生活的庄严承诺。

绿色发展观的提出是对传统文化中的朴素生态思想、西方生态伦理理论以及马克思主义生态观的继承与发展，体现了生态文明价值观。这种价值观是建立在人与自然和谐相处的二元价值体系之上的，是对人类中心价值观的摒弃。在科学技术高度发达的今天，人类尤其需要高度警惕过分陶醉于对自然界的胜利。每当人类满足于对自然的征服时，自然界总是给予我们相应的报复。

（二）增强可持续发展意识

1987年，世界环境与发展委员会发表了关于人类未来的报告《我们共同的未来》。该报告首次提出“可持续发展”的概念，“可持续发展”可以表述为：既能满足当代人的需求，又不损害子孙后代满足其需求的能力。可持续发展理念的宗旨在于保持经济的发展和进步的同时，维护环境的长期价值。1992年6月，联合国环境与发展大会在巴西里约热内卢召开，会上第一次把“可持续发展”从一个学术理论上升为整合环境政策和发展战略的可行的战略框架。可持续发展的基本内容包括：合理、有节制地开发和利用自然资源；实现生态环境与经济发展的协调统一；进行生产方式的转型；实现代际平等；建立新的道德与价值标准，提倡人与自然的和谐相处。

可持续发展的基本出发点是保障人类长期发展的能力，是以发展为核心建立起来的概念。可持续发展对于发展中国家十分重要，它否定了“零增长”这种过分注重环境保护而忽视发展中国家发展权利的激进思想，维护了世界不同地区以及代际之间的发展权公平。

践行可持续发展的理念，就是要同时保护人类的生存权与发展权，实现经济、社会、环境的全面发展。可持续发展的首要任务是促进全体人类的经济发展，提高人均收入，改善人类生活福祉，解决目前依然存在的极端贫困、饥饿、疾病、男女不平等等社会问题，同时实现生态保护与人类发展的平等，使人类的发展不致损害自然生态与资源的可再生能力。可持续发展不是先发展、后治理，而是有计划地调控发展与生态资源保护之间的关系，同时通过技术与管理的创新，促进二者的协同发展。可持续发展的主要实现路径是发展科技与教育，即通过科学技术来调和经济发展与环境保护之间的矛盾，用教育来实现社会的公平与发展。

（三）推动生产方式转型

践行绿色发展观，首先要使生态文明、绿色发展的理念深入人心。其次要积极推动生产方式的转型。传统的工业生产方式有着滥用自然资源、排放大量废弃产物、生产效率较低等弊端。这种粗放型的生产方式如果不加以限制，会严重威胁我国的生态环境和资源安全。绿色生产方式通过科技和管理的创新，能够最大限度地节能、减排、降耗、控制污染。我国光伏技术的快速发展大大减少了化石燃料在全国总发电量中的比例，从而减少了温室气体的排放。

绿色生产方式还是一种集约化、精细化、可追溯的生产方式，可以通过精准控制生产过程中的每一个环节，提高资源使用的效率、降低污染物的排放。例如，在企业管理中采取循环利用与废料回收的生产流程，既减少了污染物的排放，又降低了生产成本。再如，采用碳足迹技术，可以在产品生产的全生命周期追溯碳排放的情况，科学地评价企业的碳排放情况。

二、培育生态文化观

（一）生态文化的本质

恩格斯认为，文化是由人类的社会活动及自然发展衍生而来的产物。文化与自然不同，但文化并不脱离自然。人首先是自然的直接产物，其次才是社会关系的动态主体，文化是人类社会发展的结果。自然被认为是人类发展的起点，为人类发展提供动力，它是一种生产手段，也是所有人类文化活动的基本条件。人与自然的结合创造了具有区域性的生活特征、历史乃至文化，因为它反映了一个社会的面貌。

文化首先反映人与自然之间的关系。自然不仅是人类的起点，也是人类生存的环境前提。没有自然，人类就无法创造、满足物质和精神需求。当人类与自然要素结合在一起创造消费产品时，文化意义也就随之产生。人对自然界的创造和征服应该与自然界相统一，人通过劳动创造的价值都可以称作文化价值。如果人脱离了自然，就无法生存和发展，因此，破坏自然是一种反文化的行为，而生态文化是人类活动过程中人与自然关系的一种体现。

生态文化是人类对人、自然和社会关系的认识不断深化的结果，也是一种以尊重自然生态环境和人类文化的精神来行事的思维方式。生态文化表达了人类对自然的独特感情。在特定区域生活的人们的特殊思维方式、生活方式和生产方式等作为独特的生态文化形式会对自然生态环境产生很大影响。如果每个人都尊重自然环境并与之和谐相处，遵循客观规律，这就会成为一种符合生态文化要求的生活方式，成为推动社会可持续发展的重要动力。

（二）弘扬中华优秀传统生态文化

中华五千年历史中蕴藏着丰富的文化内涵，其中不乏朴素而又深刻的生态文化理念。这些文化理念蕴含的生态智慧与哲学对我们今天的生态文化建设依然有着重要意义。

中国传统的“天人合一”的生态理念认为人是自然界不可分割的一部分，这就是将自然界作为一个平等的客体，同时将人类社会放到整个自然界的大环境中来思考问题。“天人合一”是一种人与自然和谐统一的思想，它不仅是一种朴素的宇宙观、世界观，也是一种生态观与文化观。倡导生态文明建设的生态文化思想也是对这种传统生态文化观的继承与发扬。

《吕氏春秋》的“上农”篇指出：“野禁有五：地未辟易，不操麻，不出粪。齿年未长，不敢为园囿。量力不足，不敢渠地而耕。农不敢行贾，不敢为异事。”这种思想就是告诫人们不可对自然索取无度，应该让自然资源有休养生息的机会，同时也体现着人与自然和谐共处、相互依存的生态哲学。这种朴素的发展思想与今天的可持续发展观念不谋而合。

我们要大力弘扬传统文化，加强生态建设，通过对中国传统文化中生态文化的提炼与继承，在当今社会培养生态文化的土壤，以助于我国生态文明的建设。

三、加强生态文明教育

（一）我国生态文明教育发展的历史

要使生态文明成为人类可持续发展的基础，就要加强生态文明教育，使国民掌握生态文化知识，深化对人、自然和社会关系的认识。我们要注重在经济和社会发展的实践活动中培育公民对生态环境的热爱，提升其生态素养，以规范人类对生态环境的行为。早在20世纪70年代，国际上就出现了“生态文明教育”的概念，我国也在同一时期开始进行环境保护的宣传工作。1973年8月，第一次全国环境保护会议在北京召开，揭开了我国环境保护事业的序幕。会议确立了环境保护工作的基本方针，统一了生态环境保护工作的思想认识，指明了我国生态文明教育的前进方向。随着生态文明发展成为我国的重要发展战略，生态文明教育的地位和作用得到了人们的充分重视。1996年出台的《全国环境宣传教育行动纲要》为全国范围内的生态环境保护宣传与教育工作制定了具体的实施原则与工作方针。在多年的生态文明教育发展史中，我国的生态文明教育取得了不容忽视的成就。但应该看到的是，我国的生态文明教育仍然存在地域发展不均衡、生态文明教育地位较低、生态教育内容繁杂模糊等问题，需要我们在新时代努力解决。

（二）推动生态文明教育发展的路径

第一，在学校开展教育和培训，将专业教学内容与生态环境基本知识结合起来，培养具有生态素养与环境发展视野的人才。这些人才投身于社会经济发展过程中，有助于推动我国生态文明建设事业的发展。

在学校内要设置生态文明相关的课程，实现小学、中学、大学教育中的生态文明课程体系全覆盖。早在1987年，国家教育部门就开始将能源、资源、环境、生态等知识纳入九年义务教育体系，并在地理科目教学大纲中增加了相应的内容，要求有条件的学校开设环境保护相关的专门课程。高校的生态文明课程体系覆盖面更广，内容涉及生态科学基础知识、生态文明观教育、生态文明法治教育以及生态危机教育。在新时代，生态文明教育更是被纳入高校课程思政教学体系，并被提到了相当重要的地位，生态文明课程也普遍被列为必修课或者公共选修课。

第二，生态文明教育形式应该多样化，通过大众宣传提高公民和社会群体的生态文化知识水平，达到在实践活动中影响人们的生态情感与生态行为的目的。为了提高宣传的有效性，需要充分利用大众传媒网络，加强政府和民众的合作。政府需要提供一定的预算投资，通过广播、电台、互联网等面向大众普及生态文明教育，并借助书籍、报纸等宣传生态文化教育。生态文明宣传活动要根据各地的经济发展情况、文化风俗习惯，因地制宜地开展。

第三，倡导符合生态文明要求的生活方式。符合生态文明要求的生活方式，体现了生态知识、生态伦理和生态美学之间的密切联系。我们要使这类生活方式体现在社会生活的方方面面，从物质产品制造与服务、基础设施建设到日常的生活、娱乐、学习等都要有所体现。同时，要让这类生活方式内化为每个人的日常习惯，让人们在日常生活中对国家的生态文明建设产生积极影响。

第二节　培养生态文明习惯与生态道德

一、生态文明习惯的培养

人类不合理的日常生产与生活行为是我们今天所面临的大多数生态环境危机的根源所在。为了实现可持续发展的目标、推动生态文明建设，并确保当代人类及其子孙后代在地球上有一个安全生活的条件，人们需要迅速改变自身的行为方式。令人欣慰的是，联合国气候变化大会最近的报告显示，全世界有超过60%的人承认气候问题与生态环境危机的存在。然而，健康的、环境友好的生活习惯与生活方式却没有被广泛接受。造成这种现象的原因可能是一些破坏生态环境的行为已经成为人们的习惯，这些习惯对人们行为的影响凌驾于生态认知与生态意愿之上。

在日常生活中，对生态文明建设产生负面效应的最主要的习惯是对自然资源的浪费，比如浪费粮食、浪费能源、浪费水资源等。生活中我们常常见到这样一些现象：人离去，水龙头未关；食堂垃圾桶里大量剩菜剩饭；办公室电脑长期不关闭等。除此之外，还存在垃圾污染的习惯，比如随地丢弃烟头，不能正确进行垃圾分类，随意丢弃生活垃圾等。

要将生态行为内化为公民自觉遵守的生态习惯，首先要加强宣传和教育，在潜移默化中提升公民的生态认知、生态情感与生态道德。只有当人们真正意识到哪些行为是有利于生态环境的，哪些行为是危害生态环境的，正确的生态习惯才能够在日复一日的积累中得到强化而凸显出来。

习惯是许多日常行为的基础，不良的习惯会导致负面的生态行为，从而成为生态文明发展的强大障碍。因为习惯一旦形成，就会自然而然地持续下去。在媒体宣传与学校教育的影响下，再加上法律法规的约束，公民的日常行为习惯是可以被改变的。1955年在全国范围内开展的“爱国卫生运动”，就是通过引导群众的行为和生活方式，结合基础设施的完善，改变了人们许多不卫生的生活习惯。在培育生态习惯的过程中，我们还可以通过营造良好的生态环境（包括校园生态环境与城市生态环境等）增进人与自然的感情，建立人与自然的连接，从而引导人们自觉规范自身的生态行为，养成良好的生态习惯。

二、生态伦理引导

长久以来，伦理学研究的都是人与人之间的道德关系，生态伦理关心的是人与自然相处过程中的道德关系。道德关系一般用于描述人类社会内部人与人之间的关系，而生态伦理是将自然作为和人具有平等道德地位的客体进行研究，将人类的自我意识外化于自然，自觉地承担起对自然的伦理责任，这体现了人类道德伦理的自我发展与完善。这种转变的代表性理论是利奥波德的大地伦理理论，他将整个生态系统中的各个组成部分看作平等的客体，它们为了共同的利益而在相互尊重的基础上共同发展。土壤、水、植物、动物等地球生态系统中除了人类之外的要素共同构成了利奥波德口中的“大地”。在他的理论中，人类与“大地”是交织在一起的。对人的关怀不能与对“大地”的关怀分开。利奥波德将他的生态伦理观表述为一套价值观，这套价值观是从他一生的户外经历中自然而然地发展出来的。利奥波德认为人类只有经常与自然接触，才能从内心深处生出对生态自然的关怀。我国生态文明建设中尊重自然、顺应自然、保护自然的理念，与利奥波德的大地伦理理论不谋而合。我们应该鼓励人们通过与自然的接触（或者说“交流”），培养对生态的关怀以及道德责任，进而积极投入保护生态的行动中。

生态伦理的发展，还建立在生态学的系统价值观上。这种价值观认为人与自然是紧密相连、相互影响的系统。人类与生态系统紧密地联系在一起，最终形成命运共同体。这种理论的代表是洛夫洛克的盖亚假说。

盖亚假说认为生物圈本身就能调节地球大气层的温度和化学成分。根据盖亚假说，生命是一种行星范围内的现象，改变了行星范围内的环境。

1961年，大气科学家詹姆斯·洛夫洛克受雇于美国宇航局，对火星上的生命进行探测。洛夫洛克研究了金星、地球和火星的大气层，并得出结论——任何星球上生命的存在都会影响该星球大气层的化学组成。金星和火星的大气层含有95%以上的二氧化碳，只有微量的氧气。相比之下，地球的大气层含有21%的氧气。但如果地球上没有生命存在，二氧化碳将占大气层的98%，地球的平均表面温度将达到300℃。也就是说，如果没有生命存在，地球将是一片荒漠。

实际上生命对地球环境的改造早已开始，当地球在46亿年前形成时，大气层几乎完全由二氧化碳构成，就像火星和金星一样。但地球原始海洋里的蓝细菌通过光合作用从大气中吸收二氧化碳，使地球降温，并将氧气作为废物排出，原始地球中的大气开始充斥着对其他生命来说算是剧毒的氧气。一些新型的微生物在漫长的演化过程中最终学会了利用氧气并释放二氧化碳。在生物圈的各个成员的共同作用下，大气成分最终转变为今天的样子。所以，当其他天文学家认为地球的温度和大气成分"恰好"适合生命出现时，洛夫洛克则坚信是生命本身改变了行星环境。洛夫洛克提出，物种的进化和环境的进化是紧密结合在一起的，是一个不可分割的过程。

盖亚假说表明了生命体对地球环境的影响，更重要的是体现了一种生命与自然相互依存、相互影响的系统性的生态伦理价值观。习近平总书记提出的"山水林田湖草沙是生命共同体"的系统思想，要求我们树立生态治理的大局观、全局观。我国生态文明发展理念也强调生态建设的系统性。

习近平总书记指出，人的命脉在田，田的命脉在水，水的命脉在山，山的命脉在土，土的命脉在树。由山川、林草、湖沼等组成的自然生态系统，存在无数相互依存、紧密联系的有机链条，牵一发而动全身。无论是哪个地方、哪个部门，无论处于生态环保的哪个环节，都应该意识到，自己的行为会经由生态系统的内部传导机制影响其他地方，甚至影响生态环保大局。因此，面对自然资源和生态系统，不能从一时一地来看问题，一定要树立大局观，如此才能形成系统性的治理体系，实现生产、生活、生态的和谐统一。

三、生态道德教育

（一）生态道德

为解决越来越严重的生态问题，法律法规、生态科技、行政手段被广泛应用。但是所有这些措施都不能代替生态道德的作用。生态道德又称环境道德，是一种全新的德育理念。生态道德教育的目的是促使人们在与自然相处的过程中遵守符合生态文明建设理念的基本规范。良好的生态道德是建立在人与自然和谐共处的生态伦理基础上的。生态道德对公民的要求体现了全社会在生态文明建设上的价值认同，应该内化为每一位公民自觉的信念。

（二）生态道德教育对策

做好生态道德教育首先应以习近平生态文明思想为指导，发挥政治引领作用。习近平生态文明思想应作为生态道德教育的主要内容，并纳入教学大纲、教案中。在授课的全过程中，教师要结合生动翔实的案例、生动的教学方法，将相关理念渗透到教学中，潜移默化地培养学生的生态道德观念。在理论讲授的同时，还可以补充多种形式的教学实践活动。这些实践活动，一方面让学生在接触自然的过程中产生对生态环境的热爱与关怀，自然而然地提高生态道德水平；另一方面让学生在阅读实践过程中，增长见识，提高生态知识水平与素养。生态道德教育的重要性，要求全社会，尤其是高校和科学工作者参与到教育工作中来。教育工作者要和生态学家、社会学家、媒体工作者加强联系，形成全面的教育队伍，通过大众传媒、学校教育、科普讲座等形式加强生态道德教育。

第三节 创新生态技术与管理

一、生态技术的内涵

（一）何为生态技术

总的来说，生态技术有别于传统的技术，体现着人类与自然协调发展的基本理念。这种新型的技术可以被表述为既能满足人类自身的发展需要，又能保护生态环境、节约自然资源与能源的一切技术方法与生产工艺的总和。目前，学术界存在许多与生态技术类似的概念，比如绿色技术、生态工程、环保技术、清洁技术、无公害工艺生态技术等，这些概念之间没有明晰的界限，有时候会相互混用。比如，绿色技术或绿色工艺指的是生态环境友好的技术和工艺，也可以叫环境技术或清洁技术。通常认为生态技术在这些错综复杂的概念中具有最广泛、最普遍的内涵。

（二）生态技术的特征

“生态技术”这一概念起源于20世纪70年代，受当时愈演愈烈的环境保护运动的影响，人们逐渐意识到工业化生产方式带来的高消费、高污染的副作用，同时科学界也将技术研究的方向转移到替代能源上，以解决当时居高不下的油价问题，种种因素促使整个国际社会开始反思技术与生态之间的关系。生态技术就是在生态学理念指导下的技术革新。它的发展充分体现了现代社会的多元价值取向和系统性的思考方式。一个完整的生态技术体系应该包含以下几个方面的内容：可持续的生产技术、生产过程和生产工艺；防止和消除内部污染的技术；还原生产的技术（指的是将生产废物进行无害化处理和再资源化处理的技术）；可产出生态化的产品。生态技术有如下几个鲜明的特征。

1. 无害性

生态技术使用时不造成或很少造成环境污染或生态破坏。

2. 多学科交叉性

生态技术是建立在现代生物学、生态学和信息科学等科学知识基础上的多学科综合性技术。它的理论基础是生态学原理与生态经济规律。

3. 系统性

生态技术是一个完整的技术体系，不仅包括工业生产上的节能减排无害化技术，也包括环境治理、污染防控、环境监测等技术。

4. 循环性

生态技术不以单项过程和单一产品的最优化为目标，而是以多种产品的产出最优化以及生产全过程的综合性效益为目标。生态技术实行非线性的、循环的生产工艺模式，以实现资源的多层次利用、物质在工业系统中的循环利用，以及输出产品多样化和废物最少化。①

（三）技术与生态的关系

1. 技术与生态的对立

在第二次世界大战结束后，尤其是20世纪50年代之后的国际世界，一系列影响深刻的社会事件相继发生，如原子弹试爆、冷战、军备竞赛、消费主义的传播、左翼思潮的盛行、反殖民运动以及多极化世界格局的出现等。在此基础上，人们开始反思生态环境、人类社会与工业生产之间的关系。1962年，蕾切尔·卡逊《寂静的春天》出版，书中展示了DDT等有机氯杀虫剂的滥用对生态环境的恶劣影响，凸显了现代技术与生态环境的对立性以及公众环境意识的觉醒。随之而来的是公众对现代技术的不信任乃至强烈批判，这种批判也成为人们批判资本主义制度的核心议题。正是在这一时期，西方世界第一次对美国的生产模式与社会模式进行了反思与批判，人们认识到这种建立在高能耗、高污染基础上的物质合成工业体系会产生高昂的环境与健康成本。技术与生态的对立在一系列引人注目的技术事故下逐渐到达顶峰，比如1967年英国托里峡谷漏油事件、1969年美国三里岛核泄漏事故以及1986年的切尔诺贝利核泄漏事故。而公众对自然生态环境的保

① 罗一丁.生态技术在我国生态环境建设中的应用探究[J].佳木斯教育学院学报，2017（8）：426-427.

护意识也随之提升，1971年“美丽美国”组织发起的“哭泣的印第安人”运动，宣传了西方化的生态印第安人形象，他们与自然和谐共处，使人联想到古老而浪漫的工作形象。核灾难成为表现生态危机的母体，通过反核活动，一系列环保相关的非政府组织得以成立。1972年，罗马俱乐部发表了著名的《增长的极限》报告，建议限制工业机器、人口和农业的增长。

2. 技术的生态化

在20世纪相当长一段时间内，人们认为现代技术是造成人类社会与自然环境对立的因素。要解决这一矛盾，就要革新现代技术，实现对传统技术的超越，朝着沟通协调人类发展与自然环境保护的方向前进，也就是完成由传统技术向现代生态技术的转变，实现技术的生态化。

技术的生态化是指基于生态学原理改造和开发技术，将人与自然和谐共生的理念带入技术应用的方方面面，追求资源消耗、环境污染的最小化以及生态、社会效益的最大化，让科学技术为人服务、为自然服务、为人与自然的和谐共生及可持续发展服务。技术的生态化是传统的基于数学、物理、生物等工程科学的技术通过吸收、融合生态学的理念与技术形成的，它可以规避人类可预见范围内的一系列由技术导致的生态灾难，消除技术的负面效应，有助于人类解决人口过剩、资源匮乏、环境承载力不足等问题。

在技术生态化的同时，21世纪的人们对于技术的恐惧正逐渐消退。所谓的技术恐惧正是由20世纪一系列环境污染公害事件引发的，媒体及环保组织也或多或少存在诋毁技术进步的倾向。从20世纪末开始，随着技术的生态化转型，人们对技术创新的发展重新寄予了希望。人们逐渐认识到生态环境的影响因素比想象得更加复杂，一些生态环境问题，如全球性气候变化、生物多样性的丧失等，只有通过非常复杂的科学理论与模型才能理解。因此，生态学的敌人变成了科学的敌人、无知的敌人。同时，新技术的生态潜力也被越来越多的人认识到。一个典型的例子是地球工程（earth engineering），地球工程又被称为人为气候干预，它使得人类可以从前所未有的宏观层面上来影响全球的气候，比如通过向全球海域中添加铁化合物来促进浮游植物的生长并以此增加它们对大气中二氧化碳的吸收，又比如在太空设置多面大面积的反光镜，以减少地球接收的太阳热辐射，从而降低全球的温度。这些多少带有科幻色彩的技术无疑为科研工作者乃至全社会提供了技术生态化的信心。

（四）常见生态技术介绍

目前常见的生态技术门类繁多，但总的说来无外乎以下几种：一是减少人类活动过程中的污染的技术；二是环境治理技术；三是可持续利用自然资源的技术；四是以生态环境友好的方式处理废物；五是有效率地回收利用废物及其他产品。

1992年6月，在巴西里约热内卢召开的联合国环境与发展大会签署了《21世纪议程》，其中提到环境无害技术不是单个技术，而是包括技术诀窍、工艺、商品和服务、设备以及组织和管理流程的整体系统。生态技术不但需要生态化的科学技术的支撑，而且需要人力资源的合理调配以及适当的决策，以确保合适的技术能够被正确妥善地使用。在国家层面上，这些技术的使用必须与国家的社会经济、文化环境及发展目标相一致。同样地，生态技术与环境无害化技术类似，也需要在宏观视角下进行统筹安排，因地制宜地推进我国的生态文明建设。表7-1至7-4对常见的生态技术做了归纳整理。

表7-1　替代能源

<table>
<tr><th>替代能源类型</th><th colspan="2">实际案例</th></tr>
<tr><td rowspan="2">生物能源</td><td colspan="2">生物燃料乙醇</td></tr>
<tr><td colspan="2">转基因作物生物能</td></tr>
<tr><td>燃料电池</td><td colspan="2">氢燃料电池</td></tr>
<tr><td>地热能</td><td colspan="2">地热发电站</td></tr>
<tr><td rowspan="5">生产生活废料供能</td><td rowspan="2">农业废料</td><td>动物排泄物与植物秸秆</td></tr>
<tr><td>沼气</td></tr>
<tr><td rowspan="2">工业废料</td><td>工业废料无氧发酵</td></tr>
<tr><td>废弃木料发酵</td></tr>
<tr><td>垃圾气化</td><td>城市生活垃圾热解汽化炉</td></tr>
<tr><td>水力发电</td><td colspan="2">水轮发电、潮汐发电</td></tr>
<tr><td rowspan="4">太阳能</td><td colspan="2">光伏发电</td></tr>
<tr><td rowspan="3">太阳热辐射</td><td>太阳能热水器</td></tr>
<tr><td>太阳辐射加热</td></tr>
<tr><td>游泳池加热</td></tr>
<tr><td>风能</td><td colspan="2">风力发电站</td></tr>
</table>

表7-2　节能技术

<table>
<tr><th>节能技术类型</th><th colspan="2">实际案例</th></tr>
<tr><td>能量储存及再分配技术</td><td colspan="2">抽水蓄能、飞轮蓄能、压缩空气蓄能</td></tr>
<tr><td rowspan="6">节能交通工具</td><td rowspan="4">陆上交通</td><td>新能源汽车</td></tr>
<tr><td>减阻设计</td></tr>
<tr><td>自行车</td></tr>
<tr><td>混动车</td></tr>
<tr><td colspan="2">波浪动力船</td></tr>
<tr><td colspan="2">风力船</td></tr>
</table>

表7-3　生态农业技术

生态农业技术类型	实际案例
土壤污染治理	动物排泄物处理与回收
	化肥替代（如堆肥）
	杀虫剂替代（害虫综合治理）
节水	节水灌溉技术
改良品种	抗虫抗逆植物
	遗传育种，转基因

表7-4　环境保护与修复技术

环境保护与修复技术类型	实际案例
生物降解技术	
碳捕获与碳封存	
无氟制冷剂	
有毒有害物质处理	核废料处理
	化学废料处理
生态环境灾害应对	公共卫生事件应对
	水体污染处理
	大气污染处理
	微生物和酶的污染处理
	垃圾填埋场和矿场复垦
	土壤污染处理

二、推动生态技术的研发与应用

科学技术已经深刻地塑造了我们所处的社会、经济和环境。必须承认，虽然科学技术在过去以及现在都造成了许多环境和社会问题，但它也是解决环境退化、气候变化、粮食匮乏、废物管理和其他紧迫的全球挑战的关键。人工智能（AI）、生命科学、区块链、物联网、地理空间测绘等技术正在推动第五次工业革命，而第五次工业革命必然是生态技术的革命。人类社会应对生态环境挑战的能力在很大程度上取决于在不同的全球背景下，生态技术取代传统技术的速度和规模。因此世界各国的政府、机构、组织需要采取切实有效的行动，让社会、公司和公民参与到生态技术的研发与应用中。

（一）通过媒体宣传建立生态价值导向

媒体可以起到传播生态文化知识、凝聚公众生态环保意识的作用，我们要充分利用媒体的力量，逐步在全社会树立生态优先的价值导向，为生态科技的研发与市场推广培育土壤。媒体可以通过影响居民对社会规范的主观认同来影响他们的生态行为。传统的媒体，如报纸、电视、广播等可以向公众传递与生态环境相关的知识与价值观，引导大众产生关于生态环境的危机意识，使大众掌握生态知识、培育生态素养，并与生态环境建立情感连接。新媒体则可以有效地激活人们的人际比较意识（与他人的生态行为进行比较），并通过深化人们对行为规范的认知来激发其产生生态行为。新媒体的展示和记录功能可以使人们日常生活中的环保行为产生放大效应，进而起到说服和影响他人践行生态行为的效果。

公众生态价值观的建立，一方面可以反过来敦促政府加大对生态技术研发的支持与激励力度，另一方面可以孵育生态产品市场，促进企业加大对生态技术的投入，并加快生态技术的产品化过程。

（二）通过制定政策法规激励生态技术研发

与其他技术创新相比，生态技术的发展更加需要政府政策的保驾护航。一方面，生态技术天然具有社会公益的属性，生态技术所产生的产品不单单对使用者产生使用价值，而且具有公共价值；另一方面，由于生态技术涉及多学科多领域，需要进行长期的复杂的基础研究，因此投资周期长、投资风险大，在市场上容易处于竞争劣势地位。政府推行激励生态技术研发的政策，有利于促进生态技术的研发与推广，是对社会负责任的做法。

政府机构具有制定政治经济文化政策、管理社会各项公共事务、制定各领域的指导方案的公权力。在各种刺激生态技术研发的手段中，国家政策具有导向性作用。政府部门通过颁布与生态技术推广相关的政策法规，为研发机构指明前进的方向；通过发布权威的技术清单和行业标准，对市场中各利益相关方提供引导。例如，1997年原国家环保局代表国务院制定并发布了《关于推进清洁生产的若干意见》，敦促有关政府部门和工业部门提高认识，加大宣传力度，扩大培训范围，促进清洁生产，倡导清洁生产的国际合作。该意见在全国范围内对促进清洁生产的技术发展产生了积极影响。

为提高生产效率、减少资源浪费，国家统计局和财政部联合推出了一系列优惠的财政和税收政策，以鼓励节约能源和减少浪费，推动了环境无害化技术、节能技术、回收技术快速发展。在这个过程中，政府既可以引导企业对生产技术选择（例如直接关停排放不达标的工厂），也可以通过财政补贴、税收减免、政府采购等政策措施为生态技术创造市场条件，间接地调控市场，达到扶持生态技术发展的目的。例如：通过发放研发补贴等方式来激励研发机构与人员的研发意愿，从供给侧拉动技术创新；通过价格补贴、政府采购等手段创造市场需求，反过来刺激技术创新。此外，政府政策还可以针对制造商和最终用户之间的中间环节来拟定，例如给环保设备的配套服务人员发放补贴。

（三）为生态技术研发提供多渠道资金保障

科学技术的研发与创新离不开经费的支持。具体到生态技术，正如之前所提到的，由于投入大、回报周期长、风险高等因素的影响，生态技术在吸引民间资本方面具有天然的劣势，其科研经费的投入更依赖于国家财政资助以及绿色金融的支持。

我国主要的与生态环境技术研发相关的资助项目如下。

1. 国家中小企业创新基金

自1998年以来，国家中小企业创新基金为我国中小企业开发创新技术和产品并实现产业化提供资金支持。基金资助持续5年，包括数千万补助款和贷款。其中，涉及生态技术的环境、能源效率和新材料是基金优先资助的领域之一。

2. “十四五”生态环境领域科技创新专项规划

2021年11月2日，由科技部、生态环境部等五部门共同编制的《“十四五”生态环境领域科技创新专项规划》对外发布，该规划旨在提高我国的生态环境质量和风险防控能力。该规划着重解决“十四五”期间污染防治的关键难点，坚持需求导向、前瞻布局、交叉融合，为提高中国的生态环境治理能力、促进中国的绿色转型和加快生态文明建设提供科技支持。

3. 环境保护贷款和排污费征收补助

该项目资金主要用于末端治理中的环境建设。该贷款额度较低、无利息，由财政部门、环境保护部门和国家及省市银行三方共同管理，用于支持工业污染处理设施的建设。

绿色金融指的是为了支持环境保护、资源节约，更好地应对生态环境危机而对环保节能的生态科技项目的投融资、项目运营与风险管控等活动提供的金融服务。我国的绿色金融业正在迅速发展，并且改变了我国的金融行业整体面貌。绿色金融有三个主要类别，即绿色资产融资、信贷和投资。绿色金融试图让私营部门参与到环境项目的融资中来，以弥补公共预算的不足。

绿色金融已经成为新兴经济体的一个重要政策关注点。我国的“十三五”规划提出要建立绿色金融体系，鼓励私营部门在生态文明建设中发挥更积极的作用。虽然政策制定者和主要利益相关者之间仍然需要进一步协调，但我国的绿色金融已经产生了积极的影响。研究表明，绿色金融和二氧化碳排放之间存在反比关系。绿色金融为环境保护行业的人力资本和生态技术创新提供了大量资金支持。

三、加强企业生态管理

企业作为直接转化自然资源的经济部门，日常需要频繁地与生态环境产生互动，因此，企业的行为方式会对自然环境产生深远的影响，反过来，自然环境的变动也关系着企业的存亡。企业是造成生态环境污染的最重要的主体，也是生态技术研发的主体，同时是生态管理的主要对象。

（一）树立生态环境责任意识

新古典经济学理论中关于企业及其社会角色的观点认为，企业有责任实现包括利润最大化在内的一系列目标，并对过程中所有利益相关者负责。其中明确指出，企业的目标包括对生态环境的保护。企业的环境责任是企业作为一个主体与生态环境协调发展的一种新形式。

企业是以盈利为目的的组织，承担生态环境责任意味着企业需要额外增加一部分资金投入，这部分投入不会产生直接的经济价值，反而增加了运营成本。因而传统的观点认为，企业承担生态环境责任对企业自身的发展会造成损害。事实上，在现代社会中，企业可以在促进生态环境目标达成的同时获得经济、政治和社会的回报。消费者和管理者会认为这种负责任的企业是有担当的，会因为企业对生态环境的负责态度而对它的产品与服务信任有加。

（二）生态环境相关法律法规的约束

企业承担社会责任通常被认为是一种自愿的举措，而不是一种法律约束。然而，在过去的几十年里，世界上出现了明确的企业社会责任立法，即专门针对企业设立的明确纳入企业社会责任的一组法律。

虽然我国是一个发展中国家，但是党和国家历来十分重视生态环境问题，并且将保护环境作为国家的基本国策。相应地，我国的生态环境保护法规自改革开放以来经过不断修改完善，已经初成体系。

我国宪法第26条规定“国家保护和改善生活环境和生态环境，防治污染和其他公害”，从根本上为环境保护相关法规的制定确定了立法依据。1979年开始试行的《环境保护法》是我国第一部环境保护的专门法律。《环境保护法》作为生态环境保护方面的基本法，在相当长的一段时间内，为我国的生态环境治理提供了具有可操作性的法律法规，对保护我国生态环境、提高人民生活水平、促进社会主义现代化建设产生了积极的影响。2014年，为了适应新时代需求而修订的新《环境保护法》，被称为史上最严环保法。自实施以来，全国的环保违法案件数量大幅上升，从根本上改变了环保违法成本过低的问题。在《环境保护法》之下还有《水污染防治法》《土壤污染防治法》等专项法规，主要对生产、排污过程中涉及的相关企业起规范与约束作用。其中，2018年1月1日起施行的《环境保护税法》，通过征收环保税的经济手段来调控企业的生态行为，引导企业自觉自愿地进行自我生态管理，在环境保护法规体系中具有划时代的意义。

从执法的角度看，我国环境保护法规的执法力度呈直线上升的趋势。从2018年开始，中央生态环保督察工作深入各地、各企业，实现生态环境执法常态化、细致化，有利于确保环境保护相关法规落到实处。

除了法律法规之外，政府或非政府机构对企业生态环境责任的约束性制度还包括强制性的企业社会责任报告。根据这些报告要求，企业必须披露其保护生态环境的计划、行动和其他信息。最近在这一领域也出现了各种制度创新，包括强制性的企业社会责任尽职调查、强制性的公司治理结构和强制性的企业社会责任义务。

（三）强化企业生态自律

1. 企业环境管理意愿的增强

随着公众环境保护意识的提高，人们对企业应承担的生态环境责任寄予了越来越多的期望。从总体趋势来看，许多企业在生态环境保护领域也发挥着越来越重要的作用，企业在生态管理方面的影响力也远远超出了环保法规的底线要求。企业作为环境污染的主体组织，过去在生态环境治理方面的社会评价整体偏负面，而随着企业管理的生态化转型，其在社会舆论中的评价也越来越正面。

一个不可否认的事实是，环境管理、生态责任正成为企业责任、公民义务的重要组成部分。其主要原因是企业自身生态责任意识加强，企业领导者、员工对生态价值的认同感增强。客观上，全社会特别是消费者对企业在生态环境上的期望持续上升，使得市场风向发生变化。企业面临着消费者不断增长的生态期望、行业对手的竞争、舆论的压力、股东及其他第三方利益相关者的要求。在外部环境的剧烈变化中，不少企业在生态环境领域开始进行自我管理。这些行动包括制定更加透明化的环境影响报告、在环境保护法规之外自愿采用更高标准的生态环境管理标准、加强清洁生产的管理与技术研发等。

2. 建立健全企业生态管理体系

企业的生态环境管理体系应该成为企业整体管理体系中必不可少的一部分。在实际管理过程中，企业需要建立相对独立的环境管理部门，该部门需要参与企业生产全过程以制定切实有效的环境管理规章制度以及操作工艺流程。同时，企业环境管理是一项综合性工作，环境管理部门需要积极与企业加强协调，通过全方位的严格管理来做好生态环境保护工作。这就要求企业领导人转变思想观念，将生态环境的保护放在重要位置，抓好抓实生态环境管理工作，调动企业各个部门的资源，将生态管理理念渗透到生产过程的每一个环节，使每一个生产环节生态化，形成生态设计、绿色采购、清洁生产、绿色包装、绿色物流的环境友好化全生产流程。

环境、社会和治理（ESG）评价是国际通用的对企业可持续生产方式进行评级的标准。在当今市场环境中，人们普遍认为，在同等情况下，ESG评级高的企业更受资本市场的青睐。优秀的ESG评级反映了市场对企业积极承担社会责任的认可，这有助于提升企业的品牌形象。此外，许多国际金融机构在筛选投资对象的过程中也将ESG评级纳入考虑范围，因此，良好的ESG评级可以进一步帮助企业吸引投资，降低融资成本。

ESG评分中的环境部分考虑了公司的碳排放、能源消耗以及为推动绿色经济所做的努力；社会部分主要考察公司内部的多样性和员工满意度；治理部分则评估企业的董事会多样性、高管薪酬、企业文化和商业道德等。ESG评价分数是由第三方数据公司给出的，它们使用量化公式来衡量上市公司完成ESG指标的情况。例如，摩根史丹利资本国际公司（MSCI）通过收集待评估公司的公开数据，如商业活动、业务规模和经营地点等相关数据，为ESG风险分配百分比权重，并将该公司与行业同侪进行比较，以给出从最高AAA到最低CCC的ESG评级。

当企业决定加入ESG评级计划时，一方面，需要建立完善的ESG管理结构，确保ESG管理政策和制度高效运行，并形成良性循环，不断改进和优化表现；另一方面，在向评级机构提交ESG数据之前，企业也应该对数据进行审查，确保其被清晰、准确地传达给评级机构。

第四节　建立湿地绿化率考核指标

《生物多样性公约》缔约方大会第十五次会议（CBD COP15）于2021年10月11日至15日和2022年上半年分两阶段在昆明召开。2022年11月5日至13日，生态环境领域另一重要会议——《湿地公约》第十四届缔约方大会在武汉举办，这是我国首次筹备召开这一国际性湿地生态保护盛会。在这次大会上，武汉获颁“国际湿地城市”证书。

如果把地球比作一个人，那么湿地就相当于人的肾脏，湿地的重要性不言而喻。做好我国的生态文明建设，加强对湿地的保护尤为重要。

一、我国湿地保护现状

按照湿地中国网站发布的消息，我国是世界上湿地生物多样性最丰富的国家之一，也是亚洲湿地类型最齐全、数量最多、面积最大的国家，其中100公顷以上的各类湿地占世界湿地面积的10%以上。

从数据看，我国湿地总量是值得自豪的，但同样需要注意的是，我国湿地保护存在的问题也是显著的：大量湿地被肆意侵占，面积减少，功能衰退；生物多样性受损；污染加剧、环境恶化；湿地保护区域结构与布局不合理；缺乏科学的公共资源管理体制和机制；等等。

二、举例：上海市南汇东滩湿地

（一）南汇东滩湿地：曾经的鸟类天堂，要进行植树造林？①

2020年，上海市南汇东滩大规模开展植树活动，使湿地遭受破坏，而这片滩涂原本是大量候鸟越冬的重要栖息地。

南汇东滩湿地是国际重要湿地。它位于西伯利亚—澳大利亚候鸟迁徙路线上，作为候鸟迁徙的主干道，每年都会有上百万只候鸟经过，其中很多都会选择在此停歇、越冬。南汇东滩位于上海的东南角、长江入海口的南岸，是临港新城的滨海湿地。那里的湿地，对于迁徙的鸟类来说，具有至关重要的生态价值。2008年，南汇东滩湿地就被国际鸟盟认定为国际重要鸟区。据监测，2015年前往南汇东滩越冬栖息的鸟类数量有近40万只，2016年是41.8万只，其中鸟的种类有400多种，占上海所发现鸟类的85%以上。

“我们平时有空就会去南汇观鸟，刚开始看到路边有推土机施工，也不清楚要干什么，后来看到沿大堤分了好些个标段，再接下来就有人过来种树了，才明白这是在搞植树造林……”南汇东滩的爱鸟志愿者称，当3月份他们看到沿海世纪堤一带，有人在堤内湿地大规模植树时，非常惊讶且不解。

中国绿发会对这项举措也充满不解。据志愿者反馈，东滩将要种1万亩林地，已经种了3500亩，且由于植树区域土壤的盐碱成分重，所种植的树种绝大多数都是杉树。原有芦苇等湿地植被将被改造成单一树种构成的林地，鸟类就很难在里面栖息、生活了。为此，中国绿发会迅速发文并致函上海有关部门，呼吁不应该简单以种树来代替生态文明建设，建议上海重新对东滩的大面积植树项目进行生态评估，不光要重新评估种树这一活动，而且要评估临港新城的整体建设活动，要考虑经济发展与生态保护的平衡，不能仅仅为了经济发展牺牲掉宝贵的湿地资源。

作为上海面积最大的重要湿地资源，南汇东滩湿地承载了上海居民丰沛的情感，“滩涂芦花，水乡渔歌，是上海的自然本底”“近年落脚临港的最大一群濒危东方白鹳，在愁浓春雨中眼睁睁看着栖息地消失”“湿地芦花何尝不是绿化”……听闻中国绿发会正在关注东滩湿地情况后，一位长期在上海的资深观鸟国际友人付恺（Kai Pflug）先生，也给中国绿发会寄来了他写的《上海南汇鸟类图集》一书，书中收录了他拍摄的四百多幅优秀鸟图。社会各界用不同的方式表达着对东滩湿地的热爱，这也充分证明了这个国际重要湿地的重要意义和价值。但是，为什么要在这片宝贵的湿地上进行植树造林呢？

---

① 南汇东滩植树事件进展：施工队撤出！造林工程暂让位生物多样性保护[EB/OL].（2020-06-17）[2022-03-26]. https：//baijiahao.baidu.com/s?id=1669752508712389776&wfr=spider&for=pc.

（二）上海南汇东滩湿地植树造林的原因

南汇新城镇认为，南汇东滩位于上海市浦东新区东南角，该区域历史上经过多次促淤和围垦，是围海造田、吹沙成陆所形成的人工造地。由于圈围成陆、地势低洼，且东部地区尚未纳入当前的开发建设时序，呈现出湿地景观。同时，临港新城外围的沿海滩涂，受长江口上游泥沙沉积、潮流水动力影响，不断淤积，加上工程促淤作用，还在向外延伸拓展。此外，相关部门也表示，按照《浦东新区林地建设专项规划》组织开展植树造林，提升上海市森林覆盖率水平，有规划、有步骤地增加人工林，是客观需要，而当前的造林工作也是严格按照市、区公益林建设项目实施管理办法等相关文件的要求执行的；在树种选择上，经过专家评审，按照“因地制宜，适地适树”原则，选择了耐盐碱、耐水湿的树种，如杉类。

这些说法看似有理有据：南汇东滩的形成乃人工和自然双重作用（近年来尤以人工为主）的结果，历史上也曾有过多次围垦，且植树是符合相关政府部门规划的。但是，这些理由中，却未充分提及当前南汇东滩湿地的生态价值。

2020年5月，中国绿发会特地致函上海相关部门，表达对东滩湿地植树事件的关切，同样也表明中国绿发会对此事的态度。2020年7月25至27日，中国绿发会专程前往湿地现场进行调研，进一步了解到了事情背后另一层原因。

按照上海市浦东区“十三五”规划的相关要求，南汇新城镇须在2020年之前实现1万多亩的造林目标，目前仅完成3500多亩。同样按照市、区、镇层层分解的森林覆盖率指标来看，南汇新城镇应该完成18%左右的森林覆盖率，但目前这一数字只有11%或12%，远低于相关考核目标。南汇新城镇林业部门称，森林覆盖率拖后腿一事，让他们倍感压力。

“况且这些树是种在南汇新城的规划林带上，不优先在规划林带上种树，那还能去哪儿种呢？”南汇林业部门觉得有些无奈，因为目前对南汇新城镇这些硬性指标的考核，是建立在将南汇新城建设成为“国家新型工业化示范产业基地、战略性新兴产业示范区和现代化滨海新城”的基础规划之上的，是以未来城市建成的基底来要求的。虽然现有基础规划对南汇新城建设有“突出滨海、生态、创新之城”的要求，以及“建成统筹发展区、智慧生态区、智能制造区、临港科技城、国际未来区”等大致规划，但各个城市功能分区的具体边界并不明晰，而南汇新城现阶段大面积珍贵的湿地生态系统及其独特的生态价值，在早期的基础规划中并未被考虑，更远未被纳入硬性的政府考核目标。

对于当地政府的“苦衷”，爱鸟志愿者的反馈更为直接，他们对当地林业部门毁湿造林行为中存在的另一个错误直言不讳地提出批评，即在当地的绿化与保护中，屡屡用低生态价值的做法，去破坏或取代高生态价值的物种，显得十分不理智。

“湿地生态系统，本身是丰富、复杂的，既有淡水、滩涂以及底栖生物，又有各种鸟类以及它们各自所需的不同栖息地，但林业部门的做法是种植单一种类的水杉林，这会让生物栖息地变得单调，减少物种多样性，对湿地生态是一种破坏。”在爱鸟志愿者看来，原生的湿地生态系统显然比人工造就的水杉林，综合生态价值要大得多。而且即便是种防护林，引种进来的水杉，其栽种管护成本也远远高于本地原生树种。当地林业部门也承认，由于是湿地环境，大面积种树时就得既考虑排水防涝，又要防止天大旱时树木干死，很费劲。

或许在有些政府部门工作人员看来，如果用时间推移的观点来看，现在被南汇东滩爱鸟志愿者所诟病的杉树林，未来也可能会形成新的陆地公路景观带。但这本身就是一个伪命题：倘使当下的开发建设，只是顺应自然，淤地成陆，那样的情形或许几百年后有可能出现，然而真实的状况是，近数十年来，人们都是在急不可待地通过人工吹填，将滩涂变成建设用地，其吹填的速度已远远超出了泥沙堆积成陆的速度。2004年，自南汇东滩外围距海最近的大堤——世纪塘建成以来，其堤防内的土地多达上百平方千米，其中绝大部分都是湿地。

（三）国家管理机关关于此事的回复

2020年7月30日，中国绿发会收到国家林草局湿地司转发的上海市绿化和市容管理局对南汇东滩毁湿造林一事的正式复函，函件中提到：未来将“坚持生态优先原则”，“对临港区域堤内堤外湿地区域进行统筹规划，协调发展”。中国绿发会对此态度表示赞赏，并提出了进一步的建议：对15年前未纳入湿地保护的建设规划尽快进行调整（2004年批复的临港新城总体规划，当初未能将世纪塘大堤内的湿地纳入保护范畴，中国绿发会认为这点应该顺应时代发展需要做出相应改变）；在湿地生态为主的区域，建议用湿地面积替代森林绿化面积作为建设指标；未来临港区域湿地统筹规划中，坚持湿地原生态保护优先。

当前，湿地面积减少和湿地生态环境质量严重退化，已成为我国湿地面临的严峻问题。就长江而言，湿地堪称长江经济带的生态命脉，是维系流域生态安全和经济社会可持续发展的根基。数据显示，我国共有湿地5360万公顷，其中1154万公顷分布于长江经济带，超过全国湿地总面积的20%。但目前，长江源头地的湿地沼泽、湖泊萎缩盐化，土地退化、草场沙化严重。湿地保护虽然在局部地区成效显著，但是整体形势依然严峻，长江中游70%的湿地已经消失。[①]现在，长江下游的滨海湿地亦面临威胁。南汇东滩湿地面临的情况具有代表性意义，也是我国落实生态文明建设过程中的一个典型案例。

① 长江中游70%湿地消失 专家：保护应纳入政绩考核[EB/OL].（2015-10-30）［2022-05-21］. https：//www.chinanews.com.cn/m/gn/2015/10-30/7596962.shtml.

三、落实生态文明建设，重要湿地应纳入绿化率考核

生物多样性涵盖生态系统多样性、物种多样性和基因多样性三个层次。湿地的生态系统多样性对地球整体生态环境具有深刻影响。

在《新型城镇化》2019年第6期“生态中国”专栏，中国绿发会曾会同北京大学史大宁博士共同刊发《从植树到生物多样性，我们该如何深刻理解生态文明建设》，明确提出“进入生态文明时代，从顶层设计上将‘保护生物多样性’列入国家法规，需用‘保护生物多样性’来代替‘植树’的描述”。

目前，已有城市开始做出转变。从北京市2018年发布的《关于推动生态涵养区生态保护和绿色发展的实施意见》可以看出，地方政府在实施生态保护和绿色发展的时候，已经不再单纯地将植树造林作为重要指标，而是综合地将生态、环保、民生等各方面因素纳入考量。同年，生态环境部对全国生态文明示范县、市进行考评的指标体系也进行了修订，将森林覆盖率一栏，分别按照不同的地域地貌特征做了区分，提出了同步的考核指标，从大尺度上对不同的自然生境提出了生态基底要求，这是一个利好趋势，也充分体现了因地制宜开展生态文明建设的精神，是对习近平生态文明思想的深入理解：植绿，并不是简单地植树造林，而是要求我们综合考虑山水林田湖草沙的协调发展，通过有预见性和长远性的发展规划，实现人与自然和谐共存的目标。

此外，在生态文明规划与建设中，国家层面的大尺度的考核指标虽在不断进步，但落实到具体的一地一市一县，仍会遇到类似东滩湿地的“绿化率”问题。

因此，建议重要湿地纳入绿化面积考核指标。不只是重要湿地，所有的生态红线内、保护区内，所有必须实施严格的自然保护的区域，都不可以人工大规模植树造林，都应该按绿化面积直接计算绿化率进行考核。

·本章小结·

生态文明建设需要理念先行，要引导人们树立对自然环境、生态系统以及资源的保护意识，转变发展观念与发展模式，同时通过持续的生态文明教育与宣传，培养具有生态素养、价值观、责任感以及良好生态行为习惯的现代公民。

要加强生态技术的研发与应用，利用科学技术为解决环境退化、气候变化、粮食匮乏等问题提供方案。政府要推动企业积极投身生态文明建设，并建立健全企业生态管理监督机制。

·教学检测·

思考题：

1. 请简述从古至今绿色发展观的发展历史。

2. 请列出常见的生态技术类别，并选取一项生态技术，通过查找资料阐述其原理与应用前景。

数字资源7–1
思考题答案

·生态实践·

数字资源7–2
我国首个百万吨级碳捕集
利用与封存项目建成投产

第八章 生态文明建设的探索与示范

学习目标：

1. 引导学生了解我国不同地区或城市在生态文明建设过程中面临的困境、应对的措施和取得的成效；

2. 培养学生从多层次、多角度进行生态文明建设的大局意识，并引发学生关注与思考生态文明建设相关问题。

生态文明关乎一个国家和民族的长远发展，开展生态文明建设具有重要的现实意义。习近平总书记强调，在实现第二个百年奋斗目标新征程上，要坚持生态优先、绿色发展，把生态文明理念发扬光大，为社会主义现代化建设增光增色。自党的十八大以来，生态文明建设被放在突出地位，以习近平同志为核心的党中央统筹推进“五位一体”总体布局，从生态文明理论创新、实践创新、制度创新等方面着力推进我国生态文明建设进入全面推进、重点攻坚新时代。国家生态文明示范建设就是把习近平生态文明思想的深刻内涵转化为具有区域特色的地方实践，把宏伟蓝图转变成人民群众可感知的阶段性目标。[①]长期以来，生态环境部通过生态示范区、生态建设示范区、生态文明建设示范区三个阶段的示范建设，大力推动生态文明建设试点示范工作。在对习近平生态文明思想的不断探索与实践的过程中，全国各地打造了一批各具特色的生态文明建设案例和实践样本。

党的十八大首次作出“大力推进生态文明建设”决策部署时，我国经济社会发展尚面临着资源约束趋紧、环境污染严重、生态系统退化的严峻形势，如今人们看到越来越多天更蓝、山更绿、水更清的美丽中国画面，可以说，我国的生态环境保护发生了历史性、转折性、全局性变化。本章在生态城市、生态多样性保护、国家生态文明试验区建设等方

① 李庆旭，刘志媛，刘青松，等.我国生态文明示范建设实践与成效[J]. 环境保护，2021（13）：32-38.

面选取典型，对其在生态文明建设过程中所做的探索与发挥的示范作用进行分析，以期为其他各具特色的地区生态文明建设提供一定的实践借鉴。

第一节 上海生态城市建设之路

随着工业的飞速发展和城市化进程的不断加快，城市生态环境趋于恶化，资源约束趋紧、环境污染严重、生态系统退化等一系列生态环境问题不断涌现，给居民的身心健康带来了严重影响，也为我国实现可持续发展及经济社会的转型带来了新的困难和挑战。党的二十大报告指出，中国式现代化是人与自然和谐共生的现代化。生态城市作为人与自然高度协调的城市发展模式，是人、自然与社会环境和谐共生、协调发展的城市。[①]自1971年联合国教科文组织明确提出“生态城市”理念以来，生态城市建设就成为全球政治、经济转型背景下解决生态环境问题的重要途径，也成为城市生态转型不可忽视的内容。[②]

在此背景下，国内外诸多城市开始制定生态城市建设规划，通过生态修复、环境治理等手段，切实提升城市生态化水平。国际上，纽约提出要建设21世纪第一个可持续发展城市；伦敦提出要使伦敦成为更具吸引力、精心设计、绿色环保的城市；首尔提出要成为全球气候友好城市、绿色增长城市、新近的适应性城市；东京提出要让东京恢复为清水环绕、绿意盎然的美丽城市。在国内，开展生态城市建设也成为许多城市的发展共识，上海、天津、合肥、深圳等在城市发展中不约而同地提出了进行生态城市建设的目标。生态、绿色发展理念成为国内外城市谋求发展的共识和努力方向。

上海作为河口海岸城市，具有独特的生态环境优势，在生态文明建设、绿色发展、城市生态品质建设上发挥着重要的引领示范作用。自2018年1月《上海市城市总体规划（2017—2035年）》发布以来，生态城市建设成为上海2035年的重要发展目标，力图把上海打造成追求卓越的全球城市，一座创新之城、生态之城、人文之城。[③]本节以上海为例，对上海在建设生态城市过程中所进行的探索和尝试进行较为全面系统的介绍，以期为全国其他城市进行生态城市建设提供一定的借鉴参考。

一、背景

（一）上海工业化历程回顾

新中国成立后，在“全国一盘棋”思想的指导下，上海积极主动抓住发展机遇，以

① 黄光宇.城市生态环境与生态城市建设[J].城乡建设，1999（10）：25-28.

② 沈清基.论城市转型的三大主题：科学、文明与生态[J].城市规划学刊，2014（1）：24-32.

③ 尚勇敏.建设卓越的城市生态品质——理论基础与上海行动[M].上海：上海社会科学院出版社，2018.

工业化为中心，以恢复经济、引导并发展重工业为重点，建设了一批以重工业为主导方向的卫星城与新工业区。[①]随着改革开放的深入推进和经济的飞速发展，作为中国经济发展领跑者的上海不断进行第三产业建设，并优先进入后工业化社会。在后工业化的背景下，上海形成了由战略性新兴产业引领、先进制造业支撑和生产性服务业协同的新型工业体系。[②]

城市的快速发展在促进上海经济、文教卫体与科学技术发展的同时也不可避免地对自然生态系统和人类健康造成了一定的负面影响，一系列阻碍城市未来长远发展的"城市病"（如人口拥挤、住房紧张、交通堵塞、能源危机、环境污染、生态破坏等问题）也开始出现。[③]上海在人均绿化面积、绿化覆盖率等多方面与其他全球城市相比仍有较大差距；2011年，"亚洲绿色城市指数"对22个主要亚洲城市的环境绩效进行了衡量和评估，在8个评估领域中的6个领域（交通、垃圾、水资源、卫生、空气质量和环境治理）中，上海取得的成绩仅为平均水平；在能源供应和二氧化碳排放方面，上海低于平均水平，是22个城市中人均二氧化碳排放量和耗能量最高的城市。[④]2016年，上海市环境空气质量指数（AQI）优良率为75.4%，全市主要河流断面中，Ⅱ和Ⅲ类水质断面合计仅占16.2%。从全球城市竞争力排名来看，2016年，上海在普华水道"机遇城市"指数中位居第二十一；2012年，在EIU全球城市竞争力指数中位居第四十三。[⑤]

21世纪，世界面临日益严峻的环境挑战，人类社会将实现从工业化社会向生态化社会转变的革命。各国之间生态环境的竞争，在某种意义上将成为下一轮国际竞争新的角力场；建设生态型城市已成为许多国际大都市未来发展的共同目标。尽管上海的经济实力、物质资本和金融成熟度等与其他全球城市较为接近，但生态品质、宜居水平是上海在迈向卓越全球城市时需要克服的重要短板，构建符合全球城市标准的生态品质与宜居环境是上海向卓越全球城市迈进的重要战略目标。

（二）上海面临的资源与环境恶化

1. 产业结构问题

在城市发展的过程中，上海的产业结构和城市地位几经变化。20世纪50年代以来，在向生产性城市转变的过程中，上海逐渐成为我国最大的工业化城市。然而，城市工业化发展带来的环境、交通、能源、用地等问题，在一定程度上制约了上海的发展。进入

① 忻平，陶雪松.新中国城市建设与工业化布局：20世纪五六十年代上海卫星城建设[J].毛泽东邓小平理论研究，2019（8）：63-70+108.

② 骆天庆，龚修齐.工业化转型发展下城市工业景观的环境再生策略——上海典型案例调研与比较[J].景观设计学，2020（5）：60-75.

③ 徐雁，黄民生，何国富，等.上海建设生态型城市的瓶颈问题及对策[J].现代城市研究，2006（6）：59-64.

④ 胡静.上海城市绿色发展国际对标研究[J].科学发展，2019（6）：82-92.

⑤ 尚勇敏.建设卓越的城市生态品质——理论基础与上海行动[M].上海：上海社会科学院出版社，2018.

80年代，随着改革开放和经济发展，国际性产业开始向上海转移，这给上海带来了新的发展机遇。[①]上海开始大力发展第三产业，如积极促进国际贸易，推动劳动力向第三产业流动，大力发展金融及信息产业，从而使得第三产业成为上海经济发展的支柱力量，上海开始进入后工业化发展阶段。然而，在社会经济发展过程中，上海的能源和资源的消耗仍处于较高水平，资源与环境难以支撑当前产业结构，对经济增长形成了一定的硬性约束。在这一背景下，随着后工业化进程的加快，上海的产业结构面临转型。[②]

2. 大气污染问题

上海的工业大气污染现象较为严重。20世纪90年代，中小型工业锅炉和炉窑是上海城市大气污染的最大污染源，由于缺乏脱硫装置，上海市区二氧化硫大气污染较为严重。同时城市内市政工程、基建项目使得建筑扬尘也成为污染的主要来源。此外，机动车数量的逐年增加，导致机动车尾气污染也在逐年加剧，强光照射下，化学烟雾现象也时常出现。[③]通过持续的大气污染防治，2020年上海统计年鉴数据显示（具体数据见表8-1），自2000年以来，在2000、2010、2018、2019四个观测年份上，中心城区二氧化硫、二氧化氮、可吸入颗粒平均浓度三个环境空气状况指标逐渐向好（可吸入颗粒平均浓度自2010年开始记录），而降水pH平均值、酸雨频率指标在2010年达到峰值后向好发展。

尽管上海的大气污染防治取得了一些进展，但在建立区域联合联防机制、使用清洁能源、进一步提高工业生产过程中的能源利用效率、降低交通运输行业的能耗与废气排放等方面仍有一定的改善空间。[④]

表8-1 上海主要年份环境空气状况[⑤]

指标	2000年	2010年	2018年	2019年
中心城区二氧化硫年日平均值（毫克/立方米）	0.045	0.029	0.010	0.007
中心城区二氧化氮年日平均值（毫克/立方米）	0.090	0.050	0.042	0.042
中心城区可吸入颗粒平均浓度（毫克/立方米）	/	0.079	0.051	0.045
降水pH平均值	5.19	4.66	5.13	5.34
酸雨频率（%）	26.0	73.9	53.8	44.5

注：2013年起，环境空气质量优良率以AQI（空气质量指数）来衡量。

① 王祥荣，张静.试论上海建设生态城市的若干问题及对策[J].上海建设科技，1995（4）：36-37.

② 聂永有，尹应凯.后工业化初期的能源、环境与产业结构优化升级问题研究——以上海为例的分析[J].学术研究，2013（3）：71-76.

③ 王祥荣，张静.试论上海建设生态城市的若干问题及对策[J].上海建设科技，1995（4）：36-37.

④ 朱学彦.基于技术预见的生态环境领域关键技术选择与策略——以上海为例[J].创新科技，2015（2）：37-39.

⑤ 引自2020年上海统计年鉴数据“表6.16 主要年份环境空气状况”，http://tjj.sh.gov.cn/tjnj/nj20.htm?d1=2020tjnj/C0616.htm.

3. 城市绿地系统问题

从生态学角度来说，绿地是城市陆地生态系统中仅有的以自身新陈代谢改造被污染环境的系统，具有一定的调节小气候和杀菌的作用。[①]新中国成立以来，上海的城市绿地系统建设取得了一定进展，但与其他先进城市相比仍存在较大差距。2020年上海统计年鉴数据显示（具体数据见表8-2），经过多年的城市绿地系统建设，上海绿地总面积在不断增长，公园个数有序递增。然而作为全国环境保护模范城市和创建文明城市考核的重要指标，建成区绿化覆盖率在2005年攀升至37%后，后续十几年的增速都比较缓慢，绿化覆盖率基本维持在40%以下。可见，尽管上海的绿地系统建设已达到国家园林城市的标准，但绿地系统的建设现状仍不容乐观，主要表现为绿地结构不完善、生物多样性低、生态效应有待提高。

表8-2　主要年份城市绿地情况[②]

年份	绿地面积（公顷）	其中					公园数	行道树实有数	新建绿地面积	建成区绿化覆盖率
		公园绿地	生产绿地	防护绿地	附属绿地	其他绿地				
		（公顷）	（公顷）	（公顷）	（公顷）	（公顷）	（个）	（万株）	（公顷）	（%）
1990	3 570	983	294	37	2 255	/	83	23	186	12.4
1995	6 561	1 793	309	30	4 429	/	100	33	516	16.0
2000	12 601	4 812	388	55	7 346	/	122	57	1 458	22.2
2005	28 865	12 038	336	2 743	12 464	1 284	144	83	2 116	37.0
2006	30 609	13 307	331	2 869	13 218	884	144	86	1 691	37.3
2007	31 795	13 899	204	2 025	14 784	884	146	69	1 629	37.6
2008	34 256	14 777	189	2 039	16 120	1 131	147	73	1 190	38.0
2009	116 929	15 406	230	1 877	17 376	82 040	147	76	1 096	38.1
2010	120 148	16 053	230	1 936	18 589	83 340	148	81	1 223	38.2
2011	122 283	16 446	213	2 081	19 442	84 102	153	93	1 063	38.2
2012	124 204	16 848	269	2 087	20 084	84 917	157	98	1 038	38.3
2013	124 295	17 142	267	2 089	20 645	84 152	158	99	1 050	38.4
2014	125 741	17 789	417	2 152	23 020	82 363	161	103	1 105	38.4

① 徐雁，黄民生，何国富，等.上海建设生态型城市的瓶颈问题及对策[J].现代城市研究，2006（6）：59-64.

② 引自2020年上海统计年鉴数据“表11.16 主要年份城市绿地情况”，http：//tjj.sh.gov.cn/tjnj/nj20.htm?d1=2020tjnj/C1116.htm.

续表

年份	绿地面积（公顷）	其中					公园数	行道树实有数	新建绿地面积	建成区绿化覆盖率
		公园绿地	生产绿地	防护绿地	附属绿地	其他绿地				
		（公顷）	（公顷）	（公顷）	（公顷）	（公顷）	（个）	（万株）	（公顷）	（%）
2015	127 332	18 395	417	2 108	23 711	82 701	165	110	1 190	38.5
2016	131 681	18 957	417	2 203	24 337	85 767	217	113	1 221	38.8
2017	136 327	19 805	335	2 238	24 688	89 262	243	115	1 361	39.1
2018	139 427	20 578	335	2 277	25 125	91 111	300	128	1 307	39.4
2019	157 785	21 425		3 424	27 353	105 580	352	129	1 321	39.7

4. 城市供水不足与水质污染问题

自改革开放以来，随着工业化和城市化的飞速发展，上海水资源供需矛盾问题日益突出，水需求的迅速增加、水污染现象的日趋恶化、人均供水量的下降等问题对上海社会经济的可持续发展带来了严峻挑战，也对上海生态系统的平衡造成了很大的冲击。[①]例如，一部分未经处理的制造业废水直接排放到市内河道，使得黄浦江水质变差，江内污染物（如生化需氧量、化学需氧量、总氮、油、酚类及细菌等）含量高，水质未能满足国家Ⅴ类水质量标准。[②]上海被国家列为36个水质型缺水城市之一，还被联合国预测为21世纪饮用水严重缺乏的世界六大城市之一。[③]

在经济发展过程中，由于政府的政策支持、技术进步以及产业结构转型变化，上海市的水污染和用水量增长现象在一定程度上得到缓解，如“十二五”期间，上海市加强城镇污水处理设施能力建设，污水处理能力不断提升，水资源保护取得较大进展和成绩；然而可用清洁水量仍远未满足用水需求的100%，上海水资源利用尚处严重短缺状态，离实现可持续水资源利用目标还有很大差距[④]。

面对这些亟待解决的环境问题，上海市政府和公民都愈发认识到环境资源的有限性和重要性，因此市政府针对这些问题制定并实施了一系列措施。通过几十年的努力，上海的面貌如今已焕然一新。

① 王桂新，马进.上海水资源利用可持续性研究[J].上海经济研究，2012（10）：14-24.
② 黄沈发，王敏，杨泽生.黄浦江上游地区水环境质量演变趋势[J].中国人口·资源与环境，2007（2）：84-89.
③ 徐雁，黄民生，何国富，等.上海建设生态型城市的瓶颈问题及对策[J].现代城市研究，2006（6）：59-64.
④ 王桂新，马进.上海水资源利用可持续性研究[J].上海经济研究，2012（10）：14-24.

二、上海生态城市建设路径与建设成效

（一）重视城市生态建设规划

上海历来都把生态规划纳入城市规划中，在1946年编制的《大上海都市计划》中，上海首次提出要推进城市有序发展、有机疏散。自此以后，上海把“有机发展”这一绿色发展思想贯穿于历次总体规划和各类专项规划中。[①]下面介绍二十余年来，上海市不同时期的生态建设要点与目标。

《上海市“十五”生态环境建设重点专项规划》提出，在“十五”期间主要关注结构调整，如进行能源产业结构调整，发展循环经济和清洁生产，努力实现污染物排放总量的零增长等。《上海市环境保护与生态建设“十一五”规划》在强调环境基础设施之余，提出要加强环境监管，并制定了城市生态目标和人均环境目标。《上海市环境保护和生态建设“十二五”规划》将城市生态环境建设置于国际化大都市背景之下，提出要建立资源节约型、环境友好型城市，并制定了与国际化大都市相适应的环境决策体系。与此前规划目标相比，《上海市环境保护和生态建设“十三五”规划》进一步强调提高绿色生活水平，尤其是提升公众对环境的满意度，并要求搭建与社会主义现代化国际大都市相适应的城市生态水平。2018年，《上海市城市总体规划（2017—2035）》首次提出要把上海打造成集创新、人文、生态于一体的卓越的全球城市。

通过对上海历年来的城市生态建设规划的分析可以看到，自2000年以来，上海市城市生态环境相关规划目标早已提质升级，具体表现为：从生态保护、生态建设、环境治理等单一的客观环境指标向关注人居环境、市民需求转变，整个城市的生态品质不仅受到政府重视，更是开始引起社会各界的重视；此外，生态建设目标被逐步纳入具有全球影响力的科技创新中心、社会主义现代化国际大都市等上海宏观发展战略目标，生态品质提升不再只是为了达到生态改善指标，城市生态品质是否有利于增强市民生态获得感和幸福感、是否有利于增强整个城市的全球吸引力和竞争力等成为上海市生态城市建设的重要目标。[②]

（二）产业发展往绿色化方向转型

上海市按照强化源头控制、促进产业转型升级要求，完善产业准入体系，加强产业节能环保准入，并制定实施了严于国家要求的产业准入标准和名录。1978年至2019年，上海市生产总值从第一产业、第二产业、第三产业占比分别为4%、77.4%、18.6%转变为0.3%、27%、72.7%，其中工业占比从76%逐年下降至25.3%；可以说，上海市从以第

① 刘旭辉. 城市生态规划综述及上海的实践[J]. 上海城市规划，2012（3）：64-69.

② 尚勇敏. 建设卓越的城市生态品质——理论基础与上海行动[M]. 上海：上海社会科学院出版社，2018.

二产业为主导向第三产业为主导的产业结构转型较为成功。[1]2020年上海统计年鉴数据显示（具体数据见表8-3），自1990年以来，上海市的监测年份能源消费量虽逐年递增，但单位生产总值能耗逐年大幅降低，单位生产总值能耗从1990年的4.082吨标准煤/万元下降至2019年的0.337吨标准煤/万元，工业生产节能改造成效较为显著；1995年至2019年，工业废水排放总量从11.61亿吨下降至3.41亿吨，工业废水化学需氧量排放总量从12.29亿吨下降至0.93亿吨，污水处理厂污水处理量从14665万吨增加至282575万吨，工业废水污染治理成效显著。可以说，通过产业往绿色方向转型、推进工业清洁生产和环境保护治理改造，上海市工业生产环境负荷情况得到显著改善。

在产业绿色发展转型的过程中可以看到，尽管后工业发展较为顺利，然而以工业为主导的第二产业在生产总值中仍占有重要地位。对于一些产值较高的化工、钢铁行业，可以通过转移部分产能、整体迁移、创新节能减排技术、建立碳交易及能源消耗指标交易市场机制等多重减排模式，在满足经济结构调整和发展目标的基础上做好工业企业节能减排工作。[2]

表8-3 主要年份能源消耗及废水排放基本情况[3]

年份	能源消费量（万吨标准煤）	其中工业	单位生产总值能耗（吨标准煤/万元）	废水排放总量（亿吨）	其中工业	废水化学需氧量排放总量（万吨）	其中工业	污水处理厂污水处理量（万吨）
1990	3191.06	2462.21	4.082	/	/	/	/	/
1995	4 392.48	3439.11	1.757	22.45	11.61	/	12.29	14 665
1996	/	/	/	22.85	11.41	27.46	12.16	12 876
1997	/	/	/	21.10	9.99	38.55	11.70	14 790
1998	/	/	/	20.81	9.00	36.55	9.63	15 605
1999	/	/	/	20.28	8.52	34.98	8.92	17 479
2000	5 413.45	3687.90	1.135	19.37	7.25	31.87	6.93	23 028
2001	5 825.80	3851.75	1.117	19.50	6.80	30.48	5.27	29 487
2002	6 114.47	3929.31	1.074	19.21	6.49	32.96	4.78	30 658

① 引自2020年上海统计年鉴数据“表4.4 上海市生产总值构成（1978～2019）”，http：//tjj.sh.gov.cn/tjnj/nj20.htm?d1=2020tjnj/C0404.htm.

② 聂永有，尹应凯.后工业化初期的能源、环境与产业结构优化升级问题研究——以上海为例的分析[J].学术研究，2013（3）：71-76.

③ 引自2020年上海统计年鉴数据“表6.1 主要年份能源消耗基本情况”和“表6.14 水环境保护（1995～2019）”，http：//tjj.sh.gov.cn/tjnj/nj20.htm?d1=2020tjnj/C0601.htm，http：//tjj.sh.gov.cn/tjnj/nj20.htm?d1=2020tjnj/C0614.htm.

续表

年份	能源消费量（万吨标准煤）	其中工业	单位生产总值能耗（吨标准煤/万元）	废水排放总量（亿吨）	其中工业	废水化学需氧量排放总量（万吨）	其中工业	污水处理厂污水处理量（万吨）
2003	6 658.49	445.09	1.004	18.22	6.11	28.38	4.38	39 891
2004	7 167.16	4405.55	0.905	19.34	5.64	29.38	3.76	95 301
2005	7 730.66	4692.65	0.862	19.97	5.11	30.44	3.66	117 833
2006	8 355.49	4987.81	0.825	22.37	4.83	30.20	3.53	155 726
2007	9 103.30	5351.93	0.780	22.66	4.76	29.44	3.38	152 886
2008	9 608.49	544.13	0.751	22.60	4.41	26.67	2.76	177 090
2009	9 759.35	5472.16	0.704	23.05	4.12	24.34	2.90	171 609
2010	10 243.26	5890.93	0.678	24.82	3.67	21.98	2.16	189 654
2011	10 489.09	5946.66	0.589	19.86	4.46	24.90	2.74	193 354
2012	10 573.00	5798.02	0.552	22.05	4.77	24.26	2.62	200 685
2013	10 890.39	5965.53	0.528	22.30	4.54	23.56	2.55	203 222
2014	10 639.86	5796.95	0.482	22.12	4.39	22.44	2.48	208 145
2015	10 930.53	5745.55	0.463	22.41	4.69	19.88	2.27	213 944
2016	11 241.73	5681.86	0.391	22.08	3.66	14.75	1.44	267 954
2017	11 381.85	5537.01	0.370	21.20	3.16	14.18	1.29	263 703
2018	11 453.73	5360.68	0.349	20.98	2.91	12.05	1.02	265 541
2019	11 696.46	5446.65	0.337	21.42	3.41	10.97	0.93	282 575

注：① 单位能耗和单位电耗2005—2010年按2005年可比价计算，2011—2015年按2010年可比价计算，2016—2019年按2015年可比价计算。

② 2011年起，废水排放总量中增加了农业源排放量和集中式治理设施的废水排放量；2016年起，废水化学需氧量排放总量不包括农业源排放量。

（三）多举措并行，开展大气污染防治

从2000年上海市多举措并行实施环境保护和建设三年行动计划以来，上海市的大气环境质量得到大幅改善。例如，2003年，上海开始大幅削减二氧化硫排放；2004年，上海市出台了《上海市扬尘污染防治管理办法》；2006年开始，上海加大了对燃煤电厂的重点管控和减排力度，严格控制机动车废气排放标准，加速淘汰带有重污染现象的车辆。在“十一五”期间，上海关停所有燃煤机组和小火电机组，并进一步严格管控机动车带来的污染，加大对旧的公交车、出租车等的更新和淘汰力度。2012年开始，上海市开始

联合不同区域进行污染防控，全面推进二氧化硫、PM2.5等多种污染物的协同控制，着力把酸雨、雾霾、臭氧破坏等大气污染问题保持在可控范围内；同时，全面实施电力、钢铁等行业的脱硫、脱硝和除尘改造，大力推广清洁能源，以旧车淘汰和新车提标为重点，深化机动车污染控制。2015年开始，上海市在完成锅炉、窑炉清洁能源替代，实行公交优先战略，推广新能源汽车、建设绿色港口、强化船舶污染控制等途径见成效的基础上，进一步加强对流动源的污染防治，通过建设装配式建筑、绿色工地、扬尘污染控制区、堆场整治、工业扬尘整治等途径深化扬尘污染防治，通过油气回收、汽修干洗、餐饮油烟整治等途径推进社会生活源整治。[①]

总的来说，通过多渠道多举措落实能源、产业、交通、建设、农业、生活六大领域的大气污染防治工作，上海市的环境空气质量总体趋于好转。

（四）扩建城市绿地网络

近年来，上海积极推进绿地林地建设，优化城市生态格局。首先，常规性积极推动绿地建设，把大型公共绿地、楔形绿地、居住区绿地建设融入城市各项基础设施建设中，形成外环绿带、郊环绿带、中心城区林荫大道等多形式城市绿带网络。其次，有重点地推进林地建设，依据不同区域地形地貌特色建设沿海防护林、水源涵养林、通道防护林、污染隔离林等，发展农田林网建设。截至2019年，上海城市人均公园（共）绿地面积、公园数量、城市绿化覆盖率、森林覆盖率等各项生态指标总体上升，城市生态指标有了显著改善。其中，公园绿地、生产绿地、防护绿地、附属绿地、其他绿地等面积总量从1990年的3570公顷上升到2019年的157785公顷，建成区绿化覆盖率从12.4%上升到2019年的39.7%。同时，上海市公园数量从1990年的83个上升至2019年的352个。[②]此外，在进行绿地网络建设的基础上，上海市还非常重视对自然生态的保护，如积极拓展有利于生物多样性发展的绿色生态空间，多举措促进野生种群的类别及数量恢复等；其中世界级崇明生态岛建设在生态品质建设方面取得了一定的基础性成果，该岛的水资源环境、空气质量、绿地林地建设等在整个上海市均处于领先水平。[③]

未来上海将用15年的时间打造环城生态公园带，在考虑居民绿地建设需求的基础上，基本建成与“五个新城”环城森林生态公园带密切衔接的宜居宜业宜游大生态圈，切实增强居民的“绿色获得感”。[④]

---

① 尚勇敏.建设卓越的城市生态品质——理论基础与上海行动[M].上海：上海社会科学院出版社，2018.

② 引自2020年上海统计年鉴数据“表11.16 主要年份城市绿地情况”，http：//tjj.sh.gov.cn/tjnj/nj20.htm?d1=2020tjnj/C1116.htm。

③ 尚勇敏.建设卓越的城市生态品质——理论基础与上海行动[M].上海：上海社会科学院出版社，2018.

④ 引自上海市经济和信息化委员会产业动态板块“上海将用15年打造环球生态公园带”，http：//sheitc.sh.gov.cn/gydt/20211208/581439bed3d242d0bb3e12ecf200add0.html。

（五）水资源的开发与水环境的保护

水资源的开发与水环境的保护是一个复杂的系统工程，要求正确处理供水和治水两部分之间的关系。

在解决饮用水水质问题上，上海采取远距离引水，以新建源水供应系统替代各现有源水供应系统的方案，先后建立了黄浦江上游江段自来水取水口、陈行水库、青草沙水库、崇明东风西沙水库和金泽水库等水源地，基本形成“两江并举、多源互补”的规划布局。2011年6月8日，青草沙水源地正式建成，受益人口超过1300万人，其规模占全市源水供应总规模的50%以上。①

上海市政府十分重视水环境治理。2000—2021年间，上海市政府滚动实施了七轮环保三年行动计划，该计划涉及上海市水环境基础设施建设，全市城镇污水处理厂提标改造及新建、扩建工程，污水处理厂污泥和臭气改造等方面；第五轮环保三年行动计划的工作重点为“修复本市近岸海域典型受损的生态系统”，第六轮的工作重点为“入海污染物排放管理，近岸海域污染防治与生态保护”，第七轮的工作重点为“污染源防控，船舶污染排放管理，海洋环境监管”；经过多轮分阶段、有重点的环保行动，上海市在水环境治理方面取得了明显成效。②

20多年来，通过持续的水资源开发与水环境保护，上海可利用的水资源供给已显著增加，然而在可用清洁水量上仍远未达到满足所有用水需求的程度，上海水资源利用距离实现可持续水资源利用目标还有较大差距。其实上海本就拥有较为丰富的水资源，水资源污染导致水质量变差是造成上海水资源短缺的主要原因。为了进一步提升水资源供给能力，上海加快了产业结构调整，持续推进科技创新和技术进步，不断完善政府水资源利用政策，通过这些举措来保护和改善水质，这是实现水资源可持续利用的重要途径和方向。③

党的二十大报告对推动绿色发展、促进人与自然和谐共生作了新的部署。在以上海为代表的生态城市建设中，各大城市必须坚持以习近平生态文明思想为指引，加快推动经济社会发展全面绿色转型，深入推进环境污染防治及现代环境治理体系建设，形成人与自然和谐发展、和谐共生的现代化建设新格局。

---

① 陆福宽.上海水资源与环境保护的实践[J].中国人口·资源与环境，1992（1）：50-52.

② 尚勇敏.建设卓越的城市生态品质——理论基础与上海行动[M].上海：上海社会科学院出版社，2018.

③ 王桂新，马进.上海水资源利用可持续性研究[J].上海经济研究，2012（10）：14-24.

第二节 云南省生物多样性保护

生物多样性是人类社会生存发展的环境基础，是社会经济发展的不竭动力，也是人类社会可持续发展的基石，可以说，一个国家的生物多样性现状既反映了其生态环境质量和生态文明水平，也体现了其在新一轮国际生物经济和产业竞争中的竞争力。党的十八大提出把生态文明建设作为统筹推进“五位一体”总体布局和协调推进“四个全面”战略布局的重要内容，这为推进生物多样性保护工作指明了方向；作为国家战略，生物多样性保护在践行绿色发展理念、建设美丽中国中发挥着重要作用。①

云南省作为我国乃至世界上生物多样性最为丰富的地区之一，拥有富集的生态资源、丰富的生物多样性、良好的生态产品生产条件，在保护国家生物基因资源、解决国家环境资源问题、建设生态文明国家中有着战略性地位，发挥着重要的作用。新中国成立以来，云南省不断在实践中进行生物多样性保护的探索与尝试，通过出台完善政策法规、调查评估生物资源及生物多样性、实施生态工程等多项措施，在物种、遗传及生态系统多样性的保护方面取得了显著成效。②由于云南省拥有丰富、集中、珍稀和古老的生物多样性类群，2021年10月，以“生态文明：共建地球生命共同体”为主题的《生物多样性公约》缔约方大会第十五次会议（CBD COP15）第一阶段会议在云南昆明召开，会议制定了2021—2030年全球生物多样性保护战略。该会议在云南昆明召开，既是国际社会对我国生物多样性保护工作所取得成效的认可，也是对云南省生物多样性保护现状的高度认可与肯定。本节以云南省为例，对其在生物多样性保护过程中所进行的探索和尝试进行较为全面系统的介绍，以期为全国其他类似城市进行生态多样性保护提供一定借鉴。

一、独具特色的云南生物多样性

云南省位于我国西南边界，与越南、缅甸、老挝接壤，有着山高、河深、水发达、湖泊多等特点，是一个典型的山区省份，这为生物的生存发展提供了独具特色的地理空间支持。而多样的气候类型（如北热带、北亚热带、南热带、南亚热带、中温带、中亚热带、寒温带等）使得云南省的气候变化和差异明显，“一山分四季，十里不同天”的立体气候为不同生物的繁衍生息提供了良好的气候条件。

特殊的地理位置、复杂的地质条件、密集的自然景观、多样的气候环境，使得云南省有着丰富的生物多样性。云南省是公认的生物多样性重要类群分布最为集中、具有全

① 刘春晖，杨京彪，尹仑.云南省生物多样性保护进展、成效与前瞻[J].生物多样性，2021（2）：200-211.

② 刘春晖，杨京彪，尹仑.云南省生物多样性保护进展、成效与前瞻[J].生物多样性，2021（2）：200-211.

球意义的生物多样性关键地区，被列为国际生物多样性热点地区。云南生物多样性兼具物种丰富性、物种特有性和物种脆弱性的特点。首先是物种丰富性。云南省是很多物种的起源中心，除了沙漠和海洋以外，几乎囊括地球上所有的生态系统类型。2018年发布的《云南省生态系统名录（2018年版）》收录了14个植被型、38个植被亚型、474个群系，收录的各类群生物物种数量均接近或超过全国一半，享有“植物王国”“动物王国”“物种基因库”等美誉。其次是物种特有性。云南是世界物种的分化中心之一，众多生物物种只分布在云南地区，特有物种分布数量在我国各地区中位列第一。除云南特有种外，云南省还分布着中国特有物种5682种；在云南分布的非中国特有脊椎动物中，有414种在我国境内仅分布于云南省；近30年来，全国超过三分之一的新物种发现于云南省，可以说，云南省是全国发现新物种最多的省份。最后是物种脆弱性。云南省虽然拥有较多的生物物种数量，但大部分的物种种群规模小、个体数量少、特化程度高、适应性较差，存在物种被破坏后难以恢复的威胁。2017年，云南省在对11个类群的25451个物种进行评估的基础上发布了《云南省生物物种红色名录（2017版）》。评估结果显示，云南省有8种物种处于绝灭状态，2种物种处于野外绝灭状态，8种物种处于地区绝灭状态，381种物种处于极危状态，847种物种处于濒危状态，1397种物种处于易危状态，2441种物种处于近危状态，16356种物种处于无危状态（处于无危状态的物种在所有评估物种中仅占64.3%）。

二、云南省的生物多样性保护路径与成效

面对物种丰富、特有而又较为脆弱的特点，云南省在生物多样性保护上积极作为，采取了多种措施，并取得了丰硕成果。

（一）完善机构设置，统筹推进生物多样性保护

多年来，云南省委省政府高度重视对生物多样性的保护，相继成立了不同类型的保护机构，为云南省的生物多样性保护工作提供了有力的组织与经济保障。例如，为了加强对全省自然保护区及野生动植物的统一管理，云南省林业厅成立了专门的野生动植物保护管理办公室，部分地州也分别成立了自然保护区管理部门，并负责当地自然保护区的保护管理工作。此外，为了加强生物多样性保护的资金保障，云南省还先后成立了一系列基金会，如云南省生物多样性保护基金会、云南省生物多样性保护委员会和专家委员会、云南省杨善洲绿化基金会、西双版纳州热带雨林保护基金会、普洱市生物多样性保护基金会等。

除了加强机构资金保障外，云南省还特别重视从战略层面进行统筹规划，以有效推进生物多样性保护工作。自1992年国际上第一个针对生物多样性保护的《生物多样性公约》通过以来，我国作为最早的缔约国之一积极响应和履约。在此背景下，云南省以

"保护优先、规划先行"为原则把生物多样性保护工作纳入各项规划和计划中，为我国履行《生物多样性公约》做出了积极贡献。

（二）完善政策法规保护体系，开展生物资源及生物多样性调查与评估

1973年，我国初步建立的环境保护法律体系把生物多样性保护纳入其中，云南省在贯彻落实相关法律法规的同时，十分重视生物多样性保护地方性法律法规建设，这些地方性法律法规与国家层面的法律一起为云南省生物多样性保护提供了法律依据。如云南省先后制定和出台了《云南省陆生野生动物保护条例》《云南省自然保护区管理条例》等法规条例，发布了《滇西北生物多样性保护丽江宣言》《云南省生物多样性保护西双版纳约定》等行动纲领①，这些法规条例和行动纲领涉及对野生动植物资源、自然保护区、生物多样性等的保护。2018年，云南省出台了我国第一部生物多样性保护地方性法规《云南省生物多样性保护条例》，该条例从全面系统的角度把监督管理、物种和基因多样性保护、生态系统多样性保护、公众参与和惠益分享、法律责任等写入法规，既突出了云南省的地方特色，也弥补了以往法律法规保护对象单一、保护方式局限、保护措施针对性不足等问题，对加强云南省生物多样性保护、保护国家生物多样性战略资源具有深远的历史意义和重要的现实意义。此外，云南省生物多样性保护联席会议组织编制了《云南省生物多样性保护战略与行动计划（2012—2030年）》，以"保护优先、永续利用，分类指导、突出重点，科技支撑、提升水平"为基本原则，划定了生物多样性保护的6个优先区域（包括滇西北高山峡谷针叶林、云南南部边缘热带雨林、滇东南喀斯特东南季风阔叶林、滇东北乌蒙山湿润常绿阔叶林、澜沧江中游-哀牢山中山湿性常绿阔叶林、云南高原湿地区域），提出了9大保护优先领域和34项行动，力争用20年左右的时间，把云南省建成我国最重要的生物多样性宝库和西南生态安全屏障。

在制定与实施地方性法律法规的基础上，云南省还努力开展生物资源与生物多样性调查与评估工作。自20世纪80年代起，云南省先后对自然保护区生物多样性资源特征及分布规律、野生动植物资源分布数量及栖息地等开展调查，就物种多样性、特有种、珍稀濒危种等基本情况建立数据库，为后续保护工作的开展提供了权威数据支持。截至目前，云南省先后出版了《云南植被》《云南植物志》《云南森林》《云南鱼类志》《云南两栖爬行动物志》《云南鸟类志》《云南兽类志》《云南大百科全书·生态编》等生物多样性基础研究系列专著，受到国内外生物学家和环保工作者的广泛关注。② 此外，自2015年起，云南省进一步开展了生物物种名录审核、红色名录评估及生态系统名录评估工作，并基于此在全国率先发布《云南省生物物种名录（2016版）》《云南省生物物种红色名

① 陈鲁雁.云南生物多样性保护：实践与挑战[J].云南行政学院学报，2016（3）：146-150.

② 刘春晖，杨京彪，尹仑.云南省生物多样性保护进展、成效与前瞻[J].生物多样性，2021（2）：200-211.

录（2017版）》《云南省生态系统名录（2018版）》和《云南省外来入侵物种名录（2019版）》，对全省生物物种基本情况和受外来威胁的状况进行了系统而又全面的摸底，为生物多样性保护与持续利用奠定了科学基础。①

（三）建立自然保护区，构建生物多样性保护空间

中国最洁净的自然环境、最优美的自然遗产、最丰富的生物多样性、最珍贵的遗传资源、最关键的生态系统，大都存在于自然保护区中②；可以说，在就地保护生物多样性的方式中，自然保护区是重要形式之一。云南省的自然保护区工作起步于20世纪50年代，自1958年在西双版纳傣族自治州正式成立勐仑自然保护区以来，云南省迈出了以自然保护区的方式保护生物多样性的第一步。然而，自然保护区真正得到重视和健康发展是在20世纪八九十年代。自《云南省自然保护区发展规划》发布以来，全省加快了自然保护区的建设步伐，自然保护区的面积和数量逐渐增长，自然保护区规范化、科学化管理水平也在不断提高。截至2019年，云南省共建成各类型、各级别自然保护区164个，其中国家级21个，省级38个，州（市）级56个，县级49个，总面积约为286.71万公顷，占全省面积的7.3%，基本形成了类型齐全、布局合理、结构科学并具有重要生态保护和生物多样性保护功能的自然保护区网络。③经过多年的保护区建设，云南西双版纳和高黎贡山两个国家级自然保护区被评为“联合国人与生物圈保护区网络”，三江并流区域被列为世界自然遗产，滇东北大包山、滇西北拉市海、碧塔海和纳帕海等自然保护区被列入“国际重要湿地名录”，这些荣誉都是国际社会对云南省几十年来自然保护区建设工作的认可。此外，为了加强对珍稀濒危物种的保护，云南省还搭建了针对珍稀濒危野生动植物的异地和就地保护网络，利用植物园、动物园和保护基地等，对珍稀濒危动植物实行就地和异地保护，使一些受到高度威胁的物种得到了相应保护。

经过多年建设，云南省形成了较为完善的就地保护体系。2020年，云南省政府在国际生物多样性日正式发布《云南的生物多样性》白皮书，该白皮书指出，云南省生态系统质量稳中向好，全省90%以上的典型生态系统和85%的重要物种得到有效保护。2017年，云南省第二次重点保护野生植物资源调查统计结果显示，全省就地保护植物有130余种，约占全省重点保护植物的85.6%，与2008年相比，提高了8.7个百分点。④

（四）整合资源，搭建科研化、国际化合作交流平台

云南省在生物多样性保护过程中，非常重视科研平台建设及国际间交流与合作。在

---

① 刘春晖，杨京彪，尹仑.云南省生物多样性保护进展、成效与前瞻[J].生物多样性，2021（2）：200-211.
② 陈鲁雁.云南生物多样性保护：实践与挑战[J].云南行政学院学报，2016（3）：146-150.
③ 何宣，许太琴.云南生态年鉴（2020）[M].芒市：德宏民族出版社，2020.
④ 刘春晖，杨京彪，尹仑.云南省生物多样性保护进展、成效与前瞻[J].生物多样性，2021（2）：200-211.

科研平台建设方面，依托科研院所和高校，相继成立了“中国西南野生生物种质资源库”“云南生物多样性研究院”“中国科学院东亚植物多样性与生物地理学重点实验室”“云南省极小种群野生植物综合保护重点实验室”“国家林业局云南珍稀濒特森林植物保护和繁育重点实验室”等一系列生物多样性保护研究平台，为全省生物多样性保护、生物资源可持续利用等提供了重要的科技支撑。此外，这些科研机构和部门也开展了大量生物多样性相关调查、监测、评估等工作，并建有中国科学院丽江高山植物园及云南丽江森林生态系统定位研究站，在生物多样性监测与科学研究、科普教育和生态示范等方面发挥了重要作用。[①]除了在国内搭建研究机构与平台，云南省还通过课题研究、学术交流等方式加强与周边国家和地区在生物多样性保护方面的交流合作。如2015年2月，由云南省省级环境保护专项资金资助的“云南跨境生物多样性保护现状调查与对策研究”项目在云南启动，该项目旨在通过对云南省边境地区重要生态系统和重点物种保护现状、跨境生物廊道建设等开展调查和研究，探索开展跨境生物多样性保护的重点区域、内容、合作方式与途径，提出云南省与毗邻的缅甸、老挝、越南等国开展跨境生物多样性保护的可行性对策，从而推进云南省与周边国家生物多样性保护合作进程。[②]2019年2月，以“生物多样性和生态系统服务——战略、工具和实践”为主题的第十一届中德生物多样性与生态系统服务研讨会在普洱市举行，通过主旨演讲、专题讨论、经验分享与成果交流等形式，深入探讨“2020后全球生物多样性框架”“自然资本核算”“国家公园体制”等议题。[③]

云南省还特别重视通过国际交流与合作的方式开展野生动植物保护和自然保护区建设，丰富的生物多样性吸引着国外专家和自然保护组织的关注与重视。自20世纪80年代开始，云南省便在自然保护区建设和生物多样性保护研究等方面与全球环境基金会、世界自然基金会、艾伦·麦克阿瑟基金会、国际鹤类基金会等国际机构展开了较为密切的合作与交流。如美国大自然保护协会与云南环境保护部门合作开展的滇西北老君山自然保护区建设项目、中德合作的中国云南西双版纳热带雨林恢复与保护项目、中荷合作的云南森林保护及社会发展项目、中英合作的云南环保与扶贫项目等陆续得到实施，在促进云南生物多样性保护工作有效开展方面发挥着重要的作用。在国家级跨境自然保护区生态环境保护方面，云南省积极与周边国家开展跨境合作，如与老挝签订《中老跨边境联合保护区域项目合作协议》，与缅甸民间组织（如社区团体、私营机构等）合作召开关于边境地区生物多样性保护及可持续发展合作研讨会，参与中越边境濒危物种联合调查

① 刘春晖，杨京彪，尹仑.云南省生物多样性保护进展、成效与前瞻[J].生物多样性，2021（2）：200-211.

② 引自“云南省生态环境厅-云南跨境生物多样性保护现状调查与对策研究项目启动”，http：//sthjt.yn.gov.cn/ywdt/xxywrdjj/201502/t20150211_75215.html。

③ 引自“云南省生态环境厅-齐聚世界茶源，共商生物多样性保护”，http：//sthjt.yn.gov.cn/ywdt/xxywrdjj/201902/t20190222_188144.html。

项目等，这些在特定跨境区域建立自然保护区及在联合保护区开展的跨境保护行动，对于植被恢复、生态廊道建设、联合巡护等工作具有重要意义。[①]

三、云南省生物多样性保护现存问题及未来展望

（一）现存问题

如前所述，尽管云南省在生物多样性保护上已经积极采取了诸多措施，并取得了较为丰硕的成就，但就现实情况而言，仍面临一些现实困境和有待解决的问题。

首先，生物多样性保护缺乏完整性与连通性。自然保护区是保护生物多样性的重要方式，然而云南省现存的自然保护区分布较为集中，仍有部分生物多样性重点地区的保护存在空缺，未被纳入自然保护区范围；而一些自然保护区的生态系统在建成前就因为人为活动或农业开发等遭到一定程度的破坏，使得该地区的生物多样性保护效果大打折扣。

其次，生物多样性保护与地区经济发展存在矛盾。综合而言，云南省自然保护区、生态红线区大多分布在欠发达、边境、少数民族地区，生物多样性越丰富、生态保护越好的地区往往发展越不充分。[②]为了帮助地区脱贫致富，自然保护区及周边原住民可能会通过林下种植、发展旅游、引进外来投资、商业化开发等方式实现经济发展，然而这可能在生态脆弱且具特殊生态价值的地区造成生态的破坏。党的十八大以来，习近平总书记多次考察云南，作出系列重要指示，要求云南“主动服务和融入国家发展战略，闯出一条跨越式发展的路子来，努力成为民族团结进步示范区、生态文明建设排头兵、面向南亚东南亚辐射中心，谱写好中国梦的云南篇章”，为云南发展指明了前进方向。[③]由此可见具有“西南生态安全屏障”国家级战略定位的云南在国家生态安全和生物多样性保护格局中的重要性。面对这一现状，如何解决好生物多样性保护与经济发展之间的矛盾，促进“绿水青山”向“金山银山”转化，让人民群众享受到守住“绿水青山”就能获得“金山银山”的效益，是统筹推进全省经济高质量发展和生态环境高水平保护应解决的根本性问题。[④]

（二）未来展望

面对云南生物多样性保护尚存的问题及历史使命，未来可以从以下几个方面进行针对性保护。

① 杨宽，巩合德.云南省生物多样性保护路径研究[J].西部林业科学，2021（5）：9–15.

② 晏司，钟敏，罗柏青，等.创新驱动云南生物多样性高水平保护[J].西部林业科学，2021（5）：5–8+15.

③ 云南：实干奋进，勇闯跨越式发展之路[EB/OL].（2022–08–04）[2023–03–04].http：//www.gov.cn/xinwen/2022–08/04/content_5704157.htm.

④ 晏司，钟敏，罗柏青，等.创新驱动云南生物多样性高水平保护[J].西部林业科学，2021（5）：5–8+15.

首先，面对生物多样性保护缺乏完整性与连通性的问题，针对尚未建立自然保护区或尚未纳入保护范围的生态系统、国家重点保护野生动植物，未来可以进一步建立保护区或优先纳入保护范围；针对极小种群野生动植物，可以采取定期进行野外资源调查和保育研究的方式，将极小种群野生物种及其遗传资源作为优先保护的范畴，以继续加强对濒危珍稀物种的保护。

其次，面对地区经济发展与生物多样性保护间的冲突与矛盾，采用多举措并行的方式促进经济与生物多样性保护协同发展。党的十九届五中全会指出，要优先发展农业农村，全面推进乡村振兴；要推动绿色发展，促进人与自然和谐共生。农业生物多样性丰富是云南省的特色之一，云南省可以重新思考农业生物多样性保护和农村未来发展的关系，一方面从生物多样性保护的角度继续开展传统资源补充调查评估、优良品种种质基因鉴定筛选，推广与农作物品种资源保护利用相关的生产技术，建立生物工程技术中心或重点实验室、科技转化平台，实现生物资源的科学开发和可持续利用①，另一方面从农村发展的角度，在保证生态安全的前提下适度开发生态旅游、研学旅行、绿色食品等生态产品和服务，打造乡村生态品牌，建立健全生态产品价值实现机制②。此外，云南省拥有25个少数民族，有着丰富多彩的传统文化及民族特征，再加上丰富而又特有的生物多样性，可以说是生物文化多样性的沃土③,④。未来可以考虑从保护文化多样性的角度促进对生物多样性的保护。一方面，应当正确认识民族传统文化的价值并对其进行积极的继承和发扬。例如，少数民族“非人类中心”的传统认知论和“忌杀生灵”的朴素生命伦理观在客观上促进了少数民族地区生物多样性的保护；少数民族的传统技术实践体现了人与自然环境的和谐共生，如滇中南地区梯田系统既可以养活大量人口，也起到了保持水土的作用，滇西南山地巧妙划分耕休地与合理分配耕种频率的方式有效减缓了过度开荒造成的环境压力。更为可贵的是，少数民族对自然的整体认识从本质上体现了“山水林田湖草沙生命共同体”的内涵，其对生态系统的整体性认知可以在一定程度上有效弥补现代强调分类的科学知识体系带来的不足和漏洞。另一方面，在进行生物文化多样性保护的过程中，要注重文化与生物多样性的协同发展，通过建立生物文化村、实施社区保护区等方式，将生物多样性保护融入当地人的生产生活，并在保护生物多样性的同时加强对少数民族优秀传统文化和实践技术的继承和发扬，以获得持续发展的不竭动力。

---

① 杨宇明，王娟，李昊民.云南省生物多样性保护战略与行动计划研究[M].北京：科学出版社，2017.

② 中共中央办公厅 国务院办公厅印发《关于建立健全生态产品价值实现机制的意见》[EB/OL].（2021-04-26）[2023-01-02].http：//www.gov.cn/gongbao/content/2021/content_5609079.htm.

③ 生物文化多样性指的是人类对环境的习得性反映的积累储备使人与自然的共存和自我认识成为可能，体现了生物多样性与文化多样性之间的良性互动关系。

④ 王冀萍，何俊.云南省民族传统文化与生物多样性保护[J].西部林业科学，2021（5）：124-128.

党的二十大报告在强调提升保护生态系统多样性的基础上，进一步指出提升生态系统的稳定性、持续性的重要意义。这些新举措新要求体现了党对保护环境一以贯之的高度重视和深远考量，充分展示了党建设美丽中国的鲜明态度和坚定信心。未来在以国家重点生态功能区、生态保护红线、自然保护区等为重点的生态系统保护和生态修复重大工程的实施过程中，各地区各城市还需要结合自身特色与条件积极探索创新生态系统多样性、稳定性、持续性保护新举措，力争成为美丽中国建设的重要参与者与贡献者。

经典案例8-1

以城市绿地“荒野式”管理推动邻里生物多样性保护

近年来，随着生态文明建设的开展，北京在封山育林、增殖放流、治理空气污染和水域污染等方面投入了大量心血，天变蓝了，水变清了，生物多样性得到逐步恢复，但是邻里生物多样性保护仍被很多人忽视。北京某住宅区的人工湿地如图8-1所示。

图8-1　北京某住宅区的人工湿地

一、邻里生物多样性保护概念

实际生活中，我们在不能够完全保护自然的时候，可以尽量减少对自然的侵扰，减少对野生动物的干扰，以帮助野生动物生存与发展。这一生物多样性保护的新思想，由中国绿发会副理事长兼秘书长周晋峰于2021年5月29日提出。

邻里生物多样性保护可以推动人类活动密集的地区有效保护生物多样性，兼顾保护和发展，协同可持续发展和生物多样性保护。

传统的生物多样性保护主要是在深山、自然原野、自然保护区中进行，这种“画地式”的保护方式固然重要，但目前的努力远远不足以扭转生物多样性快速丧失的全球趋势。保护生物多样性需要新的思路。由于人类生活范围的扩张，研究如何在人口聚集区有效地开展生物多样性保护具有极端重要的意义。[①]

在城市绿地养护方面，可以贯彻落实邻里生物多样性保护理念。我国的一些城市中，绿地基本采用定期除草、剪枝、清理枯枝烂叶、打药防治病虫害等高强度管理模式，这种模式所需要的人力投入、资金投入都比较大，还会产生较多的非必要浪费和一些环境危害（如喷洒农药对会影响鸟类的食物安全，也会对水和空气造成一定污染）。越来越多的城市居民认为，城市除了需要单调统一的人文景观外，还可以采用尽量减少人类管控、让生物群落自由生长的管理模式，营造山水相依、绿意盎然、鸟语花香的荒野式自然景观（见图8-2）。

在这一背景下，随着经济的发展，特别是面向公众的生态环境保护理念的宣传、普及和推广，邻里生物多样性保护理念也逐渐被社会各界所关注、了解和接受，越来越多的人参与其中。邻里生物多样性保护理念与国际社会所倡导的荒野模式是相契合的。

图8-2　北京某住宅区的“城市森林”

二、邻里生物多样性保护的荒野模式

荒野模式致力于让野生动植物合理生长，其形成的自然景观为现代化城市生活提供了独特魅力，社会各界正陆陆续续地将这一景观运用到绿地管理实践中。这可以理解为对党的十九届五中全会关于“减少人类活动对自然空间的占用”发展理念的探索与实践。

① 弘毅生态农场的邻里生物多样性保护：向土地和生物多样性要效益 [EB/OL].（2021-07-04）[2023-03-26]. https：//www.sohu.com/a/475487780_100001695.

对于城市绿地来说，高强度的管理模式不仅使野生生物种群丧失了栖息地，也使城市居民丧失了亲近自然、感受生命、体会大自然奥妙的机会。相反，采用荒野模式，地域性生物得以回流，绿叶鲜花、鸟兽鱼虫等生命体得到阳光、雨露的滋润，自由自在地生息繁衍，人类的眼、鼻、耳、肌肤等可以感受到自然生命的神奇，产生对自然的敬畏（见图8-3至图8-5）。

进入21世纪，“再野化”等概念风靡欧美等地，其通过引入早已在当地消失的土著动植物来填补生态位的缺失环节，强调自然与人类的和谐共生，成为欧美推进城市发展的主流观点。目前，在美国、英国、日本等发达国家，大型野生动物出现在城市街头，已经屡见不鲜。

图8-3　北京某住宅区的梅花鹿①

图8-4　北京某住宅区的大天鹅家庭

① 本案例图片均来自高一雷。

图8-5　北京某住宅区的绿地

一个向好的现象是，随着我国居民生态环保观念的普及与强化，荒野模式等概念开始在一些一线城市得到实践，使市民和游客获得了前所未有的生态体验。在圆明园、天坛等北京古老园林中，北京雨燕、乌鸦、红嘴蓝鹊等开始逐步回归，释放出古都北京的古朴与内在野性。

综上所述，对城市绿地采用荒野模式的管理方式，体现了邻里生物多样性保护理念的独特魅力。

三、城市绿地在实施荒野模式时的注意事项

城市绿地在实施荒野模式时，应注意以下三个方面的问题。

一是高强度管理与荒野模式不是对立关系，而是辩证统一关系。两种模式可以同时运用于同一块城市绿地中，相互促进、相互配合、相得益彰。

二是实施荒野模式是为本地物种自由生长保留栖息地，促进本地物种繁衍生息，对外来物种应该严格管制、定期清除。

三是要在保持生态系统整体可控，特别是对人类身体健康的潜在威胁可控的前提下，实施城市绿地荒野模式。例如：降低割草的频率，甚至杜绝割草；分别对待一年生植物、多年生植物和小灌木等，推动生物系统向顶级群落演变；避免打药，确保食虫的哺乳类、鸟类、爬行类、两栖类和节肢类等动物都能生存，推动局部性食物网有效建立；保留枯枝和落叶，为各种生物提供食物来源、栖息地和越冬场所，实现物质和能量的双循环。[①]

① 李维．推广荒野式管理改善城市人居环境[N].中国环境报，2020-12-03.

第三节　贵州省生态文明的探索与示范

自党的十八大把生态文明建设纳入“五位一体”总体布局以来，习近平总书记提出了一系列关于生态文明建设的新观点和新论断，如“改善生态环境就是发展生产力，保护生态环境就是保护生产力”“转变发展方式，推进绿色发展”等。为了进一步加快推进生态文明建设，2016年，中共中央办公厅、国务院办公厅印发《关于设立统一规范的国家生态文明试验区的意见》，旨在通过设立统一规范的国家生态文明试验区，开展生态文明体制改革综合试验，规范各类试点示范，为完善生态文明制度体系探索路径、积累经验。作为长江上游的重要生态屏障，贵州省凭借较好的生态基础和较强的资源环境承载能力位列第一批国家生态文明试验区。2021年，习近平总书记在贵州省考察时指出，优良生态环境是贵州省最大的发展优势和竞争优势。在贵州省开展国家生态文明试验区建设，是对习近平生态文明思想的切实践行。当地在发展中坚持走生态优先、绿色发展之路，对于落实《“十四五”规划和2035年远景目标纲要》、协同推进贵州省经济高质量发展和生态环境高水平保护具有重要意义。

贵州省委省政府历来高度重视生态文明建设，尽管面临着改善脆弱的生态环境（如水土流失、土地石漠化）和加快工业发展重要任务的双重挑战，但自被列入首批国家生态文明试验区以来，贵州省以习近平生态文明思想为指导，结合本省生态特色，积极采取了一系列政策举措，积极打造贵州大生态名片。特别是在石漠化治理方面，贵州省进行了卓有成效的实践探索，形成了大力发展生态农业、精心打造生态畜牧业、着力进行沼气开发、实施生态综合治理的有效措施，既守住了发展与生态两条底线，也凸显了国家生态文明试验区建设的贵州亮点。[①]本节以贵州省为例，对贵州省在生态文明建设和国家生态文明试验区建设过程中所做的探索和尝试进行较为全面系统的介绍，以期对全国其他地区的生态文明建设提供可参考的经验。

一、背景

贵州省山清水秀，气候宜人，多民族聚集，资源富集，有着丰富的矿产资源和较为珍稀的野生动植物资源，可以说，贵州拥有良好的生态环境与人文基础。然而，由于贵州省地处我国西南石漠化连片地区，存在较为严重的石漠化问题，是我国石漠化面积最大、受损害程度最为严重的省份，这就导致贵州省的生态环境较为脆弱，一旦遭到破坏就很难修复或恢复。此外，贵州省位于我国的西部地区，是长江和珠江上游的重要生态屏障，已被纳入国家主体功能区，如果贵州的生态环境受到损害，不仅会直接影响本地

① 郭红军，童晗.国家生态文明试验区建设的贵州靓点及其经验——基于石漠化治理的考察[J].福建师范大学学报（哲学社会科学版），2020（3）：40-48.

居民的生活，还会对长江和珠江中下游地区的居民生活造成负面影响。开展生态环境保护，对保障贵州省及相关地区居民的生活环境，保护贵州省尚存的良好而又脆弱的生态环境来说极为重要和意义重大。

贵州省虽然有较为丰富的生态资源，但从社会经济发展角度看，却是一个极为贫困的省份。限于复杂的地形地貌和恶劣的交通条件，自古以来，贵州省就是典型的贫困地区。贵州省在明朝建省之初，就是当时最穷的省份之一，此后直到清朝灭亡，贵州财政从未实现自给自足。新中国成立后，受多方因素共同影响，贵州省在现代化建设中依然处于落后位置，在相当长的一段时间里与东部发达省区的差距不断扩大。统计数据显示，贵州全省建档立卡贫困人口有923万，占全国总脱贫人口的7.9%；全省88个县（市、区）中，国家级贫困县66个，有扶贫开发任务的县83个。[①]在全面建成小康社会过程中，贵州省曾是全国贫困人口最多、贫困面积最大、贫困程度最深的省份，是国家脱贫攻坚的主战场。

如今，人类正处于从工业文明向生态文明转型的关键时期，贵州省的工业现代化发展水平虽然较低，但在发展生态文明方面具有一定的基础。2015年，习近平总书记在贵州省考察时强调，贵州省要守住发展和生态两条底线，培植后发优势，奋力后发赶超，走出一条有别于东部、不同于西部其他省份的发展新路。在多年的生态文明建设与国家生态文明试验区建设过程中，贵州省深入践行习近平生态文明思想，努力把自然生态环境保护融入脱贫攻坚和生态产业培育等方面，在推进经济社会发展和生态环境保护协同共进方面取得了一定成效。

二、以国家生态文明试验区建设为抓手的贵州生态文明建设路径与成效

早在20世纪80年代，在省委省政府制定的“人口—粮食—生态”社会发展战略以及国务院批准建立的毕节开发扶贫、生态建设试验区中，贵州省就把生态保护纳入地区发展，自此贵州省开始有意识地开展生态文明建设探索。此后的二十余年，贵州重点启动防护林建设工程和水土流失重点防治工程，对全省的石漠化进行综合防治，并取得了一系列研究成果与防治成效。进入21世纪，贵州省在确立“生态立省”的战略方针后，开始着重推进特色产业发展与生态环境建设相结合，大力发展生态农业、生态畜牧业、生态旅游等，在环境保护、节能减排、石漠化处理等方面相继推出了一系列政策。经过多年的发展，贵州省的生态文明建设取得了较为显著的成就，并走出了一条有特色的后发赶超之路。下面主要对近年来贵州省在国家生态文明试验区建设过程中采取的路径、措施及取得的成效进行简要介绍。

① 武汉大学乡村振兴研究课题组.脱贫攻坚与乡村振兴战略的有效衔接——来自贵州省的调研[J].中国人口科学2021（2）：2-12+126.

（一）实施大生态战略，大力发挥生态文明建设引领作用

在生态文明建设过程中，如何处理好生态保护与经济发展之间的关系一直是一个难题。很多人片面地认为，发展会不可避免地对生态环境造成破坏，所以宁愿放慢发展速度也要保护生态环境；另一些人则认为，为了摆脱贫困或加快发展速度，付出一定的生态代价也可以理解。其实这两种观点都是把生态保护和经济发展对立了起来，没有正确把握和梳理两者之间的关系。在现代化建设过程中，贵州省虽拥有良好的生态环境，但特定的地理位置和复杂的地形地貌，使得其生态基础脆弱，非常容易受到损害，因此贵州省在处理生态环境保护和发展的关系时遇到的挑战更大。

贵州省在生态文明建设过程中认识到生态环境保护在发展和提升生产力上的重要价值，自觉把经济社会发展同生态文明建设整合起来进行统筹规划，以充分保护和发挥自身的生态优势。2017年，贵州省提出实施大生态战略（即经济绿色、家园绿色、制度绿色、屏障绿色、文化绿色协同发展），要把“绿色+”融入经济社会发展的方方面面，将大生态与大扶贫、大数据、大健康、大旅游、大开放相结合，着力打赢蓝天保卫战、碧水保卫战、净土保卫战、固废治理战、乡村环境整治战“五场战役”，并基本形成生态文化、生态经济、生态目标责任、生态文明制度、生态安全五大体系。

在践行生态立省和大生态战略多年之后，目前，贵州省在生态文明建设和发展中走出了一条具有贵州特色的成功道路。曾经，贵州省的石漠化现象较为严重，粮食产量不高，不少地区的农民温饱问题都还没解决。为了解决农民的温饱问题，贵州省通过多种途径和手段对石漠化地区进行了综合治理，并成功帮助当地居民实现脱贫致富。首先，通过坡改梯、人工种草、人工改良草地、退耕还林和植树造林等方式进行植被恢复，由此水土流失状况得到有效改善，粮食产量明显提高，人民群众的温饱问题得到解决。其次，在解决农民的温饱问题后，贵州省还借助石漠化治理解决群众的发展问题，如在石漠化地区种植辣椒、中草药等经济作物，并引进先进的丰产栽培和人工育苗等技术，促使传统农业真正往绿色发展方向转型。此外，在石漠化治理中，贵州省依托信息化技术和大数据产业，通过生态大数据手段建立了全省石漠化在线监控系统，实现了对石漠化地区的实时监控、数据统计分析、资源整合共享、石漠化程度参照对比等，不仅优化了石漠化治理方式，还提高了石漠化治理成效。[①]最后，在石漠化地区大力发展生态产业，不仅改善了当地的生态环境，还使石漠化地区群众顺利脱贫。可以说，贵州省的石漠化治理成效充分体现了大生态战略在生态文明建设中的引领作用，集大数据、大扶贫于一体的大生态治理路径值得其他地区学习与借鉴。

① 郭红军，童晗.国家生态文明试验区建设的贵州靓点及其经验——基于石漠化治理的考察[J].福建师范大学学报（哲学社会科学版），2020（3）：40-48.

（二）做好顶层设计，加快推进生态文明体制改革落地见效

生态文明试验区建设的重点任务之一，就是探索有利于落实生态文明体制改革要求的路径，针对目前难度较大、需要试点试验的相关问题，进行探索试验并为全国提供可复制、可推广的经验。贵州省在生态文明建设过程中牢牢把握顶层设计，从制度体系建设、法治环境建设、追责问责机制建设等方面进行全面改革与探索，促使生态文明建设实现从宏观到微观、从概念到实操的转变。

在制度建设方面，2014年，贵州省率先出台了全国第一部省级生态文明地方性法规《贵州省生态文明建设促进条例》，并在此基础上陆续颁布实施了大气污染防治条例和水资源保护条例等30余部与之配套的法规。此外，贵州省还出台了诸如生态保护责任清单、补偿机制、损害赔偿制度等多项制度，以进一步完善生态文明制度体系。据统计，贵州省共实施了100多项生态文明制度改革，环保公益诉讼、生态补偿等多项试点工作均走在全国前列。在司法和法治建设方法，贵州省率先设置全国首家生态环保法庭——清镇市人民法院生态保护法庭，并率先在省级层面成立了公检法配合的生态环境保护司法体系——省高级人民法院生态环境保护审判庭、省检察院生态环境保护处和省公安厅生态环境安全保卫总队，用法律武器为贵州省的生态环境保护、生态文明建设保驾护航。据不完全统计，2014年至2018年，贵州全省各级法院共受理各类生态环境资源刑事、民事和行政案件18000余件，通过刑罚制裁相关罪犯6000余人，有力地促进了贵州省生态环境法治建设。此外，贵州省还建立了生态文明建设问责制，通过颁布《贵州省林业生态红线保护工作党政领导干部问责暂行办法》《贵州省生态环境损害党政领导干部问责暂行办法》《贵州省各级党委、政府及相关职能部门生态环境保护责任划分规定（试行）》等规定，明确党政领导干部在生态红线保护工作中应履行的责任，对在生态环境保护过程中存在失职渎职行为的领导干部实施问责惩戒，并将生态环境保护成效作为干部任用的重要依据。[①]经过多年的生态文明体制改革，贵州省基本建成以多元参与、激励约束并重为特点的较为系统完整的生态文明法治体系，形成了一批可复制可推广的生态文明改革成果。

（三）调整产业结构，因地制宜发展绿色经济

贵州省属于西部欠发达地区，属于贫困程度最深、贫困覆盖面最广的地区之一。在全面建成小康社会过程中，贵州省虽然与全国一道完成脱贫攻坚，但由于其经济基础薄弱，脱贫攻坚成果有待进一步巩固。因此在进行生态文明建设过程中还要处理好经济发展同生态保护之间的关系，争取通过国家生态文明试验区建设契机，实现经济发展和生态保护协同推进。为此，贵州省积极进行产业结构改革创新探索，大力发展体现生态环境优势的产业，力争在保护生态环境的基础上实现跨越式发展。

① 韩卉.习近平生态文明思想的贵州实践研究[J].贵州社会科学，2020（11）：40-47.

近年来，贵州省以“生态产业化、产业生态化”为指导思想，因地制宜构建完善的绿色生态产业链，加快发展具有技术含量和环境质量的生态利用型、循环高效型、低碳清洁型、环境治理型的“四型”产业[①]，推进传统产业生态化、绿色生态产业化、特色产业规模化、新兴产业高端化，大力培育大数据、新医药大健康、现代山地高效特色农业、文化旅游和新型建筑建材等新兴产业，初步构建了关联度较强、具有较强竞争力的特色生态型现代产业体系。[②]大力推进生态文明建设期间，贵州省涌现出一批国家级绿色循环、节能减排、环境保护先进单位，这些企业坚持走保护环境、发展循环经济的绿色可持续发展道路，为贵州省后续走科技引领、创新驱动的新型工业化道路奠定了坚实基础。除了传统工业企业绿色化转型外，贵州省还积极发展有当地特色的生态农业，如赫章核桃、赤水金钗石斛、罗甸火龙果、贞丰百香果、玉屏油茶、贵州“绿宝石”（绿茶）等诸多产品已经在全国具有一定的知名度，全省竹产业、油茶产业、刺梨产业、茶产业、药产业等特色产业也得到了迅猛发展，农民收入有了很大提高，生态环境也得到了极大改善。[③]

（四）加大绿色文化宣传，总结与传播生态文明建设贵州经验与模式

国家生态文明试验区建设的重要目标之一就是形成一批可在全国复制推广的典型实践成果，为其他地区生态文明建设提供可借鉴、可推广的经验。贵州省自进行生态文明建设以来，一直非常重视生态文化品牌培育、生态文化氛围打造、生态文明交流合作等，并取得了突出成果。

在文化宣传方面，贵州省最值得称道的是已经连续多年成功举办生态文明贵阳国际论坛。生态文明贵阳国际论坛于2009年第一次召开，在中国首次提出“绿色经济”的概念，并发布了对建设生态文明、发展绿色经济具有积极意义的《2009贵阳共识》。自此以后，每届生态文明贵阳国际论坛都会总结形成凝聚会议核心精神的贵阳共识。生态文明贵阳国际论坛是唯一一个国家批准的以生态文明为主题的国家级国际性高端平台，为社会各界开展交流与合作、传播生态文明理念、抓住绿色经济转型的机遇、应对生态安全的挑战、构建资源节约型和环境友好型社会、推动人类生态文明建设的进程提供了重要平台。[④]生态文明贵阳国际论坛也曾多次收到习近平总书记的贺信，如在2018年7月以“走向生态文明新时代：生态优先 绿色发展”为主题的生态文明贵阳国际论坛召开之际，习近平总书记致贺信指出，“生态文明建设关乎人类未来，建设绿色家园是各国人民的共同梦想。国际社会需要加强合作、共同努力，构建尊崇自然、绿色发展的生态体系，推

① 袁晓文，张再杰.习近平生态文明思想指引下的贵州国家生态文明试验区建设的重点、难点及对策[J].贵州社会主义学院学报，2021（1）：18-24.

② 韩卉.习近平生态文明思想的贵州实践研究[J].贵州社会科学，2020（11）：40-47.

③ 韩卉.习近平生态文明思想的贵州实践研究[J].贵州社会科学，2020（11）：40-47.

④ 韩卉.习近平生态文明思想的贵州实践研究[J].贵州社会科学，2020（11）：40-47.

动实现全球可持续发展”。总书记的贺信是对生态文明贵阳国际论坛重要性的肯定，也进一步坚定了贵州省坚持绿色发展、建设生态文明的决心。

其次，贵州省非常重视把生态文明建设理念融入人民群众的生产生活中，如深入挖掘本地区民族文化、传统文化和红色文化中的生态元素，引导人们大力弘扬优秀的生态文化，用生态智慧保护当地的自然资源。贵州省还把每年的6月18日确定为“贵州生态日”，在此期间举办一系列保护生态环境的推广宣传活动，如“保护母亲河·河长大巡河”和“巡河、巡山、巡城”等，努力扩大生态文明建设的影响力。

最后，贵州省还持续开展生态县、生态村等生态文明创建活动，评选全省生态文明建设先进个人，以激发相关单位和个人主动开展生态文明建设，有效提升人们保护生态环境的积极性。总的来说，贵州省生态文明文化宣传颇具成效，这些活动的持续开展，为贵州省生态文明建设营造了良好的氛围，绿色、协调、可持续的发展理念越来越深入民心。

三、贵州省国家生态文明试验区建设现存问题及未来展望

（一）现存问题

多年来，贵州省持之以恒地进行生态文明建设和生态文明制度创新，在生态文明建设的理论研究方面取得了一些成果，生态文明建设的实践探索也取得了重要成效。目前，贵州省在生态环境保护上已经发挥出了一定的后发赶超优势。但是总的来说，由于生态环境脆弱，贵州省当前的生态文明建设任务依然较为艰巨，在推进生态文明试验区建设过程中仍然存在一些待解决的问题。

首先，在生态文明建设过程中，不同地区或单位存在推进不平衡、协同性不够等现象。虽然在建设过程中，贵州省非常重视生态文明体制改革，但一些制度在设计上存在缺陷，不同制度间的关联性和系统性没有得到凸显，导致在实施推进生态文明建设过程中暴露了一定的局限性。如领导干部自然资源资产离任审计建立在编制完成的自然资源资产负债表的基础上，对领导干部生态文明建设责任的追究又是以自然资源资产离任审计为基础，但在改革推进过程中，三者很大程度上是独立推进的，没有形成很好的沟通协调机制。①

其次，面对资源趋紧和发展迫切的双重压力，贵州省产业生态化程度有待深化。贵州省自然资源丰富，依赖自然资源而展开的第二产业（如加工制药业和采矿业）十分发达，但第一和第三产业基础比较薄弱，而且部分产业不仅对自然资源造成了较大消耗，还对自然环境产生了严重的威胁。而贵州省正在大力推进的高新技术产业虽然在产业规模、科技贡献率上不断提升，但与东部沿海地区相比，仍有较大差距，且贵州省高新技

---

① 袁晓文，张再杰. 习近平生态文明思想指引下的贵州国家生态文明试验区建设的重点、难点及对策[J]. 贵州社会主义学院学报，2021（1）：18-24.

术产业存在产业分布不平衡、从业人员比重较低等现象。可以说，贵州省当前的生态结构、生产结构、生活结构布局不尽合理，绿色产业规模和层次还有较大的提升空间，绿色产业整体竞争力不强，而部分科技含量高、带动能力强、发展后劲足的新兴产业面临推进难、建设慢的困境，距离达成生态利用型、循环高效型、低碳清洁型、环境治理型的“四型”产业建设目标还存在较大差距。[①]

（二）未来展望

针对贵州省生态文明建设尚存的问题，未来可以从以下几个方面进行针对性改善和提升。

针对不同地区或单位推进生态文明建设不平衡、协同性不强等现象，要进一步加强统筹规划，合理建构生产、生活、生态空间布局，进一步完善统筹协同机制，比如联合不同部门召开专门的生态文明建设研讨会，通过整合不同部门的资源，实现优势互补，形成工作合力，并在未来工作中进一步优化生态建设整体规划，及时总结贵州省生态文明建设试点工作中的经验教训，并借鉴先进地区典型做法。

发展欠发达、生态欠开发是贵州省的两个鲜明特征。党的二十大报告指出，要坚持绿水青山就是金山银山的理念，坚持山水林田湖草沙一体化保护和系统治理，全方位、全地域、全过程加强生态环境保护，实现生态文明制度体系更加健全，污染防治攻坚向纵深推进，绿色、循环、低碳发展迈出坚实步伐，生态环境保护发生历史性、转折性、全局性变化，使我们的祖国天更蓝、山更绿、水更清。为了更好地实现人与自然和谐共生，贵州省要加快发展，尤其是加快绿色生态化发展，以解决贵州省发展过程中所面临的问题。

首先，进一步加快发展绿色产业，借助大数据、高科技等大力发展数字经济、清洁环保产业、清洁能源产业等，利用好自身生态资源，进一步打造旅游经济、完善绿色农产品产业链等，立足现有产业基础和资源优势，大力发展以现代山地特色生态高效农业为代表的生态利用型产业、以原材料精深加工产业为代表的循环高效型产业、以新能源汽车产业为代表的低碳清洁型产业、以节能环保装备制造业为代表的环境治理型产业等“四型”产业。

其次，借助人工智能等现代化技术手段，对传统产业进行技术改造、流程再造；加强绿色园区建设，推进绿色科技创新，鼓励运用互联网、大数据、人工智能等对食品药品、磷煤化工等产业进行信息化、绿色化改造，推动传统产业生态化、特色产业规模化、新兴产业高端化，形成产业生态化与生态产业化协同推进的新的生态产业链（网）。[②]

① 袁晓文，张再杰.习近平生态文明思想指引下的贵州国家生态文明试验区建设的重点、难点及对策[J].贵州社会主义学院学报，2021（1）：18-24.

② 袁晓文，张再杰.习近平生态文明思想指引下的贵州国家生态文明试验区建设的重点、难点及对策[J].贵州社会主义学院学报，2021（1）：18-24.

·本章小结·

本章对上海、云南、贵州等典型省市在生态文明建设中的探索和经验进行了总结。其中，上海市的主要经验体现在如何通过城市规划、产业转型、大气治理、绿地扩建、水源开发和水质保护等多举措并用的方式把一个工业污染较为严重的城市转变为全国乃至全球卓越的生态城市。云南省的主要经验体现在结合区域特色，进一步巩固自身在全国生态文明建设过程中的不可替代性，在全国生态文明建设中做出自己的独特贡献。贵州省的主要经验体现在以国家生态文明试验区建设为抓手，重视顶层设计与制度改革，为生态文明试验区建设提供强有力的制度保障。国家对生态文明建设高度重视，这些探索与示范为其他地区的生态文明建设提供了具有参考价值的借鉴经验。

·教学检测·

思考题：

1. 上海在生态城市建设过程中面临着哪些问题？
2. 云南省在保护生物多样性方面采取了哪些路径或举措？

数字资源8-1
思考题答案

·生态实践·

数字资源8-2
中国人是这么保护生态的

第九章 生态文明建设的使命与担当

学习目标：

1. 正确理解大学生在生态文明建设中的责任和义务，明确参与生态文明建设的具体途径；

2. 树立绿色低碳的生态理念，形成理性消费习惯和节能减排的生活方式，提升生态素养和生态文明建设能力；

3. 发扬爱国主义精神，培养生态文明建设主人翁意识，增强社会责任感。

自党的十八届五中全会将生态文明纳入“十三五”规划以来，我国生态文明建设迈入了崭新的历史时期。大学生作为促进社会发展的鲜活力量，承载着建设美丽中国、实现中华民族伟大复兴的时代使命。随着生态文明建设的逐步推进，大学生群体不仅将成为社会绿色发展的受益者，还将成为低碳生活、绿色消费等生态文明素养的倡导者、践行者和宣传者。因此，要科学认识大学生在生态文明建设中的使命与担当，切实发挥大学生在生态文明建设中的具体作用，鼓励大学生勇挑重任，努力为实现中国特色社会主义现代化建设的战略目标贡献力量。

第一节 低碳生活在我身边

2009年12月7日，哥本哈根联合国气候变化会议在丹麦首都哥本哈根成功召开。这次被誉为“拯救人类的最后一次机会”的会议，标志着世界经济开始向低碳化、绿色型经济加速转型。各国在积极推行节能减排政策、创新新能源技术、倡导低碳生产和消费方式的同时，提出了营造全球治理新生态、构建人类命运共同体的目标和倡议。

面临此时代变局，加强环境保护与推进低碳发展也成为我国生态文明建设的重要议题。习近平总书记在中央财经委员会第九次会议上强调：实现碳达峰、碳中和是一场广泛而深刻的经济社会系统性变革，要把碳达峰、碳中和纳入生态文明建设整体布局，拿出抓铁有痕的劲头，如期实现2030年前碳达峰、2060年前碳中和的目标。由此可见，秉持可持续发展观，推动以低碳经济为基本特征的产业升级，是我国实现高质量发展的现实要求，也是我们践行生态文明理念的重要途径。

一、低碳生活的理论基础

工业革命以来，人类活动向大气中排放了大量温室气体，导致出现以气候变暖为主要特征的全球气候灾害性变化。此变化引起的海平面上升、旱涝灾害频发以及病虫害、传染病的加快传播等，持续威胁着人类的生存与发展。因此，应对气候恶化和全球变暖是包括中国在内的国际社会共同的责任。而“低碳”概念，正是在这种严峻的背景下提出的。

低碳生活是一种以节约能源和减少二氧化碳等温室气体排放为目标，以低能量、低消耗、低开支为特征的生活方式。低碳生活的实质是要在保证生活质量和身体健康的前提下，改善人类的生存环境和条件，将人类活动对生态环境的不利影响降到最低程度。实现低碳生活，是发展低碳经济和走可持续发展道路的内在诉求，更将成为破解全球生态危机的重要途径。

“低碳生活”与“低碳技术”“低碳社会”“低碳城市”等概念一样，是在“低碳经济”这一理论基础上衍生出来的新型社会形态。低碳经济是指在经济社会发展过程中，通过技术升级、产业结构调整等途径尽可能地减少温室气体的排放和增加对温室气体的吸收，从而获得经济、社会和生态三大效益相统一的经济发展模式。[①]其本质是提升能源的利用率，降低能源消耗，推进节能减排和区域清洁发展，发挥新能源产业的引领作用，进一步实现经济结构转型，保障国家能源安全，增强国家的经济竞争力。

“低碳经济”概念由英国于2003年率先提出，之后在欧美地区广泛推行。2009年召开的哥本哈根联合国气候变化会议再次强调了低碳经济模式的重要性和新要求，得到了国际社会的广泛认可。现阶段，发达国家与发展中国家对于发展低碳经济的理解和做法有显著的差异。对于发达国家而言，工业化进程基本完成，碳排放量也接近峰值，发展低碳经济的目的往往与减少温室气体排放的国际义务紧密联系；而对于发展中国家来说，工业化、城市化、现代化进程都处于加快推进的状态，基础设施建设规模庞大，能源需求不断增长，而以化石燃料为主的能源结构在短时间内又无法发生根本性的改变，这就决定了发展中国家必然要大力开发清洁能源，强调生产过程中的低能耗和低污染，以此来实现发展和减排的双赢局面。以我国为例，现实的战略是努力降低

① 黎祖交.生态文明关键词[M].北京：中国林业出版社，2018.

单位国内生产总值的温室气体排放即碳排放强度，“碳达峰碳中和”①的目标正是基于此现实提出的。

随着对低碳经济理论研究的不断深入，国内外许多专家对低碳经济的内涵、必要性、可能性及发展途径等做出了基于不同生态理论取向的解释，以下主要介绍其中的三种。

（一）发展低碳经济的必要性：生态足迹理论

生态足迹理论最早由加拿大生态经济学家里斯教授于1992年提出，并在1996年由他的博士生威克纳格加以完善并测算出数学模型。②生态足迹也称为生态占用，是指在现有技术条件下，持续提供某人口单位（一个人、一个城市、一个国家或全人类）所需物质资源以及吸纳其所衍生的废物应具有的具备生物生产力的地域空间。该模型将人类为了维持自身生存而消耗和利用的自然资源换算成对土地和水域面积的占用量，通过对消耗资源和吸收废物所需要的生产性土地面积进行定量测算，评估人类对生态系统的影响。通过计算区域生态足迹总供给与总需求之间的差值——生态赤字或生态盈余，可以明确判断该区域的发展是否处于生态承载力范围内。如果生态足迹大于生态承载能力，那么生态环境具有不可持续性，生态安全和社会发展都将出现危机；反之，生态环境、生态安全持续稳定，支持社会经济的可持续发展。

根据生态足迹理论，研究者们又提出了“碳足迹”的概念。碳足迹是人类在生产生活中，直接或间接排放二氧化碳和其他温室气体的总量。③计算碳足迹、发展碳标签将成为我国监管碳排放、达成碳达峰碳中和目标的主要途径。而低碳经济作为一种可持续经济，正是我国应对环境挑战和资源危机所做出的必然选择。

（二）低碳经济发展的可能性：脱钩理论

1966年，国外学者提出了关于经济发展与环境压力“脱钩”的问题，首次将“脱钩”概念引入社会经济领域。近年来，脱钩理论的研究进一步拓展到能源与环境、农业政策、循环经济等领域，并取得了阶段性成果。当前，脱钩理论主要用来分析经济发展与资源消耗之间的对应关系，具体指一国或一地区工业发展初期，物质消耗总量随经济总量的增长而同比增长甚至更高，但在某个特定阶段后会出现变化，经济增长时物质消耗并不同步增长，而是略低于经济增长率甚至开始呈下降趋势，呈现倒“U”形。④从脱钩理论看，低碳经济的本质是经济社会发展与资源环境消耗相脱钩，通过大幅度提高资

---

① 碳达峰是指我国承诺2030年前，二氧化碳的排放量达到峰值之后逐步降低。碳中和是指企业、团体或个人在一定时间内直接或间接产生的温室气体排放总量，将与通过造树造林、节能减排等形式产生的二氧化碳排放量相抵消，实现二氧化碳“零排放”。

② Wackernagel M，Rees W E. Our ecological footprint：Reducing human impact on the earth[M]. Gabriola Island：New Society Publishers，1996.

③ 文学禹，李建铁.大学生生态文明教育教程[M].北京：中国林业出版社，2016.

④ 安文，史珍，何晓晴.循环经济实践的国际比较及其科技基础研究[J].资源与产业，2006（5）：92-95.

源生产率和环境生产率，做到用较少的水、地、能、材消耗和较少的污染排放，换取较好的经济社会发展，实现人与环境的共赢。

（三）低碳经济发展的途径：循环经济理论

循环经济是根据辩证唯物主义、历史唯物主义和现代生态科学的原理，把生态系统物质循环运动和能量梯级利用的规律运用到经济社会发展中的结果，一方面在生产环节中实现循环，使上一环节的“流”（传统经济中称为废物）变成下一环节的“源”（传统经济中称为原料），从而达到节约资源、提高产出、减少排放的目的；另一方面对生活领域的废物进行回收、分类、再利用、再生产等处理，达到变废为宝的目的。其理论核心是改变传统的资源利用模式，通过对资源的高效循环利用来实现节能减排，这样一来就可以在很大程度上缓解现阶段全球严峻的环境问题以及能源危机，实现全球生态效益、经济效益、社会效益的持续、健康、稳定发展。循环经济是实现低碳经济过程中的重要一环，也是发展低碳经济的坚实基础。低碳经济是循环经济理念在能源领域的延伸，也是循环经济发展的必然结果。对于处于工业化、城市化过程中的发展中国家来说，循环经济是不可逾越的经济发展阶段。

二、倡导低碳生活的意义

党的二十大报告指出，尊重自然、顺应自然、保护自然，是全面建设社会主义现代化国家的内在要求。我们必须牢固树立和践行绿水青山就是金山银山的理念，站在人与自然和谐共生的高度谋划发展。我们要加快发展方式绿色转型，实施全面节约战略，发展绿色低碳产业，推动形成绿色低碳的生产方式和生活方式。

在推进中国式现代化进程中，每一个人都有责任践行生态文明理念，养成绿色低碳的生活方式。倡导低碳生活具有以下三个方面的意义。

（一）低碳生活是化解生态危机的根本途径

工业文明的飞速发展使生态环境付出了沉重代价，导致了全球变暖等生态危机。传统的市场经济体制所带来的消费增长致使能源、资源被过度消耗和浪费，进一步加剧了生态环境的恶化。低碳生活方式倡导理性与节制的物质消费，通过控制生产规模和优化生产结构以满足适度消费需求，从源头上大大减少资源的消耗，使环境压力得以缓解，有利于社会经济实现可持续发展，使人类社会与自然环境长期和谐共存。

（二）低碳方式是人们高质量生活的必要保障

2020年1月，《家庭低碳生活与低碳消费行为研究报告》指出，公众对低碳生活的认同度处于较高水平。对低碳生活的意义调查发现，41%的受访者认为低碳可以“减少浪费”，33%的受访者认为低碳有助于“可持续发展”，32%的受访者认为其可以“减少空气污染”。同时，也有33%的受访者提到低碳使自己的生活更健康，另有25%的受访者认为低碳使生活回归简单，让生活更愉悦。[①]这些数据表明，低碳生活和低碳行动有利于个人和社会的长足发展，符合公众对高品质生活的期待，并且正逐渐被广大公众所接受。倡导低碳生活方式，推动节能减排和生态保护，有利于解决大气污染、极端天气等生态问题所带来的不良影响，有利于维护良好的生存环境，进一步提高人民的幸福指数。

（三）低碳生活是构建和谐社会的内在要求

环境问题从本质上来说是社会公平问题。要想摆脱生态环境危机，就必须超越传统工业文明的逻辑，用生态理性取代经济理性。由环境恶化引发的问题，特别是日益增多的突发性环境污染事件，正成为制约经济社会发展、影响社会和谐安定的重要因素。因此，缓解人与自然之间的突出矛盾，解决地区、企业、个人等内部之间的不和谐，重建生态环境、资源利用方面的公正秩序，是建设社会主义和谐社会的重要课题。[②]

低碳生活以坚持人与自然和谐相处为基本逻辑，是维持社会稳定、促进社会良性运转的内在动力。只有人人积极践行低碳生活，推动生活方式绿色化，共同推动生态文明建设，“美丽中国”“和谐中国”才能从梦想变为现实。

三、大学生低碳生活方式

当前形势下，世界许多国家都已进入倡导节能减排的低碳经济时代。党的二十大报告强调，要推动绿色发展，促进人与自然和谐共生。这深刻表明我国生态环境保护工作重点已从污染防治转为预防为主、源头治理，转向更深层次的生态环境质量提升。新形势新要求更加强调内涵发展和群众获得感的提升。改善生态环境质量是全民所盼，生态环境保护全民行动也必须更加广泛地开展起来。

在此基础上，大学生作为生态文明建设事业的生力军，更应该在思想上和行动上做出表率。大学生要主动树立生态文明观念，率先倡导健康低碳生活理念，增强节约意识、环保意识，在生活上反对奢侈浪费和不合理消费，倡导简约适度、绿色低碳的生活方式。大学生要自觉从点滴做起，为创建低碳社会、推动绿色发展贡献自己的力量。

（一）减少消耗

① 日常用水、用电都会涉及碳排放，因此在生活中应当养成随手关闭电源、拧紧水龙头的习惯，自觉使用节能电器，减少大功率设备的使用时间，降低日常能耗。

② 出行工具方面，尽量选择步行、骑自行车或乘坐公共交通工具，使用清洁能源代替化石燃料，使用可再生资源代替不可再生资源。

③ 养成适度消费的习惯，不铺张浪费，不过度购买。

④ 尽量实现无纸化学习和办公。

---

① 丁瑶瑶.《家庭低碳生活与低碳消费行为研究报告》发布 我们与低碳生活的距离有多远？[J].环境经济，2020（5）：71-72.

② 于晓霞，孙伟平.生态文明：一种新的文明形态[J].湖南科技大学学报（社会科学版），2008（2）：40-44.

（二）抵制污染

① 不乱扔垃圾，不吸烟；不用或少用难降解的塑料制品，不用或少用会对环境造成污染的产品或材料。

② 食用绿色食品，养成多菜少肉的健康膳食习惯。

③ 主动制止他人的不环保行为，主动向有关部门举报和反映不按照环保规定进行排放的企业。

（三）循环利用

① 践行生活资源的循环利用，不定期捐赠旧书籍和旧衣服。

② 杜绝一次性用品，如一次性木筷、一次性塑料杯等，充分利用可循环产品或材料。

③ 自觉遵守垃圾分类规则，做好废品的回收利用。

经典案例 9-1

新能源汽车的普及[①]

近十年来，新能源汽车在中国快速普及。《中国汽车产业发展年报 2021》显示，2012 年，全国新能源乘用车年销量还不到 8000 辆，而到 2020 年，年销售量已增长至近 125 万辆（纯电动汽车超过 8 成），而年销售量连续三年超过 100 万辆。

新能源汽车的普及是我国推动低碳出行的重要举措，在推动新能源汽车消费的过程中，经济激励政策是一个重要推动因素。除此之外，全民对新能源汽车认可度的不断提升使电动车消费从政策驱动逐渐转向市场驱动。碳排放压力下，中国汽车产业作为减碳方面的先行者，以发展新能源汽车和智能网联汽车为方向，在世界能源汽车领域实现了换道超车。尤其是智能网联汽车产业，在近几年内实现快速转型升级，以“车路云网图”为代表的汽车技术发展路线为世界汽车工业、汽车社会的发展提供了中国智慧、中国方案。目前，我国汽车行业正处于从跟随性向引领性转变的发展阶段，并将持续向制造业强国目标迈进。

① 中国汽车产业发展年报 2021[EB/OL].（2023-03-24）.http：//www.miit-eidc.org.cn/module/download/downfile.jsp?classid=0&filename=ab5936358eb244bf96b63fe818f1680e.pdf.

第二节　适度消费从我做起

一、促进绿色消费

绿色消费又称可持续消费，是一种以节约资源和保护环境为特征的新型消费行为。它要求人们在消费过程中自觉抵制对环境有不利影响的物质产品和消费行为，购买在生产和使用上对环境友好以及对健康无害的绿色产品。目前，国际上普遍认可的绿色消费“5R”原则为：节约资源，减少污染（reduce）；绿色生活、环保选购（revaluate）；重复使用、多次利用（reuse）；分类回收、循环再生（recycle）；保护自然、万物共存（rescue）。[①]

由上述绿色消费的含义和本质特征可见，绿色消费模式与传统消费模式有重大的区别。传统消费模式把人与自然摆在敌对的位置，以“人战胜自然”为伦理基础，追求消费数量的无节制的增加，本质上属于资源耗费型的消费模式，它无视资源的节约、回收和再生利用，给环境带来了巨大的危害。绿色消费则完全相反，其特点可概括如下。

第一，安全性。安全性是绿色消费的基本特征，消费者在进行绿色消费过程中存在对安全的基本需要。在马斯洛需要层次论中，安全需要是人类在满足生理需要之后的第二层次需要，所以消费者在消费产品时会要求产品不得损害自己的人身和财产安全。

第二，适度性，指以获得基本需要的满足为目的，但并不是倒退回物质匮乏时极度节俭的状态，强调在既定的社会经济条件下避免对物质资源的过度索取。

第三，可持续性，指消费者在衣食住行用等方面的消费要与资源的承受力相适应，不能以破坏生态环境为代价。

促进绿色消费，既是传承中华民族勤俭节约传统美德、弘扬社会主义核心价值观的重要体现，也是顺应消费升级趋势、推动供给侧改革、培育新的经济增长点的重要手段，更是缓解资源环境压力、建设生态文明的现实需要。然而，当下大学生采取绿色消费行为仍然受到诸多因素的阻碍。

第一，对绿色消费认知不足，不能清醒地认识到自身的消费行为在生态文明建设中的重要作用，比如很多大学生不能正确辨识绿色产品和绿色消费行为，而且很多大学生绿色消费欲望较低。

第二，不良消费心理和消费习惯。部分大学生存在从众消费的心理，倾向于随大流消费，而不是考虑自身的真实需要和物品的使用价值，因此容易造成资源浪费和消费结构不合理等问题。除此之外，随着经济的发展和人们生活水平的提高，人们的消费方式

① 绿色新知：5R[J].节能与环保，2009（2）：60.

发生了改变，消费享乐主义和奢侈消费等不良消费现象时有发生；再加上互联网消费热潮的兴起，支付过程变得简单，进一步助长了大学生的非理性消费行为。

第三，购买能力的局限。目前绿色产品价格普遍偏高，大学生收入不足，往往因难以承受绿色产品的价格而放弃绿色消费行为。

由此可见，绿色消费环境的建设是一项长期而艰巨的任务，需要政府、媒体、学校、家庭以及个人等多方努力。促进绿色消费，需要进一步加强理论教育和丰富实践途径，唤醒大学生的生态责任意识，树立人类与自然和谐相处、共同发展的生态理念，使绿色消费、绿色出行、绿色居住成为自觉的行动。

二、崇尚简约生活

每年的11月11日都是一次互联网消费的狂潮，在膨胀的物欲得到充分满足的当下，鲜少有人关注伴随“双11现象”出现的过度包装所带来的资源浪费和环境负担问题。其实，在心动与行动之间，有必要问问自己是否真的需要这些东西。党的十九大报告指出，倡导简约适度、绿色低碳的生活方式，反对奢侈浪费和不合理浪费。[①]崇尚简约生活，就是摒弃无度攫取自然资源的传统生活方式，拥抱一种以尊重和顺应自然为特征，回归朴素简约本质的绿色生活方式。

简约生活并不是简单而没有质量的生活，而是一种理性的更能体现时代潮流的生活，是一种符合绿色低碳循环发展理念的有品质的生活。简约生活也并不是要求人们节制所有的欲望，而是从思想上铲除拜金主义、享乐主义的毒瘤，回归自然、淳朴的状态，让我们赖以生存的环境多一些清新，少一些污染。简约生活强调对事物的价值具有充分而清醒的认识，不被欲望所束缚，活出从容和品位。

（一）欲望极简：不盲从、不跟风

第一，在生活中要时刻保持理智的思考，勇敢对抗外界的诱惑，不被虚荣心和从众心理左右。了解自己的真实需求，专注于自己真正想做的事情，把简单的小事做到极致。

第二，在消费欲望方面，提倡按需消费和理性消费，坚决反对奢侈的欲望，减少对物质的过度追求，培养健康的生活情趣。

第三，追求至上的精神生活。每个人的时间和精力都是有限的，要学会在生活上做减法、精神上做加法，让精神消费优先于物质消费。

（二）物质极简：不迷恋、不堆积

学会与物质的“断舍离”，即正确对待人与物的关系，不做“剁手党”和“月光族”，不买非必需的商品；脱离对物质的执念，舍弃身边的无用之物，营造宽敞舒适的自在空间。

① 睢晓康．简约让生活轻盈起来[N]．中国环报，2017-11-14.

（三）生活极简：不花哨、不浪费

人依赖于自然万物而生，受到自然的制约。晋朝葛洪指出，“有尽之物，不能给无已之耗；江河之流，不能盈无底之器”。对于资源的过度浪费和消耗，必然会加大对生态环境的破坏，使生态环境难以承载、不堪重负。反对奢侈浪费绝不是小事，它关乎国计民生，关系到社会的进步，甚至关系到一个民族的兴衰。[①]因此，应当推动全民在衣食住行用等方面加快向勤俭节约、绿色循环、文明健康的生活方式转变，坚决抵制过度消费、超前消费、炫耀消费等畸形消费观念。

经典案例9-2

解决月饼过度包装问题，需修订相关国家标准[②]

每年在月饼黄金销售季，制造商家都会竞相“争奇斗艳”，在包装上极尽奢华之能事，月饼价格也随之水涨船高，让普通消费者望而却步。这种季节性食品的“穿金戴银”，不光将成本转嫁给了消费者，更带来了大量不必要的环境污染和资源浪费。一番佳节盛宴落幕，消费者吃完月饼之后，剩下的大量“美丽包装”随即沦为垃圾，给环境带来严重破坏。2021年，中国绿发会针对上海一家月饼企业过度包装问题提起了环境公益诉讼，指出这家企业违背了国家对食品和化妆品包装的强制性标准。现行月饼国标（GB/T19855—2015）取代了原来的2005年版标准（以下简称老国标），取消了老国标中“包装成本应不超过月饼出厂价的25%”的规定，取而代之的是要求月饼生产经营单位按照《限制商品过度包装要求：食品和化妆品》标准对月饼进行合理包装。

中国绿发会副理事长兼秘书长周晋峰将明显感觉是过度包装的月饼送去检测，但遗憾的是，哪怕是目测包装已经近十层，检测出来的结果却几乎都是“包装层数未超过3层”。为什么常识和检测结果会有这么大的差别？这与测算方法有关。国标虽然规定“包装层数在3层以下”，但也规定了直接与产品接触的初始包装为第0层，从完全包裹产品的初始包装开始记为第1层。这样一来，托盘、塑料袋等，都被计入第0层；同样地，最外层的袋子、铁盒等，也不被计入。因此，老百姓直觉上认为过度包装的月饼，检测结果显示为达标，也就不足为奇了。

这些包装物在前期的生产过程中所耗费的每一度电、每一滴水，无不有资源环境代价；沦为垃圾后，无论是其中的塑料、纸张等包装材质被重新回收再

① 韩继勇. 简约生活要学会“断舍离”[N]. 中国环境报，2017-11-10.

② 光明时评：解决月饼过度包装问题，需修订相关国家标准[EB/OL].（2020-09-24）[2022-04-13].https：//difang.gmw.cn/2020-09/24/content_34219466.html.

使用，还是大多数包装成为垃圾、最终被焚烧或填埋，其处理过程所产生的碳排放或对土壤、河流、地下水等环境的影响都不可忽视；还有一部分包装物成了陆源污染源流入海洋，使海洋生物等蒙受灾难。已经有多项科学研究发现，许多生物体内都有微塑料存在。可以说，这种生产和消费方式是不可持续的。当前，众多企业在积极响应国家节能减排的号召，节约用电。相比之下，这些由纸塑料，甚至是金属构成的月饼包装，从原材料生产到成品的运输，造成了巨大的环境污染，其污染代价早已远远超越月饼的价值。月饼的过度包装带来的资源浪费和环境污染等问题，在今天的生态文明建设背景下，是人类不可承受之重。①

三、良食与可持续时尚

人类在食品方面对气候带来的影响是巨大的，甚至比工业其他方面都要大。2021年发表在《自然·食物》上的一项新研究显示，土壤耕作、作物和牲畜运输、粪肥管理以及全球食品生产过程中的其他环节每年会产生170多亿吨的温室气体排放。其中，动物性食物生产活动的排放量占57%。②除此之外，人们在食品方面的需求给自然生态带来的影响也是根本性的、第一位的。食品是生物多样性保护和绿色发展最核心、最重要、最根本的问题。基于此，中国绿发会提出，可以通过建立一个更营养、可持续的食物体系来有效应对气候危机、生物多样性危机及公共健康卫生危机。这是一个可以保障所有人的粮食安全和营养，并且不会使子孙后代的粮食安全和营养所依赖的经济、社会和环境基础受到损害的食物体系。生态文明建设也需要从与人们息息相关的饮食教育开始，养成与时俱进的食物观和绿色生活方式。

2021年9月，联合国粮食系统峰会召开，此次峰会大力推动的一个概念是“良食”（Good Food，意即“好的食物”）。良食强调食物的选择、选种、生产、储存、加工、交易、运输、烹饪、食用及后续处理的全过程，以及整条价值链涉及的一切社会经济活动，都应有利于保护或恢复地球的生态和宜居气候，维护或有益于人和动物的身心健康，有益于食物生产者和消费者的生计与基本生活保障，有助于促进诚信、互助、崇尚文化的

① 周晋峰：以生态文明思想为指导 遏制商品过度包装——月饼过度包装问题研讨会[EB/OL].（2021-09-20）［2022-04-13］. https：//mp.weixin.qq.com/s/cjw4XwrSXCjPrGJ1GkWpTg.

② 食品生产对气候变化有多大影响？[EB/OL].（2021-10-19）[2023-01-06]. https：//www.cdstm.cn/gallery/hycx/qyzx/202110/t20211015_1057511.html.

社会关系，有助于让所有人实现美好、因地制宜且可持续的生活。[①]

提倡良食，不仅是保障食品安全和公众的生命健康，更是在一定程度上推动经济发展，促进社会公平，有力延缓气候变化等生态危机，维护生态平衡。但是，并不是每个人每天都能得到良食——我们生产和销售食物的方式，正在损害我们的环境，而这种情况必须改变。

良食理念正在逐渐进入大众视野，并且正在引领新时代的可持续时尚。良食理念的推广依赖每一个人的参与。作为大学生，更应该主动承担责任，携手推动构建人类健康共同体的伟大使命。

中国绿发会发布的《良食倡议》提出了植物领先、动物福利、食物教育、减少浪费、当地当季、循环永续等概念。其中，植物领先倡导的烹调、饮食方式是以人体健康和环境可持续性为原则的，它是一个饮食和食品系统转型的宏观概念，包括一系列更健康、更可持续的烹饪方法，烹饪对象包含禽类、鱼类、乳制品、少量肉类，也包括素食和纯素食产品。动物福利就是要让动物生活健康、舒适、安全、得到良好饲喂、能表达天性，并免受痛苦和恐惧，这些要求涵盖科学管理、预防疾病、兽医治疗、人文关怀、人道屠宰等方面，其核心理念是从满足动物基本需求的“人道”角度合理地饲养动物和利用动物，保障动物的健康，减少动物的痛苦，使动物和人类和谐共处。食物教育是指从幼儿期起，给予人们食物、食品相关知识的教育，并将这种饮食教育延伸到艺术想象力和人格培养方面，积极落实“健康中国”战略和食品安全“四个最严”要求，将食育落到实处。减少浪费即节制点餐，实施光盘行动，减少餐余垃圾排放。当地当季要求人们尽可能选择当地当季食材，而非大棚栽培的食材，因为大棚栽培的食材中叶绿素、维生素 C、矿物质等含量偏低，特别是抗氧化物质等保健成分会大大下降，难以达到最佳品质。循环永续即充分利用食物，城市可以让部分食物副产品得到最高价值的利用，将它们转化为新产品，如有机肥料、生物材料、医药和生物能源，同时，城市还可以成为食品副产品转化为各种有价值材料的中心，在蓬勃发展的生物经济中推动形成新的收入流。[②]

围绕生态文明和绿色消费理念，进一步加强产业升级和创新，逐渐成为未来各行各业应尽的社会责任。而对于即将走上社会的大学生而言，增强生态责任意识、培育生态文明建设能力也是适应时代需求的重要一课。

---

① 良食准则（T/CGDF 00007—2020）[EB/OL].（2020-07-21）[2022-12-24].http://www.cbcgdf.org.cn/picture/202109/20210923192510ggzwbbdkuuz.pdf.

② 良食准则（T/CGDF 00007—2020）[EB/OL].（2020-07-21）[2022-12-24].http://www.cbcgdf.org.cn/picture/202109/20210923192510ggzwbbdkuuz.pdf.

经典案例9-3

可持续时尚①

日本著名设计师长冈贤明2000年提出了“长效设计”②这一概念，认为我们当今存在的诸多设计受到消费主义的裹挟，忽略了生态和环境问题。事实上，设计的关注点应当回到物品的设计环境上来，重视物品制造与使用的可持续性。在这种全新的生态视角下，中国设计师张娜在2010年创办了自己的可持续时尚品牌。张娜以“再设计”为前提，回收社会废弃物并以设计的力量对其加以改造，创造出适合当下的设计作品。张娜及其团队连续几年着手研发服装设计的创新材料。塑料瓶、海洋垃圾甚至农作物和装咖啡的麻袋，在她的手中都能成为衣物的制作面料。她所制作的每件衣服上都附有二维码，消费者可以清楚地了解自己买下的衣服产生了多少碳排量，以及对环保有什么帮助。张娜的可持续时尚理念不仅仅体现了其在艺术方面的开拓与创新，更为服装行业进一步践行绿色环保生态理念提供了优秀范本。

第三节 生态理念由我传承

党的二十大报告指出，中国式现代化是人与自然和谐共生的现代化，明确了我国新时代生态文明建设的战略任务，总基调是推动绿色发展，促进人与自然和谐共生，并对未来生态环境保护提出一系列新观点、新要求、新方向和新部署。建设生态文明，是关系人民福祉、关乎民族未来的长远大计。面对资源约束趋紧、环境污染严重、生态系统退化的严峻形势，我们必须树立尊重自然、顺应自然、保护自然的生态文明理念。作为大学生，更应该将生态文明理念注入个人的道德关怀中，推动个体世界观、价值观有机转变。

一、学习和传承中国生态文化

2021年10月12日，习近平主席以视频方式出席在昆明举行的《生物多样性公约》缔约方大会第十五次会议并发表主旨讲话。在讲话中，习近平引用“万物各得其和以生，

① 长效设计丨张娜：用设计语言把情感和故事转化成新衣[EB/OL].（2022-09-20）［2022-10-20］. https：//www.thepaper.cn/newsDetail_forward_19935045?commTag=true.

② 长效设计：思考与实践[J].财富生活，2022（15）：11.

各得其养以成”这句古语，阐释了尊重自然、顺应自然、保护自然的生态文明新理念。

其实，生态文明理念在中国传统文化中积淀颇深，比如老子在《道德经》中就提到：“人法地，地法天，天法道，道法自然。”指出天地万物的自由运转都遵循一定的法则，人类只有顺应自然才能安然生存。又比如“劝君莫打三春鸟，子在巢中望母归”“一粥一饭，当思来处不易；半丝半缕，恒念物力维艰”，则揭示了古人质朴睿智的自然观，即常怀仁慈之心，尊重自然，珍惜资源。再如，春秋时期，礼崩乐坏，统治阶级奢靡浪费，导致社会物质财富和自然资源被大量浪费。在这种情况下，墨子写了著名的《墨子·节用》，对统治阶级的奢靡浪费进行了无情的批判，指出“今天下为政者，其所以寡人之道多。其使民劳，其籍敛厚，民财不足，冻饿死者不可胜数也”。墨子主张“节用”，认为在治政、宫室、衣服、饮食、舟车与丧葬等方面均要“节用”，“圣王为政，其发令兴事，使民用财也，无不加用而为者，是故用财不费，民德不劳，其兴利多矣”，就是说明“不加者去之”，即将无用的东西去掉的原则。墨子所谓的“节用”，用现在的话来说，就是过一种简约的生活，减少不必要的享乐，遏制奢靡之风。这些浸润于传统文化长河中的生态理念，至今仍给人以深刻警示和启迪。在中国特色社会主义新时代，中国特色社会主义实践必然要求生态文化不断传承与创新，必然要求生态文化的自信与繁荣。因而，传承与创新我国传统生态文化，是关乎中华民族伟大复兴的历史伟业甚至全人类福祉的重大命题。当代大学生作为生态文明理念的传承者，更应该具备高度的文化自觉，全面深入地了解中国传统生态文化，通过不断深化学习，取其精华、去其糟粕，对传统生态文化进行正确的认知和判断，从而做到真正的文化自信。

生态文明建设是功在当代、利在千秋的伟业，我们必须通过培育系统的生态文化来不断提升生态文明水平，强化人们的生态道德自律。生态文化作为促进生态文明建设的理念创新、制度制约、行为典范和物质文化，将通过教化、规制、示范、样板等方式引导民众提升生态文明理念，持续为推进生态文明建设提供系统的理念文化、制度文化、行为文化和物质文化支持。

二、传播和推广生态文明理念

生态文明理念作为一种新型的先进的文明理念，显示了人类社会发展的必然趋势。生态文明理念的传播，离不开个人、企业、媒体等多方面的倾力参与。基层群众和广大在校生，尤其是大学生作为现代生产力系统中最能动、最活跃的因素，也是最富有梦想、最富有朝气、最富有创造力的青年群体，理应发挥自身影响力，将学习、传承和宣扬生态文明理念作为自身责任和价值追求，为人类的发展和延续提供蓬勃的动力。

通过接受生态文明教育，大学生可以把生态文明理念内化为自己的价值体系的一部分，进而投入生态文明建设的宣传中。通过宣传生态文明理念，引导人们摒弃落后的环境伦理观和发展观，实现观念的变革和创新，成为生态文明实践的先导和推动力，让人们从自发的生态行为转向自觉的生态活动，并调动他们参与生态文明建设的积极性、主动性和创造性，激发他们的精神动力，激励他们在生态文明建设中把精神力量转化为物质力量，使他们理解生态文明建设之于国家发展、民族振兴、人类永续发展的重要性，从而达成普遍的生态认识，形成强大的社会凝聚力、向心力，形成推动生态文明建设的强大力量。

三、积极参与生态文明实践

在生态文明理念的传承过程中，高校的引领作用不容忽视。党的十八大以来，各地高校积极开展大学生态文明教育的实践工作，目的就是充分发挥大学生特有的辐射功能，努力使其成为实践和传播生态文明的主力军。因此，大学生应当充分利用校内生态文明教育的资源优势，增强生态文明建设主体意识，积极参与生态文明实践活动。在校内，将生态科学教育、道德教育、劳动教育和美育有机结合起来，优化第一课堂和第二课堂、第三课堂的融合效果。以“世界地球日”“世界环境日”“植树节”等环保日为载体，开展丰富多样的生态文明专题活动。通过开展知识竞赛、辩论赛、摄影展、短视频征集、迷你联合国、环保志愿服务等活动，激发广大师生参与生态文明建设的兴趣，增强师生的情感体验，加大宣传力度，共建绿色校园生态文化。除此之外，大学生还应该走出校园，在社区、街头和乡村开展环保知识、生态法律教育以及绿色创建活动，充分发挥社区、学校与地方政府的联动效应，共同营造良好的生态文明理念传播氛围。

在参与生态实践活动的过程中，大学生之间相互激励与合作，能够提高他们的生态文明参与意识，磨炼他们的意志，从而进一步加深对生态文明内涵的理解，并在潜移默化中把生态文明理念升华为自身的信念，化认同为信奉，增强生态文明建设的使命感和责任感，促进自身生态保护的内驱力以及生态人格的养成。

·本章小结·

大学生在生态文明建设中担负着重要的历史使命。为推动我国生态文明建设进入崭新篇章，大学生不仅要在知识文化层面了解生态文明建设的重要性，更要实实在在地参与到生态文明建设活动当中去。以青年人的朝气与智慧，做生态文明建设的生力军和引领者，将个人发展与民族复兴紧密联系起来，将生态文明观念与自身的专业知识融合起来，为国家高质量发展贡献力量。

·教学检测·

思考题：

1. 大学生在生态文明建设中能够发挥哪些作用？
2. 为了更好地迎接生态文明建设新时代，大学生应当采取哪些具体措施？

数字资源9-1
思考题答案

·生态实践·

数字资源9-2
武汉商学院“携手低碳，
变废为宝”活动

REFERENCE 参考文献

[1] 常杰，葛滢等.生态文明中的生态原理[M].杭州：浙江大学出版社，2017.

[2] 韩欲立.可持续发展与生态文明[M].天津：天津人民出版社，2019.

[3] 陈建成.大学生生态文明建设教程[M].北京：中国林业出版社，2018.

[4] 卢风等.生态文明：文明的超越[M].北京：中国科学技术出版社，2019.

[5] 曹鹤舰.新时代中国生态文明建设[M].成都：四川人民出版社，2019.

[6] 黄承梁.新时代生态文明建设思想概论[M].北京：人民出版社，2018.

[7] 中共广东省委党校，广东行政学院.生态文明建设新理念与广东实践[M].广州：广东人民出版社，2018.

[8] 中共中央文献研究室.习近平关于社会主义生态文明建设论述摘编[M].北京：中央文献出版社，2017.

[9] 阎红，叶建忠.生态文明教育研究[M].北京：知识产权出版社，2019.

[10] 周林东.人化自然辩证法：对马克思的自然观的解读[M].北京：人民出版社，2008.

[11] 习近平.干在实处走在前列：推进浙江新发展的思考与实践[M].北京：中共中央党校出版社，2006.

[12] 习近平.摆脱贫困[M].福州：福建人民出版社，2014.

[13] 安东尼·吉登斯.现代性的后果[M].田禾，译.南京：译林出版社，2000.

[14] 霍尔姆斯·罗尔斯顿.环境伦理学：大自然的价值以及人对大自然的义务[M].杨通进，译.北京：中国社会科学出版社，2000.

[15] 丹尼尔·A.科尔曼.生态政治：建设一个绿色社会[M].梅俊杰，译.上海：上海译文出版社，2002.

[16] 科斯塔斯·杜兹纳.人权的终结[M].郭春发，译.南京：江苏人民出版社，2002.

［17］德内拉・梅多斯，乔根・兰德斯，丹尼斯・梅多斯.增长的极限[M].李涛，王智勇，译.北京：机械工业出版社，2022.

［18］李干杰.以习近平生态文明思想为指导 坚决打好污染防治攻坚战[J].行政管理改革，2018（11）：4-11.

［19］农春仕.公民生态道德的内涵、养成及其培育路径[J].江苏大学学报（社会科学版），2020（6）：41-49.

［20］忻平，陶雪松.新中国城市建设与工业化布局：20世纪五六十年代上海卫星城建设[J].毛泽东邓小平理论研究，2019（8）：63-70＋108.

［21］吴初国，马永欢，池京云.水资源管理的转折[J].国土资源情报，2020（9）：23-27.

［22］吴佳芮.在人类纪反思 黄永砯的他性艺术创作[J].新美术，2020（10）：120-124.

［23］吴凯馨.后工业化下上海市产业结构发展思路探究[J].现代商贸工业，2021（32）：6-8.

［24］黄承梁.论习近平生态文明思想对马克思主义生态文明学说的历史性贡献[J].西北师大学报（社会科学版），2018（5）：5-11.

［25］袁晓文，张再杰.习近平生态文明思想指引下的贵州国家生态文明试验区建设的重点、难点及对策[J].贵州社会主义学院学报，2021（1）：18-24.

［26］周晋峰.生态文明时代的生物多样性保护理念变革[J].人民论坛・学术前沿，2022（4）：16-23.

［27］周国文，孙叶林.国家公园、环境伦理与生态公民[J].北京林业大学学报（社会科学版），2020（3）：12-16.

［28］构筑同一健康，加强野生动物疫病防控，周晋峰与病毒学家召开讨论会[EB/OL].（2022-02-07）[2022-04-25]. https：//www.sohu.com/a/521160980_100001695.

［29］周晋峰：以生态文明思想为指导 遏制商品过度包装——月饼过度包装问题研讨会 [EB/OL].（2021-09-20） [2022-04-13]. https：//mp. weixin. qq. com/s/cjw4XwrSXCjPrGJ1GkWpTg.

［30］推动生态文明建设，实现人与自然和谐发展——周晋峰研究团队2020年重点工作报告[EB/OL].（2021-01-09）［2022-04-13］. http：//www. cbcgdf. org/NewsShow/4854/15031.html.

［31］人本解决方案是解决人类面临挑战的不二法门 [EB/OL].（2022-02-21）[2022-04-10]. https：//baijiahao.baidu.com/s?id=1725350389226984602& wfr=spider&for=pc.

POSTSCRIPT

后记

党的十八大以来，以习近平同志为核心的党中央深刻总结人类文明发展规律，将生态文明建设纳入中国特色社会主义“五位一体”总体布局和“四个全面”战略布局，开启了我国绿色发展的新征程。一场关乎亿万人民福祉、中华民族永续发展的绿色变革，已经拉开序幕。党的二十大报告更是从“十年成就”“一张蓝图”“三大金句”“双碳推进”四个方面彰显了我国生态文明建设的历史方位。

大学作为高等教育学府，应该始终坚持生态文明发展观，成为生态文明思想的传道者、践行者和建设者，成为弘扬生态文明思想的主课堂、主渠道和主阵地。

大学生态文明教育质量将直接影响国家生态文明建设成效。本教材立足于应用型本科高校，结合大学生群体的实际特点，依托通识教育，实施大学生态文明素质培育。

教材对生态文明的基础知识、基本理论、建设路径和现存的生态危机等方面进行了系统分析和全面讲解。全书共设置九章。主要内容包括总论（万玲妮副教授撰写）、生态文明的基本概念及范畴（李静副教授撰写）、生态文明发展历程（喻恂博士撰写）、全球生态危机（高静教授撰写）、生态文明建设的参与主体（王亚丹副教授撰写）、生态文明建设的重要内容（张缓婧撰写）、生态文明建设的主要路径（李綎瑄撰写）、生态文明建设的探索与示范（马玉撰写）和生态文明建设的使命与担当（桂子涵撰写）等内容。本教材主要是作为我国高等院校通识教育类教材，其内容可供24～32学时的课程使用。本教材也可作为企业领导和管理人员的培训资料和参考书。

本教材体现两大特色：一是构建了以生态认知教育、生态危机观教育、生态文明观教育、生态法治教育、生态审美教育和生态生活劳动教育六大模块于一体的大学生态文明教育课程体系；二是理论与现实案例相结合，增强了教材的可读性，其中部分章节针对性地设计了中国绿发会挖掘的与生态文明相关的现实案例，通过对案例的分析来全面培养与提升大学生的生态文明意识。

本教材由中国绿发会副理事长兼秘书长周晋峰博士主审，高静、万玲妮、喻恂主编，李綎瑄担任副主编。高静、万玲妮和喻恂负责全书的整体框架和结构，并完成全书的统稿及审校工作，李綎瑄协助进行了部分章节的审校和修订工作。

本教材在编写过程中得到了中国绿发会的大力支持，同时也参阅了许多专家、学者的著作和论文，引用了其中的一些观点和文字（已在参考文献中标明列出），在此向这些论文和著作的作者表示感谢!

由于编者经验和水平有限，书中难免有不足之处，恳请专家和读者批评指正。

万玲妮

2023年3月29日

与本书配套的二维码资源使用说明

本书部分内容及与纸质教材配套数字资源以二维码链接的形式呈现。利用手机微信扫码成功后提示微信登录，授权后进入注册页面，填写注册信息。按照提示输入手机号码，点击获取手机验证码，稍等片刻收到4位数的验证码短信，在提示位置输入验证码成功，再设置密码，选择相应专业，点击“立即注册”，注册成功。（若手机已经注册，则在“注册”页面底部选择“已有账号？立即登录”，进入“账号绑定”页面，直接输入手机号码和密码登录。）接着提示输入学习码，需刮开教材封面防伪涂层，输入13位学习码（正版图书拥有的一次性使用学习码），输入正确后提示绑定成功，即可查看二维码数字资源。手机第一次登录查看资源成功以后，再次使用二维码资源时，只需在微信端扫码即可登录进入查看。